KB075249

지구는 괜찮아,
우리가 문제지

지구는 괜찮아, 우리가 문제지

곽재식의 기후 시민 수업

어크로스

2부   기후변화 미래 수업

3부 ◆ **기후변화 시민 수업**

서문

왜 이렇게 갑자기 세월이 훌쩍 다 지나가버렸는지 모르겠는데, 나는 10년이 넘는 기간 동안 화학 업계에서 환경문제에 관한 일을 하며 지냈다. 2008년 초에 어쩌다 보니 환경문제를 다루는 새로운 조직에 합류하게 되었기 때문이다.

지금도 그렇지만 그때도 나는 영화 보는 것을 무척 좋아했다. 반성해보자면 좀 과도하게 좋아하는 것 같기도 하다. 나는 여러 나라의 영화를 가리지 않고 보는데, 그러다 보니 영어권 영화, 영어로 더빙한 다른 나라의 영화도 대단히 많이 보게 되었다. 때에 따라서는 무슨 말을 하는지 잘 알 수 없는 영화도 여러 번 반복해서 보거나, 굳이 배경 자료를 찾아가면서 보는 일도 무척 많았다. 예를 들자면, 1940년대 탐정 영화의 경향에 대해 설명해주는 미국 라디오 방송을 애써 찾고는, 그 내용을 이해하고 싶어서 수십 번씩 반복해 듣는 일 같은 것을 재미 삼아 자주 했다는 이야기다. 그 덕택에 나는 영어를 그럭저럭 잘할 수 있게 되었다.

2007년까지 나는 어느 작은 화학 연구소에서 연구원으로 일했다. 그 무렵 환경 분야에 관한 일을 하려고 생긴 한 조직에서 사람을 구하고 있었다. 이 책에서도 살펴보겠지만, 환경문제를 해결하기 위해서는 항상 나라와 나라 간의 협상, 국제 협력이 중요하다. 자연히 외국 사람과 협상을 하고, 외국 소식을 빨리 수집할 수 있는 사람이 필요하다. 나는 화학 연구원이면서 영어를 어느 정도 할 수 있는 덕택에 그런 일을 하는 데도 쓸모가 많은 사람 취급을 받았다. 그래서 조금은 새로운 분야에서 일을 하게 되었고, 그것을 발단으로 지난해 초까지 화학 업계에서 머물며 꾸준히 환경 분야의 일을 했다.

고생도 많이 했지만 재미도 있었다. 이런저런 공장을 돌아다니면서 환경 관련 기술 전문가로서 영업을 돕기도 했는데, 그러다 보니 세상에 별별 공장이 다 있고, 별별 장비가 다 있구나 하는 것을 새삼 깨달을 만큼 신기한 구경을 많이 했다. 한편으로는 잡상인 취급을 받으며 박대당하여 울적할 때도 대단히 많았고, 그러면서도 원래 일을 한다는 게 이런 것 아니냐고 서로 위로하며 웃고 넘어가려고 애쓰던 기억도 있다. 급하게 행사 유인물을 인쇄해야 하는데, 한밤중에 회사 프린터에 종이가 걸려 그걸 붙들고 고생했던 기억이라든가, 어처구니없는 생각을 가진 사람이 말도 안 되는 요구를 하는 연락을 받은 뒤에 회의실에 팀 사람들끼리 모여 그 사람 욕을 다채롭게 늘어놓으며 다같이 분노했던 일도 생각난다.

그렇게 일하다 보니 나는 기후변화에 대해서도 조금은 더 빨리 지식을 접하게 되었다. 또 기후변화 문제와 기후변화 때문에 세상이 바뀌는 데 직접 영향을 받는 현장의 모습을 많이 지켜보고 같이 경험할 수 있었다. 2010년경 이름을 "환경 기후변화 대응 팀"으로 막 바꾼 팀에서 일하고 있었는데, 팀 이름이 그렇게 바뀌자, 다른 팀 사람들이 "그 팀은 날씨를 바꾸는 마법 비슷한 기술을 개발하는 부서냐"고 물어보기도 했다.

그런 입장에서 기후변화를 살펴보다 보면, 기술 위주의 소개 자료나 도덕적인 교훈을 위해 만든 홍보 자료에서는 잘 다루지 않는 문제도 보고 겪게 된다. 그중에는 굉장히 크고 중요한 문제이지만, 의외로 그 문제를 직접 경험하지 않는 사람들은 잘 상상하지 못하는 것들도 있다.

또한 자연적으로 살아야만 한다는 막연한 경고만을 반복하다가, 오히려 기후변화가 실제로 일으키는 진짜 문제들을 먼 미래의 일이나 단순한 도덕과 윤리의 문제로만 여기는 안타까운 상황들도 종종 본다. 지구가 죽어간다는 말을 자주 듣지만, 지구의 본체는 거대한 암석으로 되어 있는 행성일 뿐이다. 정말로 위태로운 것은 그 표면을 살아가는 사람과 생명이다. 보는 방향의 작은 차이가 기후변화에 대한 이해를 겉돌게 하는 것 같다는 생각이 들었다. 그런 만큼 약간만 시각이 달라져도, 기후변화 문제의 복잡한 실체를 훨씬 더 가깝고 깊게 받아들일 수 있다.

나는 이 책에서 기후변화에 대한 다양한 이야기를 모아서 정리해

지구는 괜찮아, 우리가 문제지

보고자 했다. 내가 알고 경험한 것에 한계가 있을 수밖에 없으니, 특별히 전문적인 식견이 가득한 어려운 이야기를 하려고 한 것은 아니고 기후변화에 대해 누구나 알면 좋을 만한 기본을 정리하는 데 초점을 맞추었다.

그래서 일반인 누구나 기후변화라는 문제에 관심이 있다면, 그와 관련이 있는 이런저런 주제를 돌아보고, 그중에 이해하기 어려운 내용을 살펴볼 수 있도록 하는 것을 목표로 삼았다. 이해하기 어려운 내용을 이해하게 되면, 그 이해를 바탕으로 자신만의 생각을 품을 수 있고, 자신의 생각을 품으면 그에 대해 행동할 수 있게 된다. 기후변화와 같은 여러 사람이 협심하는 것이 중요한 문제에서는 바로 이 지점이 중요하다고 생각하기에, 나는 이해하기 좋은 책을 써보고자 했다. 여러 지식을 읽어나가기 쉽도록 재미있는 이야기들과 함께 엮어보고자 애썼다. 책을 다 읽고 나면, 책에 있는 이야기들만 일단 알고 있으면, "요즘 기후변화에 대해서 이곳저곳에서 별별 이야기들을 많이 하던데 그게 대강 이런 얘기였구나" 하고 알아듣고, 비판하고, 받아들일 수 있는 기초가 되는 내용을 써보고자 했다. 더불어 그 이야기 속에서 기후변화 문제에 관한 일을 하는 담당자들, 현장 사람들이 자주 느끼는 점들을 같이 담아보려고 했다.

그렇다고 해서, 내가 감히 다른 사람이 하지 않는 특이한 주장을 한다거나, 사람들이 모르는 생소하고 새로운 학설을 주장하고자 한 것은 전혀 아니다. 나는 많은 사람이 공감하고 인정하는 이야기를 하고자 노력했고, 만약 새롭고 생소한 의견을 소개할 때에는 그만큼 주의를 기울였다. 동시에 기후변화 문제를 직접 처리하기 위해 뛰어든 사람들은 곧 깨닫고 고민할 수밖에 없는 문제들은 좀 더 드러내 밝혀보려고 했다. 기후변화에 관한 이야기들 중에는 내용이 어렵거나, 복잡하거나, 이해관계가 얽혀 있다는 이유로 널리 설명되지 못하는 내용들이 있는데 나는 그런 이야기들을 가능한 한 재미있고 쉬운 이야기의 틀 속에 설명해보고자 애썼다.

몇몇 주제는 좀 더 샅샅이 파헤쳐 깊이 이야기하는 것이 좋았을 텐데, 내 지식이 부족하고 또 재주가 모자란 까닭에 미묘한 문제를 어떻게 전달하는 게 좋을지 자신이 없어서 가볍게 넘어간 것들도 있다. 예를 들어서, 탄소배출권거래제와 탄소국경세에 대해서 구체적인 자료를 들어가며 좀 더 많은 이야기를 자세하게 하지 못한 것이 아쉽다. 이런 구체적인 제도와 그 영향에 대해서 따지고 분석하다 보면, 문제에 대해 더 다양한 이야기를 하면서도 더 정확하고 와닿는 이야기를 꺼내기가 좋으니 말이다. 그에 대해서는 언제인가 더 훌륭한 이야기를 들려줄 더 실력이 뛰어난 전문가께서 역할을 해주시기를 기대한다.

이 책의 줄기가 된 내용들은 내가 서울시민대학이라는 기관에서 2021년에 진행했던 기후변화에 대한 강의와 2021 전주독서대전의 행사에서 맡았던 강연이었다. 좋은 이야기를 정리해볼 수 있는 기회를 주신 서울시 관계자 여러분과 전주시 관계자 여러분께 감사의 말씀을 드리고 싶다. 대학원에서 공부하는 동안 환경 분야의 여러 문제에 대해 좀 더 깊이 생각할 수 있도록 잘 지도해주신, 연세대학교 건설환경공학과 박준홍 교수님과 환경에너지공학부 이태권 교수님께도 감사의 말씀을 올리고자 한다.

　마음에 차지 않는 점도 있지만, 그래도 이만하면 내가 할 수 있는 이야기들은 거의 다 조금씩은 짚어본 책이다. 부디 독자들에게도 읽는 시간이 보람찬 책이 되기를 기원한다.

2022년, 양재시민의숲역에서

1부

기후변화

기초 수업

우리는 기후변화와 관련된 재난과 사고로 희생되는 사람들의 숫자를 줄이기 위해 기후변화 문제에 대한 대책을 세워야 하는 것이지, 분노한 지구가 인류를 징벌하는 최후의 순간을 피하기 위해, 경건한 마음으로 구름과 바람에 사죄하기 위해 기후변화 문제에 대처하는 것은 아니다. 나는 이러한 차이가 중요하며, 이 차이를 혼동하지 않을 때에 더 적극적으로 기후변화 문제에 대응할 수 있다고 생각한다.

1장

지구는 왜 뜨거워질까
-기후변화의 원인

화성인의
경고

과학자들 중에는 "화성인"이라는 별명으로 불리던 사람들이 있었다. 20세기 초 미국에는 세계 온갖 곳에서 이민 온 사람들이 대단히 많았다. 그중에는 헝가리인들도 있었다. 그런데 마침 과학자와 수학자로 성공한 헝가리 출신 사람들이 적지 않았다. 위대한 천재 학자들이 자기들 중에서도 가장 뛰어난 천재라고 칭송하던 요한 폰 노이만John von Neumann을 필두로, 유진 위그너Eugene Wigner, 레오 실라르드Leo Szilard 같은 인물들이 바로 그 예다.

그런데 다른 미국인들 중에는 왜 헝가리인들 중에 이렇게 놀라운 천재 과학자들이 많냐고 자꾸 물어보는 사람들이 있었나 보다. 헝가리도 문화와 기술이 나름대로 발전된 나라이고, 그런 나라에서 이민자들이 미국으로 꾸준히 들어오고 있는 만큼, 몇몇 분야에 헝가리 출신의 뛰어난 인물들이 우연히 여럿 나타난다고 해서 크게 이상할 것은 없다. 그런데 사람에 따라서는 낯설고 이름이 잘 알려지지 않은 나라에서 뛰어난 학자들이 여럿 보인다는 것이 기이하다고 여기기도 했던 것 같다.

그런 질문을 많이 받자, 조금 짜증이 났는지 레오 실라르드가 한번은 농담 삼아 이렇게 대답했다고 한다.

"사실은 우리가 화성인이라서 그래요."

헝가리 사람들은 과학자로 성공하면 안 된다는 법이 있는 것도 아니고, 그냥 헝가리 사람 중에 똑똑한 사람들이 있으니까 그중에 과학자로 성공한 사람들도 있는 것이다. 거기에 뭐 대단한 이유가 있을 것도 없다. 그런데 헝가리 출신 과학자가 굉장히 유별나다는 것처럼 자꾸 무슨 특별한 이유를 찾아내려는 사람들이 좀 짜증 났던 듯싶다. 그러면서도 황당하고 유쾌한 농담으로 대답해서 여유롭게 웃어넘기려는 대답이 "우리는 사실 화성인이다"라는 말이다.

뇌 구조가 다르고 훨씬 더 뛰어난 문명을 가진 화성인들이 지구에 숨어들어서 생활하고 있는데 자신들의 정체를 숨기기 위해 낯선 나라 헝가리에서 왔다고 속이는 거라는 황당한 상상이다. 그 이야기는 반대로, "이런 황당한 답이라도 기대했느냐, 그럴 리는 없지 않으냐, 우리 헝가리 출신 학자들도 다 같은 사람이다, 뭘 그렇게 이상하게 생각하느냐"라고 짚어주는 느낌도 준다.

시간이 흐르면서 이 말은 재미있는 농담으로 자주 회자되었다. 그래서 지금은 20세기 전반 미국에서 활발히 활동한 헝가리 출신 학자들을 종종 "화성인들"이라는 별명으로 부르고 있다. 화성인들이라고 묶어서 부르지만 사실 활동한 분야도 조금씩 다르고 장기도 다르며 성격이나 정치적 성향도 다른 사람들이다. 아닌 게 아니라 그중에는 요한 폰 노이만처럼 두뇌가 뛰어나기로는 거의 전설적인 일화를 남긴 사람들도 있다. 그래서 요즘 화성인들이라고 하면, 정말 인간의 경지를 초월할 정도로 특이하고 대단했던 사람들이라는 놀라움의 느낌도 좀 서려 있는 것 같다.

화성인 중의 화성인, 에드워드 텔러

그 화성인들 중에서도 가장 특이한 인물로 꼽을 만한 이는 아마 에드워드 텔러Edward Teller가 아닐까 싶다.

텔러는 흔히 수소폭탄을 개발하는 데 결정적인 공적을 세운 인물로 알려져 있다. 수소폭탄의 기본적인 설계 방식을 텔러-울람 설계Teller-Ulam design라고 하는데, 그래서 텔러를 수소폭탄의 아버지, 울람을 수소폭탄의 어머니라고 이르기도 한다(어떤 사람들은 두 사람의 특성을 생각해봤을 때 텔러를 수소폭탄의 어머니, 울람을 수소폭탄의 아버지라고 말하는 것이 더 옳다고 하기도 한다). 때문에 텔러는 물리학자나 원자력공학자로 알려진 경우가 많고 실제로 박사 학위를 물리학 전공으로 땄지만, 대학 시절에는 화학을 공부하고 화학공학으로 학위를 땄다. 그만큼 과학의 다방면에 지식이 많았고, 수소폭탄 개발이라는 어마어마한 일을 이끌고 나갈 만한 실력이 있는 사람이었다.

그렇지만 텔러의 수소폭탄 개발 계획이 순조로운 편은 아니었다.

수소폭탄은 원자폭탄보다 위력이 훨씬 더 강하다. 물론 원자폭탄도 단 한 발로 도시 한 구역 정도를 파괴할 수 있는 어마어마한 무기다. 그러나 원자폭탄의 위력은 그 정도가 한계다. 수소폭탄은 필요하다면 그 위력을 더욱 강하게 높일 수 있다. 더 많은 물질을 폭탄 속에 집어넣으면 그만큼 위력은 더 강해진다. 요즘 나오는 몇십 메가톤급이라고 하는 무시무시한 핵무기들은 다 수소폭탄이다. 수소폭탄이 개발된 초기에 돌던 말 중에는 수소폭탄의 위력에는 한계가 없으며, 재료만 충분하다면 지구 전체만 한 수소폭탄도 만들 수 있다는 말도 있었다.

적지 않은 학자들이 그 무서운 위력에 질려 수소폭탄은 애초에 개발하지 않는 게 좋겠다고 의견을 밝히기도 했다. 수소폭탄에 비하면 훨씬 약한 원자폭탄의 위력에도 많은 학자가 충격을 받았다. 본래 학교에서 과학에 대한 토론을 즐거운 재미라고 생각하고 그에 대한 이런저런 계산을 하는 것을 일이라고 여기며 지내던 사람들이 자기들의 실험 결과로 한 번에 몇만 명의 생명을 단숨에 없앨 수 있다는 것을 알았으니, 충격을 받을 만도 했다.

그런데, 그 원자폭탄보다도 훨씬 더 강력한 수소폭탄을 만든다니? 너무한 것 아닌가?

현실적인 문제도 있었다. 그렇게 무서운 무기를 만들었는데, 혹시 누군가 실수로 발사 단추를 누른다면 어쩌나. 누군가 착오로 무기를 터뜨린다면? 다이너마이트를 예로 들어보자. 다이너마이트 역시 누군가 불을 붙이지 않으면 터지지는 않는다. 가만 두면 그런대로 안전한 무기다. 그렇다고 해도 자기 침대 옆 협탁에 다이너마이트를 차곡차곡 넣어두고 그 곁에서 잠을 자는 사람은 없다. 설령 안전하게 관리할 수 있다고 하더라도 예상치 못한 문제가 생겼을 때 입을 피해가 너무나 크기 때문이다. 수소폭탄도 마찬가지다. 한순간의 실수로 어마어마한 피해가 발생할 수 있는 너무 위험한 무기다. 한 가족이 사는 집 잠자리 곁에 다이너마이트를 두지 않듯이, 애초에 지구라는 곳에 수소폭탄 같은 것은 들여놓으면 안 된다고 생각하는 사람들이 있었다.

그렇지만 수소폭탄 개발의 장본인이었던 텔러는 그렇게 생각하지 않았다.

텔러는 세상에 과학자들은 자기들만 있는 게 아니라는 점을 중요하게 생각했다. 즉, 미국의 학자들이 세계 평화를 위해서 수소폭탄을 만들지 않기로 결심한다고 해도 다른 나라의 학자들이 그 틈에 먼저 수소폭탄을 개발할 수 있다고 그는 믿었던 것 같다. 미국이 겁을 내는 사이에 다른 나라가 먼저 개발하면 어차피 지구상에 수소폭탄은 나타나고 만다. 그렇게 되면 그 무섭다는 수소폭탄을 미국이 아니라 다른 나라가 갖게 되고, 그 나라가 수소폭탄으로 미국을 위협하면 미국은 굴복할 수밖에 없을 거라는 게 그의 생각이었다.

텔러는 특히 당시 미국의 경쟁자로 떠오르던 소련을 경계했다.

공산주의 국가인 소련의 사상가들은 공산주의는 매우 훌륭한 발상이며, 세상 모든 사람을 위해 꼭 필요한 미래의 사상이라고 믿었다.

그런 만큼 소련은 공산주의를 세상에 적극적으로 퍼뜨리는 데 관심이 많은 나라였다. 텔러는 소련이 여차하면 다른 나라를 침공해서라도 공산주의를 퍼뜨리려고 할 거라고 생각했다.

모르긴 해도 텔러는 고국 헝가리가 당시 소련의 영향을 강하게 받았던 사실에도 영향을 받았을 것이다. 헝가리가 소련에 휘둘리듯이 전 세계가 소련에 휘둘리게 될지 모른다고 그는 상상했던 것 아닐까? 마침 당시 소련을 지배하던 인물은 그 유명한 스탈린이었다. 만약 미국이 수소폭탄 개발을 주저하는 동안 소련이 먼저 스탈린의 지시에 따라 수소폭탄을 개발한다면, 소련은 수소폭탄으로 미국을 위협해서 미국을 공산주의 국가로 만들고 스탈린이 모든 미국인을 지배할 수도 있다는 상상을 하는 사람들이 있었다.

그런 와중에 1950년대 초, 한반도에서는 한국전쟁이 벌어졌다. 미국은 대한민국 편에 서서 공산주의 국가와 전쟁을 하는 데 참여하게 되었다. 그런데 그렇게 큰 싸움은 아닐 거라고 생각했던 이 전쟁에서 미국이 쉽게 승기를 잡을 수가 없었다. 미국의 동맹국들이 미국이 별로 강하지 않고, 오히려 공산주의 국가들이 굉장한 힘을 갖고 있다고 의심할지도 모르는 상황이었다. 그런 마당이었으니, 몇몇 미국 정치인은 미국의 위력을 보여줄 강력한 무언가가 필요하다고 생각했을 법하다.

결국 1952년, 미국은 수소폭탄을 세계 최초로 개발했고 실험을 완료했다. 텔러의 구상은 현실이 되었다.

원자력이라는 꿈

그런데 텔러의 삶이 좀 꼬이는 바람에 텔러는 정작 수소폭탄 실험의 순간에는 그 일의 책임자로 나서지 못했다. 텔러는 원자폭탄 개발 작업이 이루어지던 때부터 일찍이 수소폭탄 개발을 연구했건만, 직장을 어디에서 구해야 하는지, 누구와 함께 일하고 누구를 상사로 두고 일해야 하는지 등등의 직장 문제가 엉켜서 정작 수소폭탄 개발이 가장 활발히 추진되고 완성되던 무렵에는 주역에서 밀려났다.

그 때문인지 이후로 텔러의 처신은 점점 더 엉뚱해졌던 것 같다.

텔러는 미국에서 공산주의자, 공산주의자에게 협력하려는 사람을 몰아내자는 반공주의 열풍이 강하게 몰아닥쳤을 때, 공산주의 비판에 열을 올리는 사람들 편에 섰다. 텔러가 한때 같이 일했던 동료를 정치와 사상을 이유로 지나치게 공격하는 모습을 보이자 동료 과학자들 중에서도 하나둘 그를 싫어하는 사람들이 나왔다. 특히 원자폭탄의 아버지로 많은 과학자의 존경을 받던 로버트 오펜하이머와 충돌하는 것처럼 비칠 때가 많았다. 오펜하이머는 성공적으로 원자폭탄 개발을 이끈 책임자였지만, 이후에는 세계 평화를 위해 앞장서 활동한 학자였다. 그에 비해 텔러는 수소폭탄의 부모라고 불렸지만 정작 책임자로서 수소폭탄 계획을 완료하지는 못했고, 미국이 어떻게든 소련을 꺾어야 한다는 데 찬성하는 인물이었다. 언뜻 보아도 오펜하이머와 텔러는 대립하는 구도였다. 명망 높은 오펜하이머의 반대편에 선 만큼 텔러를 껄끄럽게 생각하는 학자들은 더 많아졌다.

나아가 텔러는 원자력, 핵, 그 자체에 거의 사랑이라는 감정을 품은 듯한 인물로 변해갔다.

텔러는 무엇이든 원자력과 핵의 힘을 이용하면 문제를 쉽게 해결할 수 있다는 생각을 적극적으로 펼쳐나갔다. 예를 들어, 그는 커다란 저수지를 건설해야 할 때 귀찮게 굴삭기나 삽으로 공사를 할 것이 아니라 수소폭탄 한 발 정도를 터뜨리면 간단하지 않겠냐고 주장하는 인물이었다. 뜬소문처럼 도는 이야기이기는 하지만, 태풍 같은 자연재해가 심할 때 수소폭탄을 터뜨리면 어떻게 막을 수 있지 않겠냐는 구상을 했다고도 한다.

물론 텔러는 그런 괴이한 구상 말고도 비교적 정상적인 원자력 기술에도 관심이 많았다. 그는 더 안전하게 원자로를 가동하고, 더 효율적으로 원자력 발전소를 운영하기 위한 연구를 지원하는 데도 공적이 있다. 반대로 원자력의 단점을 사소하게 평가하고 관련된 사고가 발생했을 때에도 "별것 아니다"라고 말하는 경향이 좀 심했던 것으로도 유명하다.

하기야 1950년대와 1960년대는 원자력, 핵에너지를 사용해서 세상을 바꿀 수 있지 않겠냐는 희망적인 생각이 유행하던 시기이기도 했다. 원자력으로 가는 자동차를 만들어 타고 다니면 폐차할 때까지 몇십 년이고 중간에 연료 주입 없이 계속 타고 다닐 수 있을 거라는 주장이 나왔다. 집집마다 작은 원자력 발전소를 하나씩 갖고 있으면 10년에 한 번씩만 핵연료를 충전해도 전기 걱정 없이 얼마든지 전기를 쓸 수 있을 거라는 등의 상상이 SF에 등장하던 시기였다. 바로 그런 생각을 좋아하는 사람들의 선두에 에드워드 텔러가 있었던 것이다.

21세기에 울리는 1959년 텔러의 메시지

텔러는 학자로서 이룩한 많은 공적에도 불구하고 나이가 들수록 악명을 얻었다. 공산주의자들은 당연히 반공주의자인 그를 싫어했고, 원자력의 위험성을 경고하려는 사람들도 그를 싫어했고, 세계 평화를 위해서 무기를 줄여야 한다는 사람들도 그를 싫어했고, 오펜하이머를 비롯한 다른 동료 과학자들과의 관계가 소원해진 것 때문에 그를 싫어하는 동료 과학자들까지 있었다. 그런 악명 때문에 텔러는 오히려 스스로 더욱더 특이한 사람으로 변해간 것처럼 보인다.

이런 괴상한 성향 덕택에 그는 기후변화 문제에 대해서도 한마디를 남겼다. 그는 대부분의 사람이 기후변화에 아무런 관심이 없던 60여 년 전, 기후변화에 대해 강한 의견을 내비치는 연설을 한다.

1959년 텔러의 발표가 포함된 행사를 주최한 기관은 미국석유협회American Petroleum Institute였다. 기관의 성격을 생각하면 유명한 과학자로서 석유에 대해 뭔가 좋은 말을 해주는 역할로 초대받지 않았을까 싶다. 텔러는 세계 평화에는 별 관심이 없고 공격적인 주장을 잘하는 인물이니까, 환경문제나 기후변화 따위는 생각하지 않고 석유를 많이 쓰면서 환경을 좀 오염시켜도 상관없다는 입장을 취할 거라고 넘겨짚을 만도 하다.

그렇지만, 그렇게 짐작한다면 텔러의 특이한 성격을 절반밖에 이해하지 못한 것이다.

텔러는 그날, 당시로서는 그곳 참석자들은 거의 들어보지 못했을 희한한 주장 한 가지를 꺼내놓았다. 대략 아래와 같은 요지의 이야기였다.

"자꾸 석유를 많이 쓰면, 석유가 타면서 이산화탄소라는 기체가 발생하기 때문에, 공기 중에 이산화탄소가 점점 더 많아집니다. 그런데 이산화탄소는 온실효과를 일으킬 수 있는 물질이라서 이산화탄소가 많아지면 지구가 점점 더 따뜻해집니다. 그러다 보면, 북극과 남극에 있는 어마어마한 양의 얼음이 녹아서 물바다가 될 것이고 물이 따뜻해지면 양이 불어나니 세상이 바뀌게 될 겁니다. 해안가는 바닷물에 잠길 겁니다. 지금 우리가 회의를 하고 있는 뉴욕도 다 물에 잠기지 않겠습니까?"

텔러가 연설을 마치자 장내의 분위기는 기가 막히게 싸늘해졌을 거라고 나는 상상해본다. 다시 한번 돌아보자면, 그 행사는 미국석유협회가 주최한 행사였다. 텔러는 그런 자리에서, 석유를 많이 쓰면 기후변화 문제 때문에 피해가 너무 커질 테니까 석유를 쓰는 것은 나쁜 짓이라고 대놓고 말했다. 세상을 기후변화와 온실기체로부터 보호해야 한다고 주장한 것이다.

21세기 초인 지금이야 기후변화는 세상 사람들의 상식이지만, 당시 사람들로서는 "방금 도대체 무슨 소리야? 우리 욕한 것 같기는 한데" 정도의 반응이었을 것이다.

텔러의 특이함을 유감없이 보여주는 일화인데, 나는 텔러가 이런 이야기를 한 것도 바로 그의 원자력에 대한 사랑 때문이라고 생각한다. 그는 석유나 석탄을 쓰는 것을 다 중지하고 모든 동력을 원자력으로 대체하는 것이 밝은 미래라고 믿었던 인물이다. 그러니만큼, 석유가 가진 어쩔 수 없는 문제인 기후변화를 1950년대라는 굉장히 앞선 시기에 공격하면서, 반대로 자신이 사랑하는 원자력은 가동 중에 이산화탄소를 내뿜지 않으니 기후변화 문제에서도 유리하다고 주장한 것이다.

세월이 흐르면서 텔러의 시대인 1959년에 비하면 지금은 훨씬 더 많은 사람이 기후변화 문제를 진지하게 여기고 있다. 1959년이면 지금 환갑을 맞은 사람이 태어나기도 전이다. 그런데 그 옛날에 텔러는 기후변화 문제가 무척 심각하다고 지적했다. 텔러에 대한 여러 가지 논쟁을 떠나서 이 일화는 인상적인 이야기다. 많은 생각을 하게 만드는 이야기이기도 하다. 기후변화 문제가 정말로 심각하다는 것을 다들 알게 된 지금, 이 이야기가 우리에게 말해주는 것은 생각보다 기후변화에 대한 사람들의 걱정이 일찌감치 시작되었다는 점, 그리고 60년이 넘게 지나도록 그 해답이 결코 단순히 나올 수는 없었다는 점이라고 생각한다.

모든 것은
온실효과에서 시작한다

　15세기 조선에서 출간된 책인 《산가요록》은 요즘에는 요리 책으로 유명하다. 이 책에는 다양한 술, 장, 김치 담그는 방법이 실려 있는데 특히 술 만드는 방법은 66가지나 된다. 일반적인 청주나 소주에 관해서는 당연하고, 소나무 꽃가루로 만드는 송화천로주 같은 그럴듯한 이름의 술 만드는 법도 실렸다. 특이하게도 맥주 만드는 방법도 찾아볼 수 있는데, 현대의 유럽식 맥주와는 다르게 쌀을 보리와 함께 사용하여 막걸리 만들듯이 만드는 술이다. 그렇기에 600년 전 조선시대 방식 맥주는 지금의 맥주보다는 독한 술인 것으로 보고 있다.

　먹는 것에 대한 내용을 망라하려고 했는지, 《산가요록》은 채소를 기르는 방법도 다뤘다. 그렇다 보니 공교롭게도 이 책에는 온실을 만드는 방법이 실려 있다.

《산가요록》을 소개하는 각종 홍보자료에서는 이 책에 나오는 온실 만드는 방법이 유럽 온실 설계보다 백 몇십 년이나 앞선다는 언급을 자주 한다.《산가요록》에 실린 조선시대 방식의 온실 설계를 무조건 세계 제일이라고 할 수야 없을 테지만, 조선시대 기술자들이 온실이라는 기술에 익숙했던 것은 사실이다.《조선왕조실록》에 따르면, 겨울에 온실에서 꽃을 길러 성종 임금에게 바쳤더니 임금이 너무 사치스러우니 이런 일을 더 이상 하지 말라고 했다고 하고, 폭군으로 유명한 연산군은 반대로 신하들에게 겨울에도 영산홍 같은 아름다운 꽃을 온실에서 좀 길러보라고 했다는 기록도 있다. 조선시대 창덕궁과 창경궁을 그린 그림인 〈동궐도〉에는 온실로 사용한 창순루 또는 창사루라고 하는 건물이 그려져 있기도 하다. 아쉽게도 지금은 파괴되어 남아 있지 않은 건물이다.

조선시대 온실은 지금의 비닐하우스와 비슷한 원리를 이용했다. 지붕이 투명한 집을 지어 햇빛을 충분히 많이 받게 하되, 그렇게 따뜻해진 열이 주변에 흩어지지 않고 집 속에 갇혀 있게 하는 것이다.

비닐봉지라고 하면 대부분 폴리에틸렌polyethylene이라는 플라스틱 재료로 만든 것인데, 비닐하우스란 이 폴리에틸렌을 이용해서 거의 투명한 지붕을 씌운 간단한 온실을 말한다. 폴리에틸렌 제조법이 개발된 것은 대개 1933년으로 보기 때문에, 조선시대에는 폴리에틸렌을 이용한 비닐하우스를 지을 수는 없었다. 기록에서는 종이에 기름을 먹여서 만든 최대한 빛을 통과시키는 기름종이를 활용해 온실을 지었다고 한다.

지구의 공기 중에 포함된 기체들 중 몇 가지도 이와 비슷한 온실효과greenhouse effect를 일으킨다. 공기 중의 기체들이 일으키는 온실효과는 엄밀히 말하자면 온실을 만드는 데 사용하는 기름종이나 폴리에틸렌과는 다른 원리로 일어나는 현상이지만 그 결과로 일어나는 일은 비슷하다. 공기 속의 몇몇 기체가 열이 주변에 흩어지는 것을 방해해서 지구를 따뜻하게 해준다. 그래서 이런 효과를 온실효과라고 부르고, 이런 효과를 일으키는 공기 속 기체들을 온실기체greenhouse gas라고 부른다. 온실가스 혹은 알파벳 머리글자로 GHG라고 말하기도 한다.

지구에서 온실효과가 사라진다면

지구 공기 속에는 어느 정도의 온실기체가 있기 때문에 지구는 수천 년, 수만 년, 수십만 년 전부터 어느 정도의 온실효과를 겪어왔다. 다시 말해서, 사람이 출현하기도 전의 먼 옛날부터 지구는 온실효과의 영향을 받는 온실 속 같은 곳이었다. 지금 온실효과와 기후변화가 문제인 것은 그 효과의 정도가 갑자기 너무 빠른 속도로 심해지고 있기 때문이다. 만약 반대로 지구에서 온실효과가 갑자기 완전히 사라진다면 지구는 지금보다 훨씬 더 추워질 것이고, 수많은 생명이 살아가지 못할 것이다.

달은 지구에 굉장히 가까이 붙어 있다. 무게가 태양의 100만 분의

1도 되지 않지만 태양과 거의 같은 크기로 보인다. 태양이 멀리 떨어져서 작게 보이는 반면 달은 너무나 가까이 있기 때문이다. 지금까지도 화성 같은 다른 행성까지 사람이 탄 우주선이 방문하는 것은 실행하기 어렵지만, 달에는 기술이 지금보다 훨씬 뒤떨어져 있었던 1969년에도 사람이 갈 수 있었다. 역시 달이 아주 가깝기 때문이다.

그런데 달은 지구보다 훨씬 춥다. 달에는 공기가 없기 때문에 낮이 되면 땅이 굉장히 빨리 달아오르고 밤이 되면 빨리 식어버린다. 달의 온도와 지구 온도를 그대로 비교할 수는 없지만 적어도 지구보다는 훨씬 춥다는 것이 중론이다. 달의 평균 표면 온도는 대략 영하 20도 정도다. 지구의 평균기온은 그보다 훌쩍 높은 영상 10도에서 20도 사이다. 우주에서 지구와 거의 비슷한 위치에 붙어 있다시피 하는데도 온도는 이렇게나 많이 차이가 난다. 달은 지표면 재질이 지구와 다르고, 화산 활동이 잘 일어나지 않고, 지구의 그림자 뒤로 들어가서 햇빛을 못 받는 등 다른 원인이 있기는 하지만, 그것만으로 이 정도의 온도 차이가 난다는 것은 이상하다.

결국 원인은 온실기체다. 만약 지구에서 온실기체가 없어지면 지구의 평균기온 역시 영하 10도에서 20도 정도로 떨어질 거라고 예상하는 사람들도 있다.

반대로 온실기체가 너무 많아지면 온실효과가 심해져서 온도가 훌쩍 더 높아질 수도 있다. 대표적인 예가 그 땅만 보면 지구와 가장 비슷한 행성이라고 하는 금성이다.

온실효과가 지나친 세계

　지구와 비슷한 행성 하면 화성을 떠올리지만, 화성 못지않게 금성도 지구와 비슷하다. 보는 기준에 따라서는 금성이 화성보다 더 지구를 닮은 점도 있다. 화성이 지구보다 훨씬 작은 행성인데 비해 금성은 크기부터 지구와 비슷하다. 화성이 지구에서 너무 멀리 떨어져 있어 태양이 희미하게 보이는 아주 추운 행성인 것에 비해 금성은 지구보다 태양에 조금 가까이 있어서 태양 빛을 훨씬 잘 받는 행성이다. 그렇다고 수성처럼 태양에 너무 가까워서 완전히 다 익어버릴 정도로 강한 빛을 받는 곳은 아니다. 이 정도면, 금성은 지구의 열대지방 정도 되는 날씨가 넓게 펼쳐진 무더운 곳이라고 상상해볼 만도 하다.

　아닌 게 아니라 20세기 초에는 금성을 정글이 펼쳐진 행성으로 상상하는 사람이 꽤 많았다. 그런 내용으로 SF 단편도 여럿 나왔다. 금성에 가봤더니 용이나 공룡 비슷한 온갖 괴물이 득실득실하고 별별 다양한 생명체가 살고 있어서 주인공이 그것들과 싸우거나 사냥하면서 모험을 벌인다는 내용이 종종 SF에 등장했다. 그렇게 많은 동물 중에 지능이 사람만큼 뛰어난 외계인이 있어서 그들의 왕국이 금성에 있다더라 하는 이야기로 흘러가기도 했다.

　영어로는 금성을 아름다움의 여신, 베누스Venus에서 따온 이름으로 부르기 때문에, 괜히 금성에는 여왕이 다스리는 나라가 있다거나 하는 이야기도 자주 나온 편이다. 1958년 영화 〈외계에서 온 여왕Queen of Outer Space〉이 대표적인 사례다. 심지어 금성에 사는 외계인이 우주선을 타고 자신을 찾아왔다고 하는, 대단히 믿기 어려운 주장을 하는 사람들도 있었다. 엘리자베스 클라러Elizabeth Klarer 같은 사람이 그 대표격이다.

그렇지만 막상 과학기술이 발전하여 좀 더 자세히 살펴보니 금성은 전혀 정글 지대나 야생동물이 많은 땅이 아니었다. 오히려 금성의 표면은 지구의 어떤 생명체도 살기 어려운 혹독한 곳이었다.

금성의 지표면 온도는 평균 400도 정도로 추측하는 것이 보통이다. 이 정도는 납, 주석, 아연 같은 금속이 지글지글 녹아내릴 정도의 온도다. 지구에는 온갖 생물이 살지만 이런 열기를 버틸 수 있는 생물을 찾기란 어렵다. 머나먼 외계 행성에는 지구 생명체와는 전혀 구조가 달라서 혹독한 환경을 더 잘 견디는 생물이 나타났을 거라고 상상해볼 수는 있겠지만, 우주의 어디가 되었든 물질이 안전하게 화학반응을 일으키기에 400도는 너무나 뜨거운 온도다. 어떤 생물이건 신진대사를 안정적으로 이루면서 버티기 어려울 것이다. 그래서 요즘 SF 작가들은 설령 금성에 생물이 산다는 이야기를 쓴다고 해도 뜨거운 땅이 아니라 그나마 온도가 좀 낮은 금성의 하늘을 떠다니는 생물이 나오는 식으로 이야기를 꾸미는 경우가 더 많다.

따지고 보면, 생명체는 둘째치고, 기계장치나 로봇도 400도의 온도를 버티기는 쉽지 않다. 로봇의 몸 바깥 쪽에 납이나 아연 같은 물질을 사용해서 만든 배터리가 달려 있다면, 배터리가 일단 흐물흐물하게 녹아내릴 것이다. 실제로 바로 이런 이유 때문에 금성 탐사는 녹록지 않았다. 화성에 보낸 로봇은 화성 풍경을 고해상도 컬러 사진으로 수백 장씩 찍어 지구로 보내오지만, 금성 표면을 찍은 사진이라면 아직도 1980년대 초에 겨우 찍은 사진 몇 장이 가장 볼 만한 사진이다. 기계장치를 금성에 착륙시킨다고 해도 얼마 지나지 않아 금성 땅을 견디지 못해 부서지기 때문이다. 당연히 이 사진에도 외계인 왕국이나 정글과 괴물이 찍혀 있지는 않다. 온통 삭막한 돌덩어리만 열탕 속에 나뒹구는 무시무시한 풍경이 보일 뿐이다.

금성이 이렇게까지 뜨거운 곳이 된 것은 대기 중에 온실기체가 너무 많아서다. 금성은 대기 자체가 아주 짙어서 그냥 땅 위에 있어도 지구의 깊은 바닷속에 잠긴 느낌이 날 정도다. 그 짙은 대기에 온실기체 성분도 많다. 안 그래도 태양에서 받는 빛부터가 지구보다 많은데, 이렇게 온실기체가 많은 대기로 둘러싸여 긴 세월을 보내면서 계속 온도가 쑥쑥 올라갔을 것으로 추정된다. 그 바람에 금성이 지금 이렇게까지 뜨거워진 것이다. SF 작가 중에는 먼 옛날, 금성의 날씨가 좋았을 때에는 사실 이런저런 생물들이 살았는데 온실효과가 너무 심해진 바람에 그 생물들이 다 멸망해버린 것 아니냐는 상상을 하는 사람들도 있었다.

2020년 가을 무렵에 금성의 구름 속에서 인화수소phosphine가 발견되었고 이것이 생명체가 뿜어낸 것일지도 모른다는 보도가 나왔다. 지금은 생명체의 흔적일 가능성은 높지 않다는 쪽으로 가닥이 잡혔으나, 당시에는 금성의 구름 속을 떠다니는 세균 비슷한 생물들이 있어서 인화수소를 뿜어낸 것이 지구의 학자들에게 탐지된 것일 수 있지 않으냐는 이야기도 거론되곤 했다. 어떤 작가들은 먼 옛날 금성에

지구는 괜찮아, 우리가 문제지

갖가지 외계 생물이 있었지만, 모두 멸망하고 다만 우연히 시원한 하늘에 흩날리며 살게 된 세균 몇 가지가 겨우 살아남는 데 성공해서 온도가 낮은 구름 속을 떠다니다가 발견된 것 아니냐는 이야기를 꾸며 보기도 했다.

혹시 금성의 표면을 훑어보면, 수억 년, 수십 억 년 전에 멸망한 금성인들의 도시 폐허를 발견할 수 있을까?

금성은 지구의 미래인가

나는 사람들의 활동 때문에 지구가 금성처럼 변할 가능성은 거의 없다고 생각한다. 우주와 지구의 거대한 움직임에 비하면 사람이 가진 힘은 미미하다.

그렇지만 또한 같이 고려해야 할 것이, 사람의 생활 역시도 우주와 지구의 거대함에 비하면 미미하다는 점이다. 그 미미한 사람이 미미한 변화에 영향을 받을 가능성은 아주 크다. 나는 이 점이 중요하다고 생각한다. 사람이 뿜어내는 온실기체가 지구를 통째로 금성처럼 바꾸어놓기는 부족하겠지만, 당장 지구에 사는 사람 자신의 삶을 괴롭히기에는 충분하다.

지구는 달이나 금성과는 비할 바 없을 정도로 사람이 살기에 좋은 곳이다. 그런 지구에서 사는 우리가 기후변화와 온실기체를 걱정해야 하는 이유는 지구가 금성과 같은 모습이 되어 종말을 맞는 것을 막기 위해서는 아니라고 생각한다. 우리는 그 정도 걱정을 할 처지가 못 된다. 우리는 그보다 훨씬 약한 규모인 홍수, 가뭄, 폭염, 한파에도 희생당하는 연약한 생물이다. 우리는 그런 재난을 버텨내기 위해 기후변화 문제를 걱정해야 한다.

지구 종말 문제가 아니라고 해서 결코 별 신경 쓸 필요가 없는 문제인 것은 아니다. 오히려 이런 현실적인 문제도 굉장히 심각하다는 점을 깊이 받아들여야 한다. 그 정도의 문제에도 수많은 사람의 생명이 달려 있다. 경제 발전이나 기술 발전의 방향이 달린 문제이기도 하다.

온실효과의 원리

요즘 과학기술인들이 가장 주목하는 온실효과를 일으키는 물질은 바로 이산화탄소carbon dioxide다. 짧게 표기하기 위해 쓴 화학식인 CO_2를 그대로 읽어 "시오투"라고 말하기도 한다. 요즘에는 워낙 화제가 되고 있어서 물을 나타내는 H_2O만큼이나 사람들에게 친숙한 화학식이다.

CO_2는 온실효과를 잘 일으키는 물질이다. CO_2를 비롯한 온실기체들이 지구를 따뜻하게 만드는 이유는 이런 기체들이 지구가 내뿜는 미약한 빛만 받아도 따뜻해질 수 있기 때문이다.

지구처럼 온도가 별달리 높지 않은 물체는 적외선이라고 하는 빛을 내뿜을 수 있다. 적외선은 사람이 맨눈으로는 볼 수 없는 색깔의

지구는 괜찮아, 우리가 문제지

빛인데, 코로나19 시대 이후 곳곳에 설치된 체온 감지용 열화상 카메라라는 물체가 내뿜는 바로 이 적외선을 기계의 힘을 이용해서 감지하는 장비다. 물고기나 개구리 종류 중에는 어느 정도 적외선을 볼 수 있는 것들이 있다. 모기가 적외선을 감지한다는 이야기도 꽤 알려져 있다. 캄캄한 밤에 아무 빛도 없는 것 같지만, 모기에게는 사람이 체온 때문에 내뿜는 적외선 색깔의 빛이 어둠 사이에서 희미하게 보인다. 그 적외선 빛이 있는 곳을 따라 앵앵거리며 날아가 사람을 무는 것이다.

투명한 유리나 플라스틱이 대부분의 빛을 그냥 통과시키는 것처럼, 투명한 공기도 대체로 빛을 그냥 통과시킨다. 그렇지만 공기 속의 몇몇 성분은 지구가 뿜는 적외선 빛에 민감하다. 여름철에 같은 햇빛을 받아도 검은색 자동차는 흰색 자동차보다 뜨거운데, 이것은 검은색이 햇빛을 더 잘 흡수하기 때문이다. 그와 같이 이산화탄소 같은 온실기체는 적외선이라는 빛을 더 잘 흡수하는 색깔을 띠고 있다고 생각해보면 이와 얼추 비슷하다. 온실기체는 그냥 우주로 뻗어나가며 사라졌을 지구가 뿜는 적외선을 흡수해 그 열기를 품고 지구를 따뜻하게 감싸준다.

온실효과만 생각해본다면 천만다행인 것이 지구 공기의 대부분을 차지하는 질소 기체, 산소 기체, 아르곤은 적외선을 흡수하는 성질을 갖고 있지 않다. 우리가 흔히 온실기체라고 부르는 기체들은 공기 중에 1퍼센트는커녕 0.1퍼센트도 되지 않는다. 그래서 지구의 온실효과는 금성 같은 곳에 비하면 크지 않다.

그렇지만 그 아주 적은 성분의 변화도 사람의 삶을 괴롭히기에는 부족하지 않다.

단순한 사실, 크나큰 영향

온실기체가 이런 특이한 성질 내지는 특이한 색깔을 띠는 것은 온실기체를 이루는 원자들이 어떤 모양으로 조합되었느냐와 관계가 있다. 산소 기체는 확대해 보면, 대략 1000만 분의 1밀리미터쯤 되는 크기의 작은 산소 원자 알갱이가 둘씩 짝지어 나란히 붙어 있는 모양이다. 공기 중에 그런 것들이 어마어마하게 많은 숫자로 날아다니는 것이 산소 기체다. 원자가 둘씩 붙어서 날아다니다 보면 흔들리고 부딪히면서 모양이 좀 바뀔 때도 있다. 약간 길쭉해질 때도 있고, 좀 짤막해질 때도 있다. 그래도 둘이 짝을 지어 붙어 있기 때문에 항상 그 모양은 좌우대칭을 이룬다.

그런데 이산화탄소는 확대해 보면, 역시 1000만 분의 1밀리미터 단위로 헤아려야 하는 아주 작은 크기로, 탄소 원자 하나가 중심에 있고 양옆에 산소 원자가 하나씩 붙은 모양이다. 이산화탄소가 공기 중을 날아다니면서 붙어 있는 모양이 흔들린다면, 중심에 있던 탄소가 한쪽으로 치우치는 경우도 생기게 된다. 그러면 좌우대칭이 깨지고 무게중심이 한쪽으로 쏠린다.

이것이 온실기체의 중요한 특징이다. 이렇게 움직이면서 치우치는

물(H₂O)

이산화탄소(CO₂)

아산화질소(N₂O)

메테인(CH₄)

모양을 가진 물질이라면 지구에서 온실효과를 일으킬 수 있다. 아산
화질소nitrous oxide라든가 흔히 메탄가스라고 부르는 메테인methane도
확대해서 원자들이 붙어 있는 모양을 보면, 흔들릴 때 좌우대칭이 깨
지고 무게중심이 쏠리는 것을 볼 수 있다.

  원자들 속에 들어 있는 전기를 띤 부분은 빛과 서로 영향을 주고받
는다. 사실 빛이란 전기의 힘이 전달되는 한 가지 특이한 현상이다. 적
외선 정도의 색깔을 띤 빛은 붙어 있는 원자들의 무게중심이 쏠리는

현상과 영향을 잘 주고받는다. 좋은 비유라고는 할 수 없겠지만, 원자가 무게중심이 바뀌며 비틀비틀하고 그 원자에 있는 전기도 이리저리 쏠릴 때, 적외선 색깔을 띤 전자기파가 마침 거기에 맞아 들어가 원자의 움직임이 더 심해지도록 밀어준다고 상상해도 대략 비슷하다.

중요한 것은 기체가 지구의 온도를 높이느냐 마느냐, 심지어 금성처럼 무서운 행성이 되느냐 마느냐 하는 굉장한 문제가 사실은 어떤 물질이 움직이는 모양이 대칭을 이루느냐 아니냐 하는 어찌 보면 너무나 단순한 사실에 달려 있다는 점이다. 좀 더 문제를 파고들어보면 빛과 물질이 서로 영향을 주고받는 것을 정확히 계산할 때에는 양자역학, 양자전기역학과 같은 분야의 기법을 이용해서 따지게 된다. 그런데 그 모든 기법을 사용해서 살펴보면 결국 물질을 이루는 원자들의 모양이 대칭을 잘 이루고 있는지 따지는 문제가 그 물질이 지구를 뜨겁게 하는가 마는가 하는 결론으로 이어진다.

이런 이야기는 사소하고 별것 아닌 것 같은 과학 연구 결과 하나가 많은 영역에 걸쳐 있는 큰 문제와 어떻게 연결되는지 알려주는 사례다.

우리가 기억해야 할
다섯 가지 온실기체

수증기, 물이 불러오는 악순환

이산화탄소 못지않게, 혹은 때에 따라서는 그 이상으로 중요한 온실기체는 사실 수증기, 즉 물이다. 깨끗한 물은 얼핏 아무 해도 없는 순수하고 착한 물질인 것 같다. 하지만, 사람이 아닌 물질에 착하고 나쁜 것이 있을 리 없다. 물도 충분히 온실효과를 일으켜서 지구를 덥게 만들 수 있는 물질이다.

물을 H_2O라고 부르는 데에서 알 수 있듯이, 물은 확대해서 보면 산소 원자 하나에 수소 원자가 좌우에 하나씩, 둘이 붙은 덩어리다. 역시 모양이 흔들리면 좌우대칭이 깨지고 무게중심이 흔들릴 수 있는 물질이다. 이산화탄소와 크게 다를 바 없다. 그러므로 물도 온실기체 역할을 할 수 있다. 실제로 지구가 처음 생겨난 후 지금까지의 역사를 살펴보면, 수증기가 공기 중에 많으냐 아니냐에 따라 지구의 온도가 상당히 바뀐 적도 있었던 것으로 짐작된다.

그렇지만 당장 온실효과와 기후변화 문제를 지적할 때 수증기는 이산화탄소만큼 주목받지 않는다.

한 가지 이유를 들자면, 물은 수증기가 되었다가도 때에 따라 비로 변해서 지상으로 되돌아온다는 점을 언급해볼 만하다. 물은 하늘에서 온실효과를 일으키다가도 여차하면 다시 땅으로 돌아온다. 지구는 하늘에서 물이 떨어지는 현상, 즉 비가 내리는 일이 여기저기에서 수시로 일어나는 곳이다.

그러나 멀리 보면 물의 영향은 결코 무시할 일이 아니다. 만약 이산화탄소 같은 다른 온실기체의 영향 때문에 날씨가 더워지면, 더운 만큼 물이 바다에서 더 많이 증발해서 공기 중을 떠다니는 수증기가 더 많아질 수 있다. 그러면 공기 중의 많은 수증기, 그 자체가 온실효과를 일으켜서 날씨를 더 덥게 만든다. 그 더워진 만큼 물이 바다에서 더욱더 많이 증발해서 공기 중의 수증기는 추가로 더욱더 많아진다. 그리고 그 수증기가 또 온실효과를 더 많이 일으킨다.

이런 악순환을 가리켜, 어떤 문제의 결과로 일어난 일이 다시 그 문제를 일으키는 원인을 부추긴다고 해서, 흔히 되먹임, 곧 피드백feedback 이라고 한다. 특히 문제가 점점 커지는 방향, 즉 + 방향으로 일이 벌어지므로 이런 현상을 양의 되먹임positive feedback 이라고 부른다.

요즘 회사원들이 자주 쓰는 말투를 생각해보면 포지티브 피드백이

　　　　　　　　　　지구는 괜찮아, 우리가 문제지

라고 하는 말이 긍정적인 답변이라는 뜻처럼 들려 꼭 좋은 일인 것 같지만, 온실효과에서 포지티브 피드백이 벌어진다는 말은 현재의 온실효과가 미래의 온실효과를 부추겨서 점점 더 온실효과가 심해질 거라는 뜻이다.

그러므로 수증기가 당장 별로 대단히 위험한 온실기체는 아닌 것 같더라도 온실효과가 어느 정도 심해질 때 그 영향을 더 크게 부추기고 문제를 점점 더 심각하게 만드는 원인이 될 수 있다. 게다가 온실효과로 인해 기후변화가 일어나면 홍수, 가뭄, 태풍 같은 현상이 발생해 큰 피해를 일으킬 수 있는데, 이런 현상이 모두 공기 중에 수증기가 떠다니다가 어디서 물로 변해서 쏟아지느냐에 달려 있다. 그렇기 때문에, 기후변화의 피해를 생각한다면 수증기의 성질과 움직임은 중요해진다.

이산화탄소, 0.04퍼센트가 지닌 무서운 힘

온실기체의 주범으로 지목받는 기체는 단연 이산화탄소다. 이렇게 말하면 이산화탄소가 공기 중에 아주 많아서 문제가 되는 것 같지만 사실 공기 중 이산화탄소의 양은 0.04퍼센트 정도다. 온실기체를 따질 때 자주 사용하는 ppm 단위로 나타내면 400ppm 정도다. 그렇지만 이렇게 옅은 농도의 이산화탄소가 살짝 더 많아지느냐 적어지느냐에 따라 기후가 바뀌고 수많은 생명체가 영향을 받는다.

공기가 물이고 그 속에 매운맛으로 유명한 물질인 캡사이신을 0.04퍼센트 정도 섞어놓는다고 생각해보자. 그러면 공기에서는 대략 일부러 순한 맛으로 만든 라면 정도 되는 맛이 날 것이다. 맛은 사람마다 기준이 다르고 음식은 만들 때마다 약간씩은 그 농도가 달라지기 마련이니까 정확한 이야기라고는 할 수 없지만, 만약 캡사이신을 물에 1퍼센트 정도만 풀어도 아주 매운 청양고추 정도의 맛이 된다. 그러니까 라면이 맵냐 맵지 않으냐 하는 차이가 사람에게는 크게 느껴지지만 막상 캡사이신 양으로는 작은 차이에 불과하다.

지구의 날씨도 대기 중 이산화탄소 양의 미미한 차이에 따라 무시무시한 매운맛이 되기도 한다. 참고로 금성의 대기는 90퍼센트 이상이 이산화탄소다. 캡사이신과 매운맛으로 따진다면 금성은 거의 순수한 캡사이신으로 가득 차 있는 셈이다. 사실 순수한 캡사이신은 너무나 독하기 때문에, 호신용 매운맛 페퍼 스프레이 같은 것을 만들 때에도 순수한 캡사이신보다는 그 위력을 훨씬 약하게 한다.

이산화탄소가 문제가 된 것은 사람이 연료를 태우는 과정에서 발생하는 이산화탄소의 양이 무시할 수 없을 정도로 많기 때문이다. 대다수의 생물은 호흡을 하면서 이산화탄소를 내뿜는다. 사람도 마찬가지고, 동물도 마찬가지고, 이산화탄소를 빨아들이는 생물로 알려진 나무나 풀 같은 식물조차도 빨아들이는 양이 있어서 결과적으로 이산화탄소를 줄일 뿐이지 일단 이산화탄소를 내뿜고 산다. 그렇기 때문에, 지구가 생명체들이 널리 퍼져서 사는 풍요로운 행성으로 유지되는 한은 그 생명체들이 이산화탄소를 계속해서 만들게 된다. 만약 지구에서 이산화탄소를 뿜어내는 곳이 어느 날 다 사라졌다면 그 말은 생물들이 멸망한 죽음의 행성으로 변했다는 뜻이다.

그런데 보통은 생물들이 어지간히 이산화탄소를 뿜는다고 해도, 지구 곳곳에 사는 많은 식물이나 광합성을 하는 미생물, 세균 따위가 다시 그 이산화탄소를 빨아들여서 도로 줄여준다. 그렇기 때문에 공기 중의 이산화탄소는 과거에 한동안 0.03퍼센트대 수준으로 오랜 기간 유지되었다.

그랬던 것이 사람이 불을 피워 이산화탄소를 빠르게 많이 배출하면서 식물과 미생물이 광합성으로 빨아들일 수 있는 양 이상을 배출하게 된 것이다. 많은 사람이 18세기 말 산업혁명이 시작되어, 석탄이나 석유 같은 연료를 사람들이 기계를 이용해 대량으로 태우면서 이산화탄소가 감당할 수 있는 수준 이상으로 생겨났다고 보고 있다.

무엇인가를 태운다는 것은 그 물질이 공기 중의 산소 기체와 빠르게 화학반응을 일으켜서 열과 빛이 나게 만든다는 뜻이다. 때문에 뭐든 태우면 산소 원자가 붙은 다른 물질로 바뀌게 된다. 석탄이나 석유 속에는 탄소 원자가 많이 들어 있기 때문에 이런 연료를 태우면 그 속의 탄소 원자가 산소 원자 둘과 결합하면서 이산화탄소가 되어버린다. 꼭 석탄이나 석유가 아니라도 탄소 원자가 든 물질이라면 무엇이든 태울 때 이런 현상이 일어날 가능성이 높다. 예를 들어, 천연가스를 태우거나 나무 장작을 태울 때, 높은 도수의 술에 불을 붙여 태울 때에도 이산화탄소가 발생한다.

그래서 석유나 석탄을 태워서 전기를 만드는 화력발전소나, 석유를 태워서 움직이는 자동차, 배나 비행기는 물론이고, 어느 제품이든 제품을 만드는 공장에서 기계를 돌리기 위해 기계 연료로 천연가스나 석유를 사용한다면 공장에서도 이산화탄소는 생겨난다. 심지어 케로신 같은 물질을 이용해서 우주로 보내는 로켓까지 모두 다 연료를 태우는 과정에서 이산화탄소를 내뿜는다. 그리고 그 모든 활동이 공기 속을 돌아다니며 온실효과를 일으키는 이산화탄소의 양을 차곡차곡 늘리고 있다. 21세기가 막 시작될 때만 해도 이산화탄소 농도가 0.04퍼센트를 넘기면 날씨에 미치는 영향이 너무 커지지 않을까 싶어서 두려워했는데, 이미 0.04퍼센트를 돌파한 지 몇 년이 지났다.

많은 통계에서 전 세계 사람들이 이런 활동으로 뿜어내는 온실기체를 다 이산화탄소라고 치면 매년 300억 톤에서 500억 톤 사이의 양이 될 거라고 예측한다. 무엇을 사람이 추가로 뿜어낸 이산화탄소로 볼 것이냐는 계산하는 기준에 따라 수치가 달라진다. 대략적으로는 매년 400억 톤 내외의 이산화탄소가 공기에 뿜어져 나오는 정도의 문제라고 보면 될 것이다. 하루에 약 1억 1000만 톤의 이산화탄소가 뿜어져 나오는 셈이다. 한국 문화체육관광부에서 발표한 보도자료를 보면, 혼자서 승용차를 타고 휘발유를 태워가며 25킬로미터, 그러니까 대략 서울 9호선 선정릉역에서 김포공항역까지 가면 공기 중에 5킬로그램 정도의 이산화탄소가 뿜어져 나온다. 그러니, 세상 사람들이 여러 활동으로 뿜어내는 이산화탄소의 양은, 매일 자동차 54억 대가 25킬로미터 구간을 두 번 왕복하면서 뿜어내는 정도다.

잊지 말아야 할 것이, 온실기체를 줄이는 것만이 기후변화 문제의 전부는 아니다. 이 사실은 기후변화 문제를 더 진지하게 따져볼수록 중요해진다. 그렇지만 일단 온실기체를 줄인다는 목표만 놓고 보면, 매년 400억 톤, 매일 1억 1000만 톤, 100킬로미터를 달리는 자동차 54억 대만큼의 온실기체를 처리하는 것이 우리의 목표가 된다.

메탄가스, 채식과 기후변화의 상관관계

메탄가스는 대체로 무엇인가가 썩을 때에 나오는 물질이다. 가스레인지를 작동시키기 위해서 연결하는 도시가스, 즉 LNG의 주성분이기도 하다. 그래서 무엇인가가 썩고 있는 곳에서는 거기서 나오는 메탄가스를 잘 모으면 도시가스처럼 연료로 활용할 수도 있다.

예를 들어서, 서울의 난지도 쓰레기장을 덮어서 만든 하늘공원에서는 그 공원 아래에 있는 쓰레기가 썩으면서 메탄가스가 나오는데, 그것을 뽑아내서 인근 지역의 난방에 활용하기도 한다. 폐수를 처리하는 시설에서도 더러운 물이 썩으면서 나오는 메탄가스를 모아서 난방용으로 쓰는 경우가 있다. 반대로 19세기 유럽 도시에서는 사람들이 가득 모여 사는 빽빽한 도시 한구석의 화장실이나 하수구에 메탄가스가 가득 찼는데 제대로 처리할 줄을 몰라서, 갑자기 도시의 하수구와 화장실이 폭발을 일으키는 사고가 가끔 일어났다고 한다.

이렇게 생각하면 뭔가가 많이 썩지만 않으면 갑자기 지구에 메탄가스가 많이 생겨날 이유는 없을 것 같다. 그러나 꼭 쓰레기장에서 푹 푹 눈에 보이게 썩어가지 않는다고 해도 썩는 것과 비슷한 일이 일어날 수가 있다. 예를 들어, 사람을 포함한 동물의 배 속에는 세균, 고균archaea 같은 미생물이 사는데, 이런 생물들은 동물이 음식을 먹으면 그 음식에 달라붙어서 자기도 그 성분을 분해해서 빨아 먹는다. 이런 과정은 동물의 배 속에서 일어난다 뿐이지 쓰레기가 썩거나 발효되는 과정과 큰 차이가 없다. 그러다 보면, 사람의 배 속에 그 미생물들이 뿜어내는 잡다한 기체가 생긴다. 사람이 트림을 하면 그 속에는 미생물들이 뿜어낸 기체도 섞여 있을 것이고, 그중에는 메탄가스도 포함되어 있다.

동물들 중에는 이런 과정이 삶에서 아주 중요한 동물도 있다. 대표적으로 소, 염소, 양, 사슴처럼 되새김질을 하는 동물들이 그렇다. 이런 동물은 일부러 배 속에서 오랜 시간 동안 미생물들이 자기가 먹은 풀을 분해하도록 한다. 그렇게 미생물이 풀을 한번 발효시켜서 썩혀주어야 소화할 수 있는 상태가 되기 때문이다. 이것이 바로, 사람은 풀만 먹고 살 수 없는데 소나 염소는 풀만 먹고도 살 수 있는 이유다. 사람도 소도 풀에서 영양분을 뽑아낼 수 있을 정도로 풀을 분해할 수 없는 것은 매한가지다. 하지만 소는 배 속에서 풀을 분해하는 미생물을 잔뜩 품고 살아가기 때문에 풀로도 충분한 것이다.

여기까지는 신기한 일이고 모든 것이 조화를 이루는 자연의 섭리인 것 같다. 그런데 이런 동물들의 배 속에 사는 미생물들은 풀을 분해하면서 메탄가스를 꾸준히 뿜어낸다. 쓰레기장의 쓰레기가 썩으면서 메탄가스를 뿜어내는 것과 같은 일이 벌어진다. 이런 동물들이 살면서 트림 등으로 뿜는 메탄가스의 양은 상당하다. 그리고 그 메탄가스가 바로 온실효과를 일으키는 온실기체다.

초원을 뛰어노는 양 떼나, 벌판을 달리는 소 떼의 모습은 너무나 자연스럽고 평화로워 보이지만, 그 동물들은 사실 자동차나 화력발전소처럼 온실기체를 뿜는다.

소가 메탄가스를 뿜으면 얼마나 뿜을까 싶지만, 메탄가스는 적은 양으로도 이산화탄소보다 훨씬 더 강한 온실효과를 일으킨다는 문제가 있다. 그 때문에 현대의 많은 학자가 소가 뿜어내는 메탄가스를 무시할 수 없는 수준이라고 보고 있다. 게다가 소 같은 커다란 동물을 길러서 먹으려면 온실기체를 발생시키는 여러 가지 작업이 이루어진다. 그 때문에, 요즘은 쇠고기를 덜 먹어야 온실기체 배출을 줄일 수 있다고 주장하는 사람들도 느는 추세다.

확실한 것은 소 같은 동물의 숫자가 많아지면 메탄가스 배출이 늘 수 있고, 원인이 무엇이든 메탄가스가 늘어나면 기후변화 문제에는 좋지 않다는 점이다. 예를 들어, 땅속이나 바닷속 어디인가에 메탄가스가 많이 묻힌 곳이 있는데, 어쩌다 그곳이 뚫려서 갑자기 많은 양의 메탄가스가 공기 중으로 쏟아져 나오면 그로 인해 온실효과가 심해질 수 있다. 이런 사고는 실제로 가끔 발생한다. 이런 일이 벌어질 수 있는 몇 가지 위험성을 눈여겨보는 학자들이 적지 않다. 땅속이나 바닷속에 묻힌 메탄가스가 날씨가 바뀌는 바람에 갑자기 흘러나올 거라고 걱정하는 사람도 있다.

아산화질소, 뜻밖의 문제아

기후변화의 주범 격인 이산화탄소, 그리고 훨씬 적지만 무시할 수는 없는 메탄가스를 제외하고도 고민거리가 될 만한 온실기체들이 몇 가지 더 있다. 두 가지 정도만 더 소개해보라면, 아산화질소와 플루오린 계열 물질fluoride을 이야기해보고 싶다.

아산화질소는 들이마시면 괜히 웃음이 나고 신경이 풀어지는 효과를 주는 기체라고 해서 웃음가스라는 별명으로도 잘 알려져 있다. 마취약이 발달하지 않았던 과거에는 마취약 대신에 아산화질소를 사용했고, 요즘도 치과에서 간혹 사용한다. 특히 치과를 너무 두려워하고 마취 주사 자체를 겁내는 어린이 환자들에게 아산화질소를 조금 사용한다. 최근에는 아산화질소를 남용해서 마약처럼 이용하는 사례들이 생겨 정부에서 엄격하게 관리하는 물질이기도 하다. 원래 휘핑크림 같은 것이 잘 튀어나오게 하려고 스프레이캔에 아산화질소를 채워놓는 경우가 종종 있었다. 그런데 마약 단속으로 이런 제품까지 갑자기 구하기 어려워져 제과점들이나 제빵사들이 낭패를 겪기도 했다.

아산화질소도 어느 정도는 온실효과를 일으키는 온실기체다. 전 세계 치과에서 웃음가스를 너무 남용해서는 아니다. 치과에서 사용하는 양은 미미하다.

아산화질소가 발생하는 주원인으로 지목받는 것은 농사를 지을 때 뿌리는 비료다. 농작물을 잘 자라게 하기 위해서는 질소 원자가 든 비료를 뿌리는 것이 중요한데, 비료를 많이 뿌려 변질되거나 세균 따위와 화학반응을 일으키다 보면 거기에서 아산화질소가 조금씩 나올 수 있다.

19세기 말까지만 하더라도 질소 성분이 든 비료를 인공적으로 만드는 것이 굉장히 어려웠다. 한때는 비료 부족으로 농사를 더 이상 잘 지을 수가 없어서 인류가 식량 부족으로 멸망할지도 모른다는 말이 나왔다. 인류가 "질소 위기"에 처했다고 말할 정도였다. 20세기 초에 위대한 화학자 프리츠 하버Fritz Haber가 공기 중의 질소 기체에서 질소 비료를 만들어내는 화학 기술을 개발하면서 인류는 멸망을 피할 수 있었고, 세상은 식량이 풍족한 시대로 서서히 진입하게 되었다.

한때는 질소비료가 그렇게 귀했다. 그런데 요즘은 그것을 너무 많이 쓰다 보니까, 비료가 변질되면서 나오는 아산화질소가 온실효과를 일으키는 것이 문제가 되는 시대가 찾아왔다는 이야기다.

플루오린, 온실기체 속 경제학

플루오린 계열 물질은 불화물이라고도 하는데, 옛날에는 플루오린을 플루오르 또는 불소라고도 불렀기 때문이다. 플루오린과 탄소 원자가 든 물질들이 주류여서 불화탄소, 플루오린화탄소라는 말을 쓰기도 하고, 수소 원자도 같이 든 물질인 경우도 많아서 수소불화탄소, 수소플루오린화탄소 같은 말을 쓰기도 한다. 이런 말들은 대체로 플루오린 원자가 들어 있는 공업용 물질을 일컫는다고 보면 된다.

플루오린 계열 물질이 자주 쓰이는 것으로는 주로 에어컨이나 냉장고 같은 냉방, 냉각장치를 꼽을 수 있다. 에어컨이 제대로 작동하지 않을 때 원인을 알아보면 "가스를 보충해주어야 한다" "냉매를 충전해줘야 한다"는 말을 들을 때가 있는데, 그때 에어컨에 다시 채워주는 물질이 바로 플루오린 계열 물질이다.

냉각장치는 이런 물질들을 압축해서 액체로 만들었다가 액체가 마를 때에 주변을 시원하게 해주는 원리를 이용해서 주변을 차갑게 만든다. 과거에는 플루오린 계열 물질 중에서 그 유명한 프레온Freon 가스가 널리 사용되었는데, 프레온가스가 공기 중으로 배출되면 하늘로 올라가 오존층을 파괴한다는 문제점이 지적되면서 국제적으로 사용이 금지되었다. 지금은 프레온가스 대신 다른 플루오린 계열 물질들이 많이 사용된다.

요즘 사용되는 플루오린 계열 물질들은 프레온가스처럼 오존층을 파괴하지는 않지만, 그래도 온실효과는 일으킨다. 공기 중으로 배출되는 양은 이산화탄소에 비하면 아주 적다. 하지만 온실효과를 일으키는 정도는 훨씬 심각한 물질인 경우가 많다. 그로 인해 일어나는 온실효과도 역시 무시할 수는 없다. 때문에 여러 나라가 온실효과를 줄이기 위해 플루오린 계열 물질들 중에서 몇 가지를 더 금지하는 계획을 추진하고 있다.

플루오린 계열 물질들을 급하게 금지하겠다는 계획에 반발하는 사람들도 많다. 온실효과를 잘 일으키는 이 물질들을 사용할 수 없게 되면 그때부터는 다른 신물질, 또는 다른 방식의 설계를 이용해서 냉장고나 에어컨을 만들어야 한다.

그런데 새로운 기술로 신물질을 개발해놓은 회사들은 대개 뛰어난 기술을 갖춘 선진국의 화학 회사들이다. 그래서, 만약 기후변화를 막는다는 이유로 지금 사용하는 플루오린 계열 물질을 사용하지 못한다는 국제 협정이나 규제가 발효된다면, 개발도상국의 회사들은 선진국 회사들이 개발한 신물질을 비싼 돈을 주고 사다가 에어컨이나 냉장고를 만들어야 한다. 개발도상국의 가전제품 생산 회사들은 이제 겨우 선진국 가전제품 생산 회사들의 기술을 따라 잡아 장사를 좀 해볼까 하는 참에 선진국에서 그런 건 만들면 안 된다고 법을 바꾸는 것처럼 느낄 것이다. 과거에는 자기들도 플루오린 계열 물질들을 펑펑 써놓고, 이제 와서는 제품에 들어가는 기체를 선진국에서 사 가지 않으면 안 된다는 규칙을 만들었다고 생각하지 않을까? 개발도상국 입장에서는 선진국들이 개발도상국이 경쟁에서 이길 만한 상황이 될 때마다 경쟁의 규칙을 바꾸는 것 같다고 여길 것이다.

선진국 사람들은 개발도상국 가전제품 회사들이 돈을 버는 것도 중요하지만 우리 모두를 위해서는 온실기체를 줄이는 것이 더 중요하다고 주장할 것이다. 맞는 말이라고 할 수도 있다.

그렇지만, 현재 기후변화를 일으키는 공기 중의 온실기체, 특히 이산화탄소의 상당량은 산업혁명 이후 먼저 나라를 발전시킨 선진국들이 석탄을 태우고 석유를 태우면서 부유하게 살아온 지난 몇백 년의 시간 동안 뿜어놓은 것이다. 개발도상국 사람들은 인도 사람들이 가축이 끄는 달구지를 타고 다니고, 중국 사람들이 자전거를 타고 다니던 시절에, 이산화탄소를 뿜어내는 커다란 차를 타고 다니던 선진국 사람들이 긴 시간 그렇게 많은 돈을 벌면서 상황을 잔뜩 악화시켜놓았다고 지적할 것이다.

지금 와서 기후변화 문제가 급해졌으니까 갑자기 개발도상국에서 만드는 제품은 앞으로 금지하고, 선진국의 뛰어난 기술을 이용하는 제품만 허용하자고 주장한다면, 개발도상국에서는 불만을 품을 수밖에 없다.

플루오린 계열 물질에 대한 문제뿐만 아니라, 온실기체, 기후변화에 대한 여러 가지 문제는 대체로 이렇게 여러 나라, 여러 사람의 입장이 달라서 풀기 어렵게 꼬여 있다. 지구에 사는 모든 사람이 동시에 일으키는 문제이면서 또한 동시에 풀어야 하는 문제이기 때문이다. 기후변화 문제의 곳곳에는 이렇게 섬세하고 복잡한 이야기가 많이 숨어 있다.

2장

기후변화의 역사가
우리에게 말해주는 것

과학으로 읽는
대홍수 전설

지리산 선암 전설부터 길가메시까지

조선 전기를 살았던 선비 김종직은 1472년 지금의 지리산으로 등산 여행을 떠났다. 그리고 그때의 일을 《유두류록》이라는 글로 써서 남겼다. "유두류록"이라는 제목은 두류산을 유람한 기록이라는 의미로, 옛날에는 지리산을 두류산이라고 부르기도 했다. 이 글은 산의 아름다운 경치를 보고 느낀 감상이 잘 표현된 한편, 조선 전기 지리산 주변에서 사람들이 사는 모습과 지리산에 대한 옛이야깃거리가 담겨 있어서 사료로도 가치가 뛰어나다.

그런데 이 글에는 "선암船巖"이라는 바위에 관한 전설이 아주 짤막하게 기록되어 있다. 그 내용은 지리산 높은 곳에 큰 바위가 하나 있는데, 먼 옛날 언제인가에 물이 그 높은 지역까지 들어온 적이 있어서 그 바위에 배를 매어놓은 적이 있다는 것이다. 《유두류록》에는 그 이야기와 짝을 이루는 다른 전설도 하나 더 기록되어 있다. 선암 근처에 "해유령蟹踰嶺"이라는 고개가 있는데, 그 이름은 게가 돌아다니던 고개라는 뜻이다. 다시 말해서, 그 옛날 물이 그 높은 곳까지 들어왔고 바닷가나 큰 물가에서나 살던 게가 높은 고개를 돌아다니던 시절이 있었다는 이야기다.

김종직은 그 이야기를 듣고 황당한 이야기라면서 옆 사람에게 말한다. "만약 여기까지 물이 들어왔다면, 그때 살던 것들은 하늘을 붙잡고 물을 피했단 말인가?" 그러고는 대충 웃어넘겼다는 것까지가 《유두류록》에 실린 내용이다.

그렇지만 이 정도로도 꽤 많은 사연을 더 생각해볼 수 있다. 우선 지리산의 그 높은 지역까지 물이 들어왔다는 이야기가 전한다는 말은 옛날에 어마어마한 홍수나 해일이 일어난 적이 있다는 이야기를 1472년 당시 인근 사람들이 믿었다는 뜻이다. 김종직이 지나가는 말처럼 그 정도 홍수라면 하늘을 붙잡지 않고는 살 수 없겠다고 말했지만, 조선시대 사람들 사이에 먼 옛날 언젠가 한번 어마어마한 홍수가 나서 산들이 모두 물에 잠기고 어지간한 생물들은 몰살당한 시기가 있었다는 전설이 돌았다고 추측해볼 만하다.

그 이야기가 선암이라는 바위와 연결되어 있다는 대목은 더 재미있다. 엄청난 홍수로 세상이 다 멸망할 지경이었는데 한 척의 배가 물 위를 떠다녔다는 뜻이기 때문이다. 배는 사람이 만들어서 사람이 타고 다니는 것이다. 그러니 멸망할 정도의 상황에서 누구인가 최소한 한 사람, 또는 한 무리가 살아남아서 배 한 척을 타고 물로 가득 찬 종말을 맞은 세상을 떠돌고 있었다는 이야기가 된다. 게가 돌아다니는 고개가 있었다는 이야기를 두고 넘겨짚자면 게들이 밀려와서 놀 만큼 그 홍수가 어느 정도의 기간 동안 지속되었다고 덧붙여볼 만도 하다.

선암 전설에 따르면, 그 배를 타고 떠돌던 사람은 지리산 높은 곳 어느 바위에 도착했다. 그러니 그가 살아남는 데 성공했다고 짐작해볼 수도 있을 것이다. 이런 이야기가 훗날까지 이어져 내려온 것만 보아도 엄청난 홍수에서도 생존자가 있었다는 추측과 맞아떨어진다. 그러므로 김종직이 기록한 전설을 다시 풀이하자면, 먼 옛날 대홍수로 세상이 멸망할 뻔했고 그때 배를 타고 피한 사람은 겨우 살아남았는데 너무 물이 높이 차오른 나머지 산 높은 곳에 배를 대야 했다는 내용이다.

공교롭게도 오늘날에도 지리산에는 배바위라고 부르는 곳이 있다. 김종직이 말한 선암과 동일한 곳인지는 확실치 않다. 그런데 지금의 배바위는 영험하여 그 근처에서 기도를 하면 이루어진다는 소문이 도는 지역이다. 만약 이곳이 김종직이 말한 선암과 같은 곳이라면, 바로 이곳이 지구가 멸망하는 대홍수의 재앙 속에서도 살아남은 사람의 유적지이기 때문에 신성한 장소로 여겨진 것이라고 상상해볼 수 있지 않을까? 최악의 상황에서도 끈질기게 살아남은 먼 옛날의 인물을 기리는 장소이기 때문에 훌륭한 기도 장소가 되었다고 이야기를 꾸며보면, 제법 그럴듯하다.

이와 비슷한 전설은 다른 지역에도 몇 가지 전해 내려온다.

김종직이 활동한 조선 전기보다 기록 시점이 앞서는 것은 많지 않다. 하지만 고리봉, 환봉 같은 지명이 남아 있는 곳에는 비록 후대에 기록된 전설이라 하더라도 먼 옛날의 홍수 이야기가 전한다. 전형적인 형식은 먼 옛날 대홍수가 일어나서 높은 산의 봉우리 꼭대기 부분만 조금 남고 세상이 모두 물에 잠겼는데, 그때 배를 타고 피신한 사람들이 봉우리 꼭대기에 줄을 걸어 배를 묶어두었다는 것이다. 그렇기 때문에 그 봉우리 꼭대기를 고리봉 또는 한자를 써서 환봉이라고 부르게 되었다는 것이 결말이다. 그렇다면 무슨 이유인지는 모르겠지만, 먼 옛날 세상이 홍수에 휩싸여 한 번 뒤엎어졌다는 전설이 한국인들 사이에서도 꽤 알려져 있었다고 볼 수 있다.

외국의 신화나 전설로 눈을 돌리면 더욱 줄거리가 강렬한 것들이 있다. 대표적으로 고대 그리스 로마 신화에도 대홍수로 세상이 멸망하고 피신한 몇몇 사람만 겨우 살아남았다는 식의 이야기들이 있다.

그리스 로마 신화에서는 데우칼리온이 배를 만들어 타서 피했다는 이야기가 잘 알려져 있다. 이 이야기에서는 홍수가 그냥 이유 없이 일어난 것이 아니라 신들이 세상 돌아가는 것이 마음에 들지 않아, 세상을 없애고 다시 만들려고 일부러 재앙을 일으켰다고 되어 있다. 말하자면, 선행을 하지 않는 타락한 사람들을 징벌하기 위해 하늘이 벌을 내린 것이 대홍수이고, 그중에 몇몇 사람만이 겨우 살아남았다는 뜻이다.

지금의 이라크 지역에 해당하는 곳에서는 세상에서 가장 오래된 문학 작품 중 하나라는 평가를 받는 길가메시라는 인물에 관한 몇 가지 전설과 서사시가 전해진다. 그 이야기 속에도 어떤 등장인물이 대홍수가 일어나 세상이 멸망했지만 겨우 살아남는 데 성공했다는 사연이 잠시 끼어드는 대목이 나온다.

공포가 만든 이야기

도대체 왜 세계 곳곳에는 이렇게 대홍수에 대한 이야기가 많이 퍼져 있는 것일까? 쉽게 떠올릴 수 있는 대답은 세계 어느 곳이든 사람들에게 홍수는 공통된 무서운 재앙이기 때문이라는 점이다.

문화가 발달하고 인구가 많은 곳일수록 농사를 크게 지었을 텐데, 농사를 크게 지으려면 아무래도 농사에 쓸 물을 구하기 좋은 큰 강 주변에서 집을 짓고 모여 살기 마련이다. 갑자기 강물이 불어나는 바람에 피해를 겪기도 했을 것이다. 그러니 어지간한 지역이라면 "옛날에 정말 큰 홍수가 나서 피해가 컸다"는 이야기가 뿌리내리지 않았을까? 옛이야기들은 시간이 갈수록 조금씩 과장되기 마련이라 홍수의 규모는 점점 더 커져서, 온 세상을 다 물로 채울 정도로 큰 재난에 대한 이야기로 변할 수 있다. 그리고 그냥 그렇게 이야기가 끝나버리면 허무하기도 하고, 엄청난 홍수로 모든 것이 종말을 맞았다면 종말 이후의 시대에도 문화를 이어가는 자신들에 대해서 설명하기가 난감해지므로, 어떻게든 살아남은 소수가 있었다는 이야기가 자연스럽게 덧붙은 것은 아닐까?

왜 이런 이야기가 퍼졌는지 명확히 증명하기는 쉽지 않다. 그렇지만 홍수에 대한 공포 때문에 이런저런 이야기가 생기고 그것이 과장되거나 변형되었다고 한다면, 지역마다 전하는 이야기가 비슷하면서도 세부 사항이 조금씩 달라진 점도 어느 정도는 납득할 만하다. 예를 들어, 신들을 섬기는 것을 중시했던 고대 그리스, 로마 사람들은 신이 노해서 세상을 엎으려고 홍수를 일으켰다는 점을 강조했을 것이다. 그에 비해 같은 홍수 이야기라도 풍수지리에 관심이 많았던 조선시대 사람들은 산 높은 곳에 삐죽 솟은 바위가 있는 지형에 대한 해설을 좋아했기에, 그 바위에 홍수를 피해 온 배를 묶어놓았다는 이야기를 만들어 퍼뜨렸을 것이라고 추측해보는 것이다.

기후변화는 21세기 대홍수인가

요즘 이런 이야기들을 다시 돌아보고 있으면, 먼 옛날의 대홍수 전설과 기후변화에 대해 이야기하는 몇몇 신문 기사의 태도가 비슷하다는 생각이 들 때가 있다. 먼 옛날 사람이 타락했기 때문에 하늘이 홍수로 세상을 멸망시키려고 했다는 이야기처럼, 현대인들이 무분별한 소비 생활이라는 죄악을 저질렀기 때문에 지구가 기후변화로 세상을 멸망시키려고 한다는 식의 이야기를 만들어간다는 뜻이다. 실제로 기후변화 이야기에서 바닷물이 점점 육지로 덮쳐와 세상이 물

지구는 괜찮아, 우리가 문제지

에 잠긴다는 예상을 특별히 무섭게 강조하는 글은 자주 눈에 뜨인다.

종말론은 사람들의 주의를 끌기 쉽고, 많은 사람을 솔깃하게 한다. 대홍수 이야기는 먼 옛날부터 세계 많은 사람에게 친숙한 고대 신화 속의 종말론인데, 이런 이야기를 기후변화 문제에 결합하면, 그만큼 돋보이는 충격적인 주장을 하는 효과는 있을지도 모른다.

그러나 나는 기후변화 문제를 대홍수 전설처럼 받아들이는 것은 옳지 않다고 생각한다. 우리가 기후변화 문제를 심각하게 여기고 거기에 힘을 다해 대응해야 하는 것은 그러지 않으면 하늘의 심판으로 우리 모두가 절멸하기 때문이 아니다. 기후변화는 지구를 멸망시키는 것이 아니라 우선 가뭄과 홍수, 폭염과 한파로 가난한 사람들을 괴롭힌다.

우리는 기후변화와 관련된 재난과 사고로 희생되는 사람의 숫자를 줄이기 위해 기후변화 문제에 대한 대책을 세워야 하는 것이지, 분노한 지구가 인류를 징벌하는 최후의 순간을 피하기 위해, 경건한 마음으로 구름과 바람에 사죄하기 위해 기후변화 문제에 대처하는 것은 아니다.

나는 이러한 차이가 중요하며, 이 차이를 혼동하지 않을 때에 더 적극적으로 기후변화 문제에 대응할 수 있다고 생각한다. 만약 기후변화를 죄악과 징벌의 문제로 생각한다면, 어떻게든 잘살아보려고 기계를 돌려가며 공장에서 열심히 일하는 개발도상국 사람들은 일터의 엔진이 온실기체를 내뿜고 있으므로 죄악을 범하는 것처럼 보일 것이다. 그에 비해 금융업에 종사하며 여유 있게 예술을 즐기는 선진국 사람들은 당장 온실기체는 덜 내뿜으니 선행을 하고 있는 것처럼 여겨질 것이다.

그러나 기후변화를 죄악과 징벌의 문제가 아니라 온실기체의 농도와 그에 대한 대책의 문제라고 정확하게 받아들인다면, 과거에 기후변화 문제가 심각해지기 전에 이미 지구에 수많은 온실기체를 배출해서 그 농도를 올려놓은 선진국의 책임이 그보다는 더 분명히 드러난다.

사실 조금 더 이야기를 갖다 붙여보자면, 대홍수 전설이 정말로 기후변화 이야기와 비슷하게 이어지는 대목도 없지 않다. 지금부터 하는 이야기는 과학적인 추론이라기보다는 그야말로 듣기 재미있는 이야기일 뿐이다. 그렇지만 기후변화, 지구, 기술과 문명에 대해 조금 더 깊이 생각하게 해주는 기회는 될 거라고 생각한다.

빙하기, 바다에 빠진
매머드의 비밀

지금은 멸종한 먼 옛날의 신기한 생물 중에 인기로는 공룡이 가장 앞설 것이다. 공룡 다음으로 인기 있는 생물은 무엇일까? 나는 매머드mammoth가 유력하다고 생각한다. 과거에는 흔히 맘모스라고도 부르던 이 동물은 코끼리와 비슷하게 생겼으면서도 온몸에 긴 털이 뒤덮인 모습으로 무리 지어 먼 옛날의 들판을 걸어 다녔다. 지금은 전 세계에서 완전히 사라졌지만 이 거대한 덩치의 육중한 동물은 과거에 세계 곳곳에 널리 퍼져서 번성했다.

당연히 한국에도 매머드가 살았을 것으로 학자들은 추정한다. 그렇지만, 한반도에서는 오랫동안 매머드의 흔적이나 뼈가 발견되지 않았다. 1990년대가 되어 처음으로 한반도에서 매머드의 이빨 파편이 발견되었다. 지금까지도 남한 지역에서 발견된 매머드로 확인된

표본은 이것이 유일하다.

먼 옛날 한반도 매머드가 살던 곳을 상상해보자. 넓게 펼쳐진 들판을 줄지어 행진하는 매머드 떼라든가, 먹을 것이 풍부한 산속에 무거운 소리를 내며 돌아다니는 메머드가 쉽게 떠오를 것이다.

그런데 한반도 매머드의 이빨이 발견된 곳은 이상하게도 전라북도 부안 상왕등도라는 섬 지역이었다. 뭍에서 발견된 것도 아니고, 섬 근처의 바다에서 조업을 하던 어민들이 바다 밑에서 건져 올린 것들 중에 이상한 것을 보고 신고했는데 그게 매머드 이빨로 밝혀졌다. 그러니까, 한반도의 유일한 매머드는 전라북도 부안 근처의 바닷속에서 나타났다.

도대체 어떻게 된 일일까? 부안의 매머드는 헤엄을 치다가 바다에서 목숨을 잃은 것일까? 먼 옛날 바다에서 살았던 거대한 괴물이 육지를 걷고 있던 부안 매머드를 습격하여 바다로 끌고 간 것일까? 어떻게 해야 매머드의 이빨이 바다 밑에서 나타난 이유를 설명할 수 있을까?

명확한 대답은 없다. 그렇지만 한 가지 꼭 이야기해볼 만한 사실은 매머드가 살던 시대의 기후다.

바다가 들판이었던 시절

매머드가 살던 먼 옛날에는 지구에 빙하기가 찾아왔던 적이 있었다. 이 시기에는 지금보다 훨씬 더 추운 기후가 오랜 세월 이어졌다. 그렇기 때문에, 지구의 물이 얼어붙어 있는 지역이 더 많았다. 남극과 북극의 얼음도 오늘날의 모습보다 훨씬 더 넓은 지역을 두껍게 뒤덮고 있었다. 자연히 얼지 않고 출렁거리는 바닷물의 양은 지금보다 적었고 바닷물이 지금보다 더 낮은 위치로 내려가 있었다. 그래서 지금은 바다에 잠겨 있지만 당시에는 물 바깥으로 드러난 지역도 있었다.

현재 한국 학자들의 연구에 따르면, 빙하기 시대에는 아예 서해 전체가 모두 물이 빠져 있었다고 한다. 대략 지금으로부터 1만 몇천 년만 거슬러 올라가도 서해라는 바다가 아예 없었다는 이야기다. 서해 바다가 말라 없어진 대신에 그 자리에는 드넓은 들판이 펼쳐져 있었을 것이다. 그곳에 매머드가 걸어 다녔다고 해도 이상할 것은 없지 않나 싶다. 부안의 매머드는 어쩌면 그 바다가 육지였던 시절 그곳을 걸어 다니다가 평범하게 땅에 묻혔을 뿐인지도 모른다.

그런 면에서 애국가 가사를 과학적으로 잘 지었다는 생각도 든다. 애국가는 "동해물과 백두산이 마르고 닳도록"이라는 구절로 시작하는데, 만약 서해물이라고 했다면 의미가 약해졌을 것이다. 매머드가 살던 빙하기에 서해물은 마른 적이 있기 때문이다. 빙하기에도 한반도에 사람이 살고 있었다. 그 시절 한반도에 살던 사람들을 한반도인, 한국인이라고 볼 수 있다면, 빙하기의 한국인들은 육지였던 서해의 평원을 뛰어다니며 매머드를 사냥했을 것이다.

그런데, 세월이 흐르면서 빙하기도 끝이 났다. 기후가 따뜻해져서 지금과 같은 세상이 찾아왔고 남극과 북극은 물론 세계 각지의 얼음이 녹았다. 그 녹아내린 많은 물이 바다로 흘러들면서, 바닷물이 많아지고 점차 육지가 잠겼다. 얼음 녹은 물이 아니더라도 온도가 높아지면 그 자체로 물은 부피가 늘어나기 때문에 바닷물이 차지하는 넓이는 점점 커졌다. 이에 따라 서해에 있던 들판에도 바닷물이 차오르면서 커다란 바다가 생겼다.

이러한 변화는 긴 시간에 걸쳐 이루어진다. 옛 전설처럼 갑자기 대홍수가 나서 넓디넓은 들판이었던 거대한 땅이 단숨에 서해로 변하면서 세상이 멸망하는 것 같은 광경이 벌어지지는 않았을 것이다. 그러나 그 땅에 살았던 수많은 나무와 식물이 모두 바다 밑에 잠기는 일은 분명히 일어났을 것이다. 동물들 중에도 천천히 살 곳을 옮기면서 살아남는 데 성공하지 못하는 경우도 제법 있었을 것이다. 게다가 지형에 따라서는, 점차 물이 차오르는 것이 아니라 갑자기 둑 터지듯 물이 쏟아지기도 한다. 이런 곳에서는 정말로 갑자기 터진 홍수로 수많은 생명이 목숨을 잃는 일이 벌어졌을지도 모른다.

그렇다면 빙하기의 끝을 살던 한국인들 중에는 조상이 살던 땅이 물에 잠겨 바다로 변하는 것을 목격한 사람도 있었을 것이다. 갑작스레 무서운 홍수가 터진 지역의 소식을 전해 듣기도 하지 않았을까? 만약 그랬다면, 세상이 멸망하는 무서운 대홍수에 대한 전설을 만들어낼 만도 하다는 상상을 한번 해본다. 마찬가지 이유로 끊임없이 세계 곳곳에 비슷비슷한 대홍수 전설이 생겨난 것이라고 덧붙여볼 수도 있겠다.

빙하기의 끝이라는 기후변화는 과학적인 사실이다. 그렇지만 그

　　　　　　　　　　지구는 괜찮아, 우리가 문제지

때문에 대홍수 전설이 생겼다고는 과학적으로 확신할 수 없다. 그러나 이야깃거리라는 점에서는, 지리산의 선암에 서린 대홍수 전설은 먼 옛날, 선사시대 사람들이 겪었던 기후변화의 기억이 이야기로 전하는 것이라고 상상해봄 직하다.

지구는 무심하게 돌아간다

빙하기가 끝나며 찾아온 이런 변화에 담긴 교훈은 크게 두 가지다. 첫 번째 교훈은 쉽게 알 수 있고 그만큼 자주 언급되는 것이다. 기후변화, 특히 지구가 따뜻해지는 변화가 생기면 세상이 크게 변하고 그 충격으로 많은 생물이 목숨을 잃을 수 있다는 점이다. 두 번째 교훈은 자연의 본모습은 사람의 삶을 신경 쓰지 않기에 사람들 스스로 사람의 삶을 신경 써야 한다는 사실이다.

먼 옛날 서해에 펼쳐져 있던 넓은 숲의 나무들과 그 나무에 깃들어 살던 수많은 생물이 다 물에 잠겨 멸망한 것은 그냥 빙하기가 끝났기 때문이다. 빙하기는 그저 때에 따라 왔다가 사라지기를 반복했다. 여기에는 선과 악이 없다.

세르비아의 과학자 밀루틴 밀란코비치Milutin Milanković는 빙하기가 왔다가 사라지는 것은 지구가 도는 형태가 아주 조금씩 비틀거리기 때문이라고 주장했다. 그의 주장에 따르면 지구가 조금도 변화 없이 완벽하게 도는 것이 아니라 아주 미세하게 비틀거리면서 돌고 있고, 그 비틀거림이 수만 년, 수십만 년의 세월간 쌓이다 보면 태양 빛을 받는 각도가 조금씩 달라지게 된다고 한다. 그러면 햇빛이 조금 더 따뜻하게 들어올 때도 있고, 덜 따뜻하게 들어올 때도 생긴다. 바로 그 차이 때문에 지구가 추워져 빙하기가 되기도 하고 빙하기가 끝나고 따뜻해지기도 한다. 무심하게 우주를 도는 지구가 약간 비틀거리는 탓에, 서해가 생기기도 하고 없어지기도 하며, 거대한 홍수가 수많은 생물을 휩쓸기도 한다는 뜻이다.

이 모든 것은 그저 자연스럽게 일어나는 일이다. 이것이 자연의 본모습이고, 지구가 원래 갖고 있는 특징이다. 이러한 변화는 사람의 삶을 따지지 않는다. 지구가 우주를 돌며 비틀거릴 때, 사람이 행복하고 평화롭게 잘 살도록 그런 행동을 하는 것은 아니다. 반대로 사람이 지은 죄를 징벌하기 위해 사람을 멸망시키려고 비틀거리는 것도 아니다. 지구는 그렇게 선악을 따져가며 움직이지 않는다. 《삼국유사》에 따르면, 신라 사람들은 땅에 지백급간地伯級干의 신이 있어서, 사람들의 타락에 대해 징조를 보여준다고 믿었다고 한다. 그렇지만, 지백급간은 천 년 전의 신화일 뿐이다.

사람은 무심하게 변화하는 지구에서 어떻게든 적응해서 살아보려고 애쓰는 동물이다. 그 점에서 다른 모든 동물과 다를 바가 없다. 바로 그렇기 때문에, 우리 스스로가 만들어낸 온실기체 때문에 우리 삶이 더 어려워질 것이라고 예상되면 우리가 온실기체를 줄이기 위해 노력해야 한다. 실제로 온실기체를 줄이는 방법을 찾아 실행에 옮기는 것이 중요하다. 막연히 자연 그대로의 모습으로 되돌아가야 한다

지구는 괜찮아, 우리가 문제지

든가, 타락한 현대 문명 그 자체가 문제라는 생각은 기후변화 문제를 풀어나가는 방법의 핵심과는 약간은 거리가 있다. 그냥 과거 문명으로 되돌아가 다들 경건하게 살면 기후변화가 해결될 거라고 믿거나, 어쨌든 보다 자연적인 듯한 느낌으로 살면 문제가 자연스레 해결될 거라는 믿음이 정확한 해답은 아니다.

자연 그대로의 모습이란 무엇일까

사실 자연스러운 것, 자연의 본모습이라는 것은 대단히 막연한 생각이다.

예를 들어, 매머드가 뛰어놀던 풍요로운 시기에 서해가 육지였다고 해서, 서해물을 모두 빼버리는 것이 서해를 자연 그대로의 모습으로 되돌리는 것인가? 그렇게 생각하는 사람들은 거의 없을 것이다. 반대로 3억 년, 4억 년 전의 고생대 시기에는 지금의 강원도 태백, 영월 같은 지역이 바닷물에 잠겨 있었다. 태백에서 고생대의 바다에 살던 생물인 삼엽충 화석이 많이 나오는 것은 이 때문이다. 태백에는 고생대 박물관도 있다. 그런데 자연을 4억 년 전, 원래 모습으로 회복시키기 위해 태백을 다시 바닷물 밑에 가라앉히려고 노력하는 것이 옳은가?

우리는 자연 그대로의 모습이라고 하면, 싱그러운 숲의 모습이나 우리에게 친근한 산새나 너구리 같은 야생동물이 노니는 아름다운 계곡의 모습을 흔히 떠올린다. 바로 그런 자연 속에서 사람이 적응해서 살기가 좋았기 때문이다. 울창한 숲과 맑은 물이 있어야 사람이 지내기 좋다. 특히 인류가 살아온 시기의 대부분을 차지하는 원시시대에는 그래야 사람이 나무 열매를 구하고 동물을 사냥하며 생존하기가 좋았을 것이다. 따라서 울창한 숲과 맑은 물이 사람의 눈에 좋은 경치로 보이는 것도 당연한 일이다. 한 발 더 나아가, 현대인들은 어릴 적부터 TV 자연 다큐멘터리나 여행지를 홍보하는 광고 영상을 통해 그런 풍경을 아름답고 멋진 것으로 계속 접해오기도 했다.

지구는 대략 46억 년쯤 전에 생겨났다. 지구 역사의 절반가량은 공기 중에 산소 기체가 매우 적었다. 심지어 지구에 생명체가 탄생한 후에도 몇억 년이 넘는 아주 긴 세월 동안 공기 중에 산소 기체가 거의 없었다.

지구에 산소 기체가 생겨난 것은 광합성을 통해 이산화탄소와 물을 원료로 산소 기체를 만들어내는 세균들이 출현했기 때문이다. 눈에 보이지도 않는 작은 크기의 세균 따위가 무슨 큰 변화를 일으킬 수 있을까 싶지만, 지구 곳곳에 어마어마하게 퍼져 있는 세균들 중에 광합성을 할 수 있는 종류들이 계속해서 숫자를 불리면서 몇억 년, 몇십억 년 동안이나 끝없이 활동한 끝에 대략 20억 년 전에서 30억 년 사이부터 지구에는 산소 기체가 점차 늘어나기 시작했다.

그러니 말하기에 따라서는 젊은 지구의 원래 모습이란 산소 기체조차 없는 행성이었다. 그런데, 지구의 본모습, 자연의 원래 모습을 찾아주겠다고 하면서 지구에서 산소 기체를 모두 없애야 한다는 주장을 하는 사람들은 없다. 만약 누군가 지구를 순수한 그대로의 모습

지구는 괜찮아, 우리가 문제지

으로 되돌리기 위해 지구에서 산소 기체를 제거하고 대부분의 생명체를 없애버린 뒤에 지구를 산소 기체 없이 살 수 있는 미생물들만 사는 모습으로 바꾸어야 된다고 주장한다면, 옛날 SF 영화에 등장하는 사악한 악당 두목 취급을 받을 것이다.

다시 말해, 우리가 보통 말하는 자연 그대로의 모습이라는 것은 사실 자연 그대로의 모습이라기보다는, 사람에게 친숙하고 사람에게 아름다워 보이는 사람의 관습 속에서 괜찮다고 느껴지는 풍경에 가깝다. 당연히 아름다운 풍경을 추구하는 것은 좋은 일이다. 푸른 숲을 좋아하고 산을 사랑하는 것은 대부분의 사람들이 공감할 수 있는 감상이다. 나는 자연을 지키려고 노력하는 사람이 아무렇게나 이기적으로 사는 사람보다는 좋은 사람일 확률이 높을 거라고도 생각한다. 비트코인 시세만 하루 종일 노려보는 사람보다는 바람에 흔들리는 나뭇잎의 아름다움에 관심을 기울일 줄 아는 사람이 더 친근하게 느껴진다.

그러나 기후변화를 이겨내려면 그냥 막연히 싱그러운 자연, 지구의 본모습에 대한 상상을 쫓는 것보다는 더 많은 노력이 필요하다. 그냥 착하게 산다고 해서 기후변화가 해결되지도 않고, 뭔가 자연적인 느낌이 드는 것을 추구한다고 해서 그게 무조건 기후변화 문제에서 이로운 행동이 되는 것도 아니다. 기후변화 문제를 해결하려면 그냥 자연으로 돌아갈 것이 아니라, 구체적으로 온실기체를 줄일 수 있는 방법을 찾아서 그 방법이 정말로 온실기체를 잘 줄일 수 있는지 살펴보고, 실행에 옮겨야 한다. 그래야 문제를 해결해서 우리 이웃들의 삶을 지킬 수 있다. 지구를 살리는 것이 문제가 아니라, 그렇게 해야, 우리 사람들이 살아남을 수 있다.

　사람들은 0.03퍼센트이던 공기 중의 이산화탄소 양을 0.04퍼센트 정도 올린 것 때문에 걱정하고 있는데, 광합성을 하는 세균들은 긴 세월에 걸쳐 0퍼센트에 가깝던 산소 기체 농도를 20퍼센트 이상으로 높여버렸다. 지구의 생명체들과 자연은 이런 일을 벌였다. 그 모습만 놓고 보면 46억 년 지구 역사 전체에서 요즘의 기후변화는 미세한 변화일 수도 있다는 이야기다.

　그 미세한 작은 변화에 지구는 별 변화를 겪지 않더라도, 지구 역사의 마지막에 출현한 사람의 생활은 크게 달라질 수 있다. 그리고 그 변화 때문에 삶에서 큰 고통을 받을 사람들이 적잖이 나타날 것이다. 사람 종족이 지구에 등장한 것이 대략 10만 년 전이라고 치면, 지구 역사의 99.998퍼센트는 사람의 삶과는 아무런 관련 없이 진행되었다는 계산이 나온다. 그러므로 정말로 지구 전체를 두고 따져본다면, 기후변화에 대처하기 위해 우리가 해야 하는 행동은 죽어가는 지구를 살린다거나, 지구의 운명을 타락에서 구하는 것과는 거리가 있다. 그보다는 지구 역사의 최근에 등장해 겨우 적응하는 데 성공한 우리 사람 종족 스스로가 살아남기 위해 어떻게든 매달리는 일에 가깝지 않나 싶다.

　　　　　　　　　　　　　　　　　지구는 괜찮아, 우리가 문제지

다섯 번의 대멸종
그리고 인간의 미래

생물의 역사를 연구하는 학자들은 보통 지구에서 벌어진 생물의 대량 멸종 사건들 중에 크게 다섯 가지를 대멸종으로 꼽는다. 나는 이 다섯 번의 큰 멸종 사건과 함께 추가로 두 가지 정도의 사건을 덧붙여서 같이 이야기해보려고 한다.

산소대폭발과 눈덩이 지구

첫 번째는 앞서 이야기했던, 지금으로부터 20억 년 전에서 30억 년 전 사이에 일부 세균들이 지구에 산소 기체를 대량으로 뿜어내기 시작한 사건이다. 이 사건에는 산소대폭발사건Great Oxygenation Event 이라는 멋진 이름도 붙어 있다. 이 사건과 그 여파로 지구는 사람을 포함한 수많은 생물이 숨을 쉴 수 있는 행성이 되었다.

반대로 산소 기체가 없던 이전의 세계에 적응해서 살던 생물들 상당수가 이 시기에 사라지기도 했을 것이다. 인천광역시의 바다에 있는 대이작도라는 섬에는 한반도에서 가장 오래된 돌로 추정되는 바위들이 있다. 그 바위들은 지금으로부터 25억 년 전에 생긴 것으로 보인다. 만약 대이작도의 25억 년 묵은 바위들이 과거를 기억할 수 있다면, 지구에 산소 기체가 없고 전혀 다른 생물들만 득실거리던 시절을 떠올릴 수 있을 것이다.

두 번째는 대략 지금으로부터 6억 년 전에서 7억 년 전에 일어났을 거라고 추정되는 눈덩이 지구Snowball Earth라는 현상이다.

눈덩이 지구라는 말의 뜻은 지구 전체가 꽁꽁 언 얼음덩이가 될 정도로 무척 추운 시기가 상당히 오래 계속되었다는 것이다. 이 현상은 어쩌다 보니 빙하기와 비슷한 현상이 지구에서 과도하게 일어났기 때문에 시작된다. 물이 얼어붙고 눈밭이 펼쳐지면 세상은 흰색이 된다. 그런데 흰색은 다른 어두운 색깔들에 비해 햇빛을 받아도 잘 달구어지지 않는다. 그러므로 얼음에 뒤덮인 지구는 햇빛을 받아도 그 전보다 덜 따뜻해진다. 까만 자동차를 햇볕 아래에 세워두면 그 까만 철판이 무척 뜨거워지는데, 누군가 그 위에 흰색 페인트를 끼얹어 차 색깔을 희게 바꾸어놓으면 별로 안 뜨거워지는 현상과 비슷한 일이 지구 전체에 벌어졌다는 것이다. 그리고 그때 지구가 뒤집어쓴 하얀 페인트는 눈과 얼음이었다.

지구는 괜찮아, 우리가 문제지

그러면 지구의 온도는 내려간다. 온도가 내려가니 더 많은 곳이 얼음으로 뒤덮인다. 지구가 흰색으로 덮인 지역은 더 늘어난다. 지구는 햇빛에 덜 달구어지게 되고, 더 추워지고, 다시 얼음은 더 늘어나 흰색으로 변한 지역도 더욱 늘어난다. 이 악순환이 반복되며 지구는 온통 얼음으로 뒤덮이고, 추운 시대는 계속해서 이어진다.

이것도 온실효과에서 수증기의 역할과 같은 양의 되먹임 현상이다. 무슨 문제가 생기면 그 문제의 결과가 문제에게 밥을 먹여 문제가 더 커지고, 그러면 문제의 결과가 문제에 더 밥을 많이 먹여 문제가 더 커지기를 반복하는 현상이다. 온실효과가 일어날 때 수증기가 양의 되먹임을 일으켜 지구를 더욱 더워지게 계속 부채질한다면, 눈덩이 지구 현상은 지구가 점점 추워지는 방향으로 양의 되먹임이 일어난다. 둘 다 악순환이라는 점에서는 마찬가지다.

정말로 눈덩이 지구 현상이 일어나서, 지구가 온통 얼음밭이 되어 수천 년, 수만 년 끝도 없어 보이는 기간에 걸쳐 얼음 행성으로 유지되었을까? 지구가 완벽하게 얼음덩이가 되었다기보다는 군데군데 보통 땅도 좀 남아 있지만 추위가 넓은 지역에서 심하게 지속된 시기 정도이지 않았을까 하는 짐작도 해본다. 어느 쪽이건 눈덩이 지구라는 무시무시한 기후변화 현상 때문에 낮은 온도에 적응하지 못한 적지 않은 생물이 죽음을 맞이했을 거라고 추정할 수는 있다. 단, 눈덩이 지구 현상은 흔히 말하는 대멸종에는 포함되지 않는다.

오르도비스기 대멸종 ─ 역방향 기후 재앙

널리 대멸종으로 인정받는 현상들은 따로 있다. 그중에 첫 번째로 언급되는 것은 오르도비스기 말에 일어난 대멸종이다. 대략 지금으로부터 4억 4000만 년 전에 일어난 사건으로 추정한다.

오르도비스기는 고생대에서 비교적 앞쪽 시기를 일컫는다. 고생대는 대략 5억 4200만 년 전부터 2억 5100만 년 전까지의 시기를 말한다. 공룡시대보다도 더 옛날이다. 그러면서도 지금 우리가 흔히 볼 수 있는 여러 가지 생물이 출현한 시대이기도 하다.

고생대에는 아직 공룡이 나타나지 않았지만 개구리나 도롱뇽과 비슷한 육상 동물들이 이 시기에 출현했고, 바다에서는 물고기, 새우, 해파리와 비슷한 많은 생물이 등장했다. 우리가 자연이라고 하면 바로 떠올리는 산과 들을 덮은 초록색 지상식물들이 등장해 번성한 것도 고생대 무렵부터다. 공룡시대보다 더 옛날이면서도, 사람이 친숙하게 여길 만한 자연은 펼쳐져 있었다. 반대로 생각하면, 고생대 전 시대까지 모두 포함하는 46억 년 지구 역사 전체를 보는 관점과 사람의 상식은 꽤 차이가 난다는 뜻이다. 긴긴 지구 역사 전체를 다시 한번 돌아보자. 그렇다면 그중에 고생대가 시작되기 전까지 약 40억 년이라는 아주 긴 세월 동안은 푸르른 들판이 자연스러운 풍경이 아니었다. 그린green, 녹색 세상이 자연의 상징이 된 것은 대략 지구 역사의 80퍼센트가 흘러간 후의 일이다.

고생대가 한참 잘 진행되던 중, 지금으로부터 약 4억 4000만 년 전

지구는 괜찮아, 우리가 문제지

에 갑자기 수많은 생물이 급격하게 멸종하는 사건이 발생했다. 이 시기에 멸종된 동식물이 다른 시기에 비해 각별히 많았기 때문에 이 사건을 대멸종이라고 부른다. 이름을 붙이자면 제1의 대멸종이다.

이는 화석을 조사하면, 오르도비스기 대멸종 이전의 화석에서는 잘 보이던 생물들이 무슨 이유인지 오르도비스기 대멸종 이후에는 보이지 않는 경우가 많다는 뜻이다. 이런 차이를, 그 생물들이 오르도비스기 대멸종을 겪으며 자손을 남기지 못하고 지구에서 사라졌다고 해석해볼 수 있다.

오르도비스기 대멸종 역시 기후변화 때문에 일어났다고 보는 것이 현대 학계의 중론이다. 요즘 우리가 걱정하는 기후변화와 방향은 반대였다. 어떤 이유로 다시 지구가 과거에 비해 추워졌다. 빙하기와 비슷한 시대가 닥쳐왔다고 생각해볼 수도 있을 것이다. 이런 혹독한 날씨에 적응하지 못한 수많은 생물이 죽음을 맞이했다. 그 원인으로 자주 나오는 이야기는 지구가 꿈틀거리면서 남극 지역에 육지가 많이 생겨난 현상이다. 바다보다는 육지가 더 춥기 마련이고, 육지에는 눈과 얼음이 쌓이므로 남극 같은 곳에 땅덩어리가 크게 생기면 추위가 더 오래갈 수 있다. 그러면 양의 되먹임이 시작되는데, 오랜 세월 그러한 현상이 지속되면 그 지역이 바다이던 시절보다는 추위가 훨씬 더 심해진다.

학자들 중에는 오르도비스기 대멸종의 원인을 고생대가 진행되면서 식물이 땅 위에서 무척 빨리 번성했기 때문이라고 추정하는 사람들도 있다. 식물은 몇몇 세균과 마찬가지로 광합성을 하는 생물이다.

이산화탄소를 빨아들이고 산소 기체를 내뿜는다. 식물들이 땅 위를 뒤덮으며 빠르게 자라난다면 공기 중에서 온실기체인 이산화탄소도 줄어든다. 그러면 온실효과가 덜 일어나고, 지구는 점차 추워지는 방향으로 기후가 변한다. 추운 기후에 버틸 수 없던 생물들은 살아남지 못할 수밖에 없다.

만약 이 학설대로라면, 지금 사람들이 싱그러운 자연의 상징이라고 생각하는 푸른 식물들이 오르도비스기 대멸종의 시기에는 도리어 기후변화를 일으켜 수많은 생물을 멸종시킨 원인이었다. 오르도비스기의 따뜻한 바다를 헤엄치던 새우나 해파리 비슷한 생물들이 이 사실을 알았다면, 땅을 뒤덮은 풀을 두고 생태계를 파괴하는 사악한 악당이라고 생각했을지도 모른다. 요즘 우리가 연기를 뿜는 화력발전소의 굴뚝을 꺼림칙하게 생각하듯이 그 생물들은 초록빛 풀을 꺼림칙하게 여겼을 거라는 이야기다.

데본기 대멸종 — 초신성 폭발 가설

두 번째 대멸종은 고생대 중반인 약 3억 6000만 년 전 데본기 말기에 일어났다. 데본기 대멸종은 다른 대멸종에 비해 알려진 사실이 많지 않다. 왜 이런 현상이 일어났는지 많은 학자가 동의하고 인정하는 추정을 하기에는 아직도 자료가 부족하고 연구도 부족하다.

나는 최근에 데본기 대멸종이 초신성 폭발 충격으로 일어났을지도 모른다는 논문을 읽었다. 초신성은 커다란 별이 아주 거대한 규모로 폭발을 일으키는 현상이다. 이런 폭발이 일어나면 그 별은 보통 별의 100억 배를 넘기는 밝기로 빛난다. 그때 그 별이 내뿜는 엄청난 빛과 열은 사람이 만들어내는 어떤 현상과도 비교할 수 없을 정도로 어마어마한 위력을 갖고 있다. 만약 그 근처에 어떤 행성이 있다면 당연히 그 폭발을 견디지 못하고 같이 박살 나버릴 것이다. 그리고 제법 멀리 떨어져 있다고 해도, 강렬한 빛에 어느 정도 영향을 받는다.

현재 밤하늘에서 밝게 빛나는 별 중에 베텔게우스Betelgeuse라는 별이 있다. 오리온자리에서 두 번째로 밝은 별이다. 베텔게우스는 곧 초신성 폭발을 일으킬 가능성이 있는 별로 자주 언급된다. 그렇다고 해서 오늘내일 중으로 폭발한다는 이야기는 아니다. 몇천 년, 몇만 년, 몇십만 년 정도의 세월이 흐르는 사이에 폭발할 가능성이 높다는 정도다. 만약 베텔게우스가 폭발한다면 밤하늘에서 달보다도 더 밝을 빛을 며칠간이나 내뿜을 것이다. 이 별은 지구로부터 줄잡아 6000조 킬로미터는 떨어져 있는데도 초신성 폭발을 일으키면 그 정도로 밝아 보이게 된다.

만약 3억 6000만 년 전에 베텔게우스보다도 강력한 영향을 줄 수 있는 초신성이 폭발했다면, 그 강한 빛은 지구 생태계에 영향을 미쳤을 것이다. 특히 별이 폭발하면서 강한 방사선을 내뿜었고 그 방향이 하필 지구 쪽이었다면 타격이 컸을 가능성도 있다. 초신성 폭발의 강한 방사선 탓에 지구의 공기에 있는 오존층이 파괴되면 지구에 사는 생물은 당장 폭발의 빛 때문에 사망하지 않는다고 해도 오랫동안 간

해양 동물 속(屬)의 멸종률로 보는 다섯 번의 대멸종

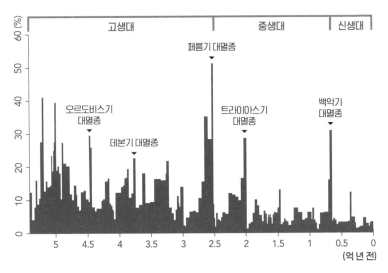

*출처: Rohde, R.A. & Muller, R.A. (2005). "Cycles in fossil diversity". <Nature> 434, 209-210

접적인 영향을 받는다. 오존층은 태양의 강한 자외선을 막아주는 역할을 하는데 오존층이 없어지거나 약해진다면 자외선이 너무 강해질 것이고, 그 강한 빛을 견딜 수 없는 상당수의 지상 생물은 피부가 붉게 변하며 상하거나 피부암에 걸리는 등 살기 어려워질지도 모른다.

초신성 폭발은 몇십 조, 몇백 조 킬로미터 이상 떨어진 머나먼 별에서 일어나는 일이다. 그런 곳에서 무슨 일이 일어나도 우리와는 아무 상관도 없을 것처럼 느껴진다. 그렇지만 갑자기 일어나는 초신성 폭발에 잘못 휘말린 행성에서는 수많은 생물이 절멸당할 수 있다. 옛날 한국인들은 밤하늘의 북두칠성이 신비한 힘을 가졌다고 생각해서 칠성님이라 부르며 신령으로 섬기는 문화가 있었다. 만약 북두칠성 중

지구는 괜찮아, 우리가 문제지

에 지구와 가까운 별들이 초신성 폭발을 일으킨다면, 정말로 지구의 생물들에게 충격을 줄 수 있을지도 모른다. 예를 들어, 북두칠성 중에 밝은 별인 국자 자루 끄트머리에서부터 세어 다섯 번째 별은 지구에서 대략 800조 킬로미터 떨어져 있다. 이 정도면 우주에서는 가까운 편이고 영향을 미칠 만한 거리다. 그러나 어떤 별이 초신성 폭발을 일으키는 것은 그 별이 사악해서도, 멀리 떨어진 지구의 생물들이 죄짓는 것을 보고 별님이 분노했기 때문도 아니다. 그냥 그 별에서 일어나는 핵반응이라는 자연현상의 결과일 뿐이다.

우주에서 이런 현상이 제멋대로 일어난다는 것을 사람이 있는 그대로 받아들이기는 사실 어려운 일이다. 그래서 나 역시 초신성 폭발의 놀라움, 부조리함, 이해하기 어려움을 〈조용하게 퇴장하기〉 같은 SF 단편의 소재로 삼기도 했다. 그렇지만 분명히 일어날 수 있는 일이다. 데본기 대멸종이 정말 초신성 대폭발 때문에 일어났는지는 아직 단정하기 어렵다. 그러나 지구의 역사에 걸쳐 지구 생명체들에게 큰 영향을 미칠 만한 초신성 폭발이 은하계 한쪽에서 한 번쯤 일어난다는 것은 상상해볼 수 있는 일이다. 그렇게 어마어마한 사건이 괜히 아무 이유도 없이 우연에 의해 한 번씩 일어나는 것이 자연의 모습이다.

페름기 대멸종 – 멸종의 어머니

세 번째 대멸종은 가장 심하고 무서운 대멸종으로 페름기 말에 벌어졌다. 극적인 별명을 붙이기 좋아하는 사람들은 페름기 대멸종을 모든 멸종의 어머니라는 화려한 별명으로 부르기도 한다. 보통 대멸종이라고 하면 공룡이 지상에서 사라진 다섯 번째 대멸종이 가장 잘 알려져 있다. 그러나 페름기 대멸종의 격렬함에 비하면 다섯 번째 대멸종은 숨쉬기 운동 정도다.

페름기 대멸종 시기에는 멸종을 이겨내고 살아남은 동물들이 그러지 못한 동물보다 훨씬 적다 싶을 정도로 너무나 많은 동물이 멸종했다. 단순히 개체수가 줄어든 것이 아니라, 아예 완전히 대가 끊겨서 지상에서 사라져버린 동물이 많고 많았다는 이야기다. 대홍수 전설 중에는 수많은 사람이 홍수로 목숨을 잃기는 했지만 그래도 배를 타고 살아남은 몇몇 사람이 다시 번성해서 사람이라는 생물의 대를 이어나간다는 이야기가 많다. 사람이라는 생물이 대가 끊겨 멸종했다는 이야기는 아닌 것이다. 지상 사람들 거의 대부분이 목숨을 잃었다는 사건을 어마어마하게 무섭게 묘사하지만, 그래도 사람이 멸종하지는 않았다. 그런데, 페름기 대멸종에서는 몇 안 되는 후손을 남겨 어떻게든 대를 잇는 것조차 실패한 생물들이 끝도 없이 많았다.

그 정도로 지독했던 페름기 대멸종은 2억 5000만 년 전에 일어났다. 그리고 수없이 많은 생물이 전멸하면서 고생대라는 시대도 끝이 난다. 페름기 대멸종이 일어난 후의 시대는 중생대라고 부른다. 강원도 태백에서 많이 발견되는 삼엽충이라는 신기한 바다 동물의 화석도 페름기 대멸종 이후의 시대에서는 모두 전멸하여 발견되지 않는다.

도대체 무엇이 이렇게까지 지독한 멸종을 일으켰을까?

유력한 이유로 언급되는 것은 거대한 화산 폭발과 뒤이은 기후변화다. 학자들은 시베리아 트랩Siberian Traps이라고 하는 거대한 지형이 그때 폭발한 화산의 흔적이라고 추측한다. 트랩이라고 하면 함정을 뜻하는 영어 단어 아닌가 싶기도 할 텐데, 여기서 트랩이라는 말은 스웨덴어에서 나온 지질학 용어로 계단 모양을 이루는 널따란 화산 지형을 말한다. 그러니까 2억 5000만 년 전에 거대한 화산 분출이 일어났고 그때 나온 용암이 굳은 바위 덩어리 지대가 러시아 시베리아 지역에 펼쳐져 있다는 이야기다. 우리나라에서 화산으로 생긴 땅이라고 하면 제주도가 가장 유명한데 시베리아 트랩의 넓이는 제주도의 천 배는 가뿐히 넘는다.

이런 거대한 화산이 긴 세월 동안 폭발하는 장면은 땅속에 있는 거대한 불덩어리가 끝도 없이 솟아나와 온 세상을 뒤집는 것처럼 보였을 것이다. 뜨거운 폭발이 하루이틀 이어진 것도 아니고, 대단히 긴 세월 동안 벌어졌던 것 같다. 영어 관용 표현 중에 "지옥이 얼어붙으면hell freezes over"이라는 말이 있는데, 절대로 일어나지 않을 만한 일을 두고 하는 말이다. 페름기 대멸종의 시대에 땅속의 용암 덩어리가 튀어나오며 식어 굳는 과정이 어마어마한 규모로 대단히 긴 세월 동안 벌어졌으니 지옥이 얼어붙는 것과 비슷했을 것이다.

그렇다고 페름기 대멸종 때에 정말로 지옥이 지상으로 올라왔다는 것은 아니다. 하지만 적어도 거대한 화산 폭발 과정에서 막대한 양의 이산화탄소가 공기 중으로 튀어나왔을 것이라는 점은 짐작할 수 있다. 그보다 앞서 차가운 눈덩이 지구의 시대를 끝낸 것도 어쩌면 상당힌 양의 화산 활동이었을 가능성이 있다.

페름기 대멸종 때의 지구는 눈덩이 지구가 아니라 멀쩡한 지구였다. 이미 수많은 생물이 잘 살고 있던 지구에 갑자기 이산화탄소가 많아지자, 온실효과가 심해졌고 더워졌다. 학자들은 바닷물의 온도만 40도까지 치솟을 정도였다고 추정한다. 열탕 같은 세상에서 동물, 식물이 견디지 못해 죽어나가면 그 생물들이 썩으면서 더욱 주변을 오염시키고 더 많은 동물, 식물이 죽음을 맞이한다. 동물, 식물이 한 번도 겪어보지 못했고, 그 후로도 한 번도 겪지 못한 사상 최악의 가장 극심한 기후변화가 이때 벌어졌다.

이런 상황에서 해양산성화도 꽤나 심각했던 것으로 보인다. 해양산성화는 바다가 산성 물질로 변해간다는 의미다. 페름기 대멸종 당시 화산을 통해 튀어나온 물질 중에는 물에 녹으면 물을 산성으로 변하게 하는 기체들이 있었다. 화산에서 염산이 튀어나와 바다로 콸콸 쏟아진다는 뜻은 아니다. 화산에서 나온 연기들이 공기 속을 떠돌며 지구 대기 전체에 조금씩 늘어나게 되는데, 그러다 보면 자연히 바닷속으로 그 연기 속 물질이 점차 녹아든다. 그에 따라 서서히 바다가 산성을 띠는 것이다. 많은 물속 생물이 산성으로 변한 바다를 견디지 못해 전멸한다. 한 생물이 전멸해버리면 그 생물을 잡아먹고 살아야 하는 다른 생물들도 같이 전멸한다. 먹이사슬을 따라 전멸의 충격이 퍼져나가며 점점 더 많은 생물을 죽음으로 이끈다.

전혀 다른 수준이지만 해양산성화 문제는 요즘의 기후변화와 관련해서도 자주 거론되는 주제다. 공기 중에 이산화탄소가 많아지면 바닷물에 조금씩 녹아들게 된다. 그러면 바닷물은 조금 더 산성을 띤다. 바닷물이 아주 약간 탄산음료처럼 변하는 것과 비슷하다.

당연히 이런 변화에 민감한 생물은 살 수 없다. 만약 산호나 해조류처럼 물고기나 다른 생물들이 사는 숲 역할을 해주는 생물들이 먼저 해양산성화 때문에 사라진다면 그 충격은 클 것이다. 나무가 사라진 산에서 산짐승들이 살지 못하듯, 많은 바닷속 생물이 같이 전멸한다.

이렇게 해양산성화로 바다 생물들이 죽어가는 과정에서 자주 언급되는 생물이 산호다. 산호는 바다 밑에 자리 잡아 여러 물고기가 살아가는 집이 되어주기도 하고 사냥터가 되어주기도 한다. 그러므로 산호가 없다면 다른 많은 생물도 살 수 없게 된다. 산호를 식물이라고 착각하는 경우가 많은데, 걸어 다닐 수 있는 다리가 없어서 한군데에 머무를 뿐이지 동물이다. 산호의 겉모습이 색색깔의 아름다운 식물처럼 보이는 것은 겉면에 바다 조류들이 붙어서 살기 때문이다. 그런데 바다의 상황이 변하면 겉면에서 바다 조류들이 떨어져 나간다. 산호는 허옇게 변하고 정상적으로 살지 못한다. 곧 전멸하는 경우도 생긴다. 이런 상황을 산호 백화현상coral bleaching이라고 부른다. 산호 백화현상이 일어난 곳을 두고 바다가 사막화되었다고 말하기도 한다.

한 가지 유의할 것은 산호 백화현상이 단순히 산호가 죽는 현상만은 아니라는 점이다. 이와 비슷한 현상을 우리나라에서는 갯녹음이라고 부르곤 하는데, 갯녹음에 대해 이야기할 때는 오히려 무절산호라고 부르는 산호류가 갑자기 너무 많이 자라나는 현상을 문제의 초점으로 지목한다.

바다의 오염이나 기후변화 때문에 얕은 바다에 갑자기 무절산호가 너무 많이 번성하고 죽은 흔적을 남기면 일대를 허옇게 뒤덮게 된다. 이런 현상이 갯녹음이다. 갯녹음이 벌어지면 원래 그곳에서 살던 해초들이 살 수 없고 그러면 그 해초를 먹고 사는 다른 바다 동물들도 살 수 없다. 그러므로 갯녹음이 일어난 곳은 잠시 산호가 늘어난다고 볼 수도 있겠지만, 결국 원래 살던 생물들이 살 수 없게 되는 피해가 발생한다. 우리나라에서는 따뜻한 제주도 남쪽에서부터 갯녹음 피해가 번지고 있다. 2016년 한국수산자원관리공단 자료를 보면, 갯녹음 피해가 심해짐에 따라 어민들은 물고기나 조개 등을 잡기가 어려워져 소득의 40퍼센트 정도를 잃고 말았다.

이것은 기후변화 대책이 단순히 모든 생물을 더 많이 잘 살게 하자거나, 산호가 무조건 늘어나도록 해야 한다는 것과는 다르다는 점을 보여주는 예시다. 기후변화의 피해가 어떤 것이고, 무슨 현상이 정말로 위험한 것인지 제대로 알아내려면, 생명이 사느냐 죽느냐를 대충 살펴볼 것이 아니라, 전후 상황을 세밀하게 살피고 따지면서 그 영향을 계산해야만 한다.

트라이아스기 대멸종 — 하나였던 대륙

악명 높은 페름기 대멸종 뒤에도 생명은 결국 다시 번성해서 이어졌다. 그러나 중생대에 들어선 뒤에 다시 한 번 대멸종이 발생했다.

중생대 초기인 약 2억 100만 년 전 트라이아스기 말에 발생한 대멸종이 네 번째 대멸종이다. 이 대멸종 이후의 시기가 바로 공룡시대 중에서도 가장 유명한 쥐라기인데, 트라이아스기는 공룡이 있던 시대이기는 하지만, 영화에 자주 나오는 공룡은 거의 없던 시대다.

이 무렵 세상의 모든 대륙은 하나의 거대한 대륙으로 붙어 있었다. 산이나 땅은 절대 변함이 없을 것 같지만 사실은 거대한 땅덩어리조차 아주 서서히 움직인다는 것이 현대 과학으로 밝혀졌다. 트라이아스기 대멸종 무렵에는 땅의 위치가 지금과 달라서 모든 대륙이 서로 연결된 모양이었다. 이때의 거대한 대륙을 판게아Pangaea라고 부른다.

한국의 천연기념물 218호는 장수하늘소라는 곤충인데, 비슷한 곤충이 엉뚱하게도 만 킬로미터 넘게 떨어진 태평양 건너 남아메리카 대륙에서 발견된다. 학자들은 먼 옛날 한국과 남아메리카 대륙이 가까이 붙어 있을 당시에, 장수하늘소의 조상이 같이 퍼져서 살고 있었기 때문에 두 대륙에 비슷한 곤충이 있을 수 있다고 추측한다. 그리고 세월이 지나서 땅이 점차 분리되면서 장수하늘소의 조상도 떨어져 각각 한국과 남아메리카에 후손을 남긴 것 아닌가 보고 있다.

판게아 대륙이 조각조각 쪼개질 때, 장수하늘소의 조상들이 서로 친구와 친척을 만나지 못하게 되기도 했겠지만, 그 이상으로 지구에도 큰 충격이 있었을 것이다. 아마도 여러 화산 폭발과 같은 지각변동이 있었을 것이고, 그 과정에서 페름기 대멸종과 비슷한 현상이 그보다는 작은 규모로 일어났을 가능성이 있다. 즉, 또 한 번 이산화탄소의 배출이 많아지고 온실효과가 심해져서 기후변화가 일어났고 그

탓에 많은 생물이 멸종했다는 뜻이다.

백악기 대멸종―공룡시대의 끝

마지막 다섯 번째 대멸종은 가장 많이 알려진 6600만 년 전, 백악기 말에 일어난 대멸종이다. 바로 공룡시대를 끝내버린 사건이다.

공룡이라는 동물은 1억 년 동안 다양한 모습의 여러 종류로 진화하면서 번성하여 지구 곳곳에 가득했다. 그런데도 너무 짧은 시간 동안에 갑자기 모습을 감추어버렸다. 더욱 이상한 것은 공룡시대에 있던 많은 식물들, 악어 비슷한 동물들, 물고기들, 곤충들, 쥐와 비슷한 동물들 등등 많은 동물은 공룡이 멸망하는 동안에도 멸종당하지 않았다는 것이다. 그래서 1970년대까지만 해도 공룡의 멸망은 수수께끼였고, 1980년대에도 그 수수께끼는 완전히 풀리지 않았다고들 생각했다. 나는 어릴 때 공룡 멸망의 수수께끼를 다룬 책에서 "어쩌면 외계인들이 그때 지구를 침략해서 공룡들만 사냥해서 없애버린 것 아닐까" 하는 주장에 대해 읽은 기억도 있다.

지금은 그 수수께끼가 풀렸다. 공룡 멸망의 가장 큰 원인은 지금의 멕시코 유카탄반도 끝에 떨어진 지름 10킬로미터를 좀 넘는 크기의 소행성 때문이었다는 것이 오늘날의 중론이다. 1970년대 말 유카탄반도에서 석유를 찾기 위해 탐사하던 사람들이 그 지역이 어쩌면 소행성이 지구에 떨어진 자국일지도 모른다는 생각을 알렸는데, 세월이 흐르면서 증거가 꾸준히 수집되어 사실로 받아들여졌다. 동시에 6600만 년 전에 그 정도 규모의 소행성이 지구를 강타했으면 그 충격으로 거대한 폭발이 발생했을 것이고 그 여파로 많은 생물이 멸망했을 거라는 것이 정설이 되었다.

아마도 이 갑작스럽고 격렬한 변화를 덩치가 큰 공룡들 대부분이 견뎌내지 못했던 것 아닌가 싶다. 덩치가 큰 공룡들은 사람들에게 인기가 많아서 한국의 여러 박물관 중에도 공룡 모형이나 공룡 화석 표본을 전시해둔 곳들이 많은데, 그 모든 공룡들 중에서 백악기 대멸종의 충격을 지나 살아남는 데 성공한 것은 없다. 경기도 화성시에서는 코리아케라톱스Koreaceratops라는 공룡이 발견된 적이 있어서, 그 공룡을 코리요라는 이름으로 화성시의 마스코트로 삼기도 했는데, 실제로 화성시에 먼 옛날 코리요같이 생긴 공룡이 살았다고 하더라도 백악기 대멸종 때 떨어진 소행성 충돌의 여파로 역시 절멸하고 말았을 것이다.

소행성 충돌 역시 초신성 폭발과 비슷하게 아무 이유 없이 그저 우연에 의해서 우주에서부터 벌어지는 사건이다. 그러면서도 그 충격은 막강하다. 백악기 대멸종은 자연의 순리를 거스르는 것과도 관계가 없고, 공룡들이 너무 많은 악행을 했기 때문에 일어난 일도 아니다. 그만큼 자연 그대로의 모습이라는 것이 얼마나 사람이 받아들이고 이해하기 어려운 것인지 잘 보여주는 사례라고도 할 수 있다. 때문에 소행성 충돌도 SF 영화나 소설에서 자주 소재로 다루어진다. 특히 소행성 충돌은 공룡의 멸망이라는 사건을 통해 사람들에게 잘 알려

졌기에, 그에 관해서는 더 많은 소설이 나왔고 영화로 흥행한 사례도
있다.

21세기 기후변화가 대멸종과는 다르다는 것의 진짜 의미

지구 동식물의 역사에서 벌어진 다섯 번의 대멸종과 지금 우리가
겪는 기후변화 문제를 비교하면 닮은 점도 있고, 차이점도 있다. 예를
들어, 가장 무서운 페름기 대멸종을 비롯해서 많은 대멸종이 대체로
극심한 기후변화와 관련이 있다. 이런 사실은 과거의 대멸종과 현재
의 기후변화가 비슷해 보이는 점이다.

그런데 나는 그보다는 차이점에 대해서 좀 더 이야기해보고 싶다.
바로 그 차이점 속에 기후변화를 대수롭지 않게 여기게 하는 함정이
도사리고 있어서 조심할 필요가 있기 때문이다.

지금 시점에서 우리가 겪는 기후변화를 다섯 번의 대멸종과 비교
해보면 기후변화 쪽이 약해 보인다. 현재 사람들이 체감하는 기후변
화는 온 세상이 빙하기처럼 얼어붙어 있다가 더운 곳으로 변했다는
정도의 영화 같은 변화가 아니다. 현재의 기후변화는 심각한 문제이
지만 그런 영화 같은 변화보다는 알아보기 어렵다. 기후변화 문제가
심각하다고들 하지만, 갑자기 어디선가 초신성이 번쩍하고 폭발하지
도 않았고 어디엔가 소행성이 떨어진 것도 아니다. 기후변화가 일어
나기 이전에는 공룡들이 곳곳에서 뛰어나녔는데, 지금은 공룡들이

다 사라졌다는 정도의 차이가 눈에 보이는 것도 아니다.

　나는 그런 이유 때문에 과거에 기후변화의 심각성을 믿지 않으려는 기후변화 부정론자들이 많았다고 생각한다. 사람이 기후변화를 일으켰고 그로 인해 사람이 심한 피해를 입는다는 것이 지금은 확인된 사실이다. 그런데 그 심각한 변화라는 것이 과거의 거대한 대멸종에 비하면 자칫해서는 깨닫지 못할 수도 있는 차이다.

　지금 우리가 경험하는 기후변화는 사람이 없던 시대에 자연 그대로의 상황에서 저절로 일어났던 다섯 번의 대멸종의 결과에 비하면 작다. 극단적으로 말해서 기후변화 때문에 지상에서 사람들이 정말로 모두 살지 못하게 되는 현상이 발생하더라도, 이것은 한 종류의 생물이 멸종한 것뿐이므로, 대멸종은커녕 중멸종도 아니다. 나는 기후변화의 피해가 상당히 격해진다고 하더라도 그로 인해 사람이 멸종당할 거라고 생각하지도 않는다. 기후변화의 충격은 인류의 멸망이 아니라 사회의 약한 사람들을 희생시키는 형태로 먼저 나타날 것이다. 기후변화는 종말론 신화처럼 세상을 쓸어버리는 것이 아니다.

　지구와 자연의 본모습이란 원래 아무 이유도 없이 갑자기 하늘에서 소행성이 떨어져 세상 생물의 다수가 전멸해버리는 그런 것이다. 그게 자연이다. 나는 우리가 그런 자연에 순종하고 자연으로 되돌아가기 위해서 기후변화 문제에 대비한다는 생각은 약간 초점에서 어긋나 있지 않은가 고민한다. 대멸종보다 훨씬 작은 충격으로도 많은 친구와 이웃을 잃을 수 있고, 그것을 막아내고자 애쓰는 것이 사람의 삶이다. 나는 그런 피해를 막기 위해 우리가 기후변화에 대처하고 있다는 점을 받아들일 필요가 있다고 생각한다. 나아가 우리와 우리 이웃의 피해를 막는다는 생각으로 기후변화 문제를 해결하기 위해 나설 때에, 현실적인 행동을 더 적극적으로 취할 수 있다고 본다.

돌아보면, 기후변화가 정말로 큰 피해가 되느냐 하는 문제를 증명하는 것 역시 결코 간단한 문제가 아니었다. 다섯 번의 대멸종에 비하면 지금까지의 기후변화는 위험하지만 미묘한 변화였다. 그런 미묘한 차이를 증명하고 밝히는 것은 쉽지 않다. 지금처럼 많은 연구 결과가 쌓이기 전까지는 결코 저절로 알 수 있는 뻔한 일도 아니었고, 누구나 쉽게 깨달을 수 있는 쉬운 사실도 아니었다.

기후변화에 대해 알아내는 것은 그냥 사회를 살펴보니 망조가 든 것 같으므로 지구 멸망의 징조가 느껴진다거나, 세상에 여러 나쁜 일이 벌어지는 꼴을 보니 종말이 가까워진 것 같다는 문제가 아니었다. 그런 것이 아니라 이산화탄소 농도가 0.02퍼센트였는데 0.04퍼센트가 되었다는 측정 결과의 차이를 알아내고, 그것이 얼마나 큰 충격인지 계산해보는 문제다. 많은 사람이 기후변화 문제에 달라붙어 작은 차이를 세밀하게 따지고, 계속해서 새로운 기술을 개발하면서 긴 세월에 걸쳐 끊임없이 측정하고 계산한 덕택에 우리는 기후변화라는 위협의 실체를 제대로 밝혀낼 수 있었던 것이다.

쉽지 않은 일이고 그래서 기후변화에 대처하기가 어렵기도 하다. 그렇지만, 나는 기후변화 문제 해결도 결국 비슷한 방식으로 이루어질 것이라고 생각한다.

지구는 괜찮아, 우리가 문제지

3장

기후변화를 못 믿는

사람들을 믿게 하기

유니스 뉴턴 푸트,
꼬리에 꼬리를 무는 발견

배구 경기를 하는데 어떤 선수가 두 손을 다 사용하는 대신 오른손만으로 경기를 하고 있다고 해보자. "왼손은 다쳤어요? 왜 왼손은 안 써요?" 누가 물어봤는데, 그 선수는 이렇게 대답한다.

"음양의 조화가 중요한데, 오른손에는 양의 기운이 강하고 왼손에는 음의 기운이 강하지요. 그런데 배구에서 이기려면 양의 기운을 이용해야 하기 때문에 음의 기운인 왼손은 쓰지 않습니다."

이런 이야기를 들으면 황당한 답변이라고 생각할 것이다. 두 손을 다 쓰면서 경기를 해야 배구를 잘할 수 있다는 것은 분명하다. 그런데도 음양의 기운 같은 이상한 사고방식을 별 이유 없이 믿으며 배구를 더 잘할 수 있는 뻔한 방법을 스스로 포기하고 있다. 만약, 그런 선수가 한 명만 있는 게 아니라 여러 선수가 그 말을 듣고 고개를 끄덕거니면서 전부 왼손을 사용하지 않고 경기를 하려고 든다면 얼마나 괴상해 보일까?

이와 비슷할 정도로 이상한 일들이 전 세계에서 굉장히 오랫동안 벌어졌다. 예를 들어 사람을 성별로 나누어 차별하면서, 한쪽은 일을 할 수 없도록 묶어두는 제도가 아주 오랜 기간 별 대단한 이유도 없이 이어졌다.

인류의 반을 제외했던 세계

민주주의 사회의 장점 중 하나는, 사회를 이루는 사람들이 각자 자유롭게 생각을 내어놓고 의견을 나누고 그 가운데 좋은 생각을 채택할 수 있다는 점이다. 왕이나 왕 친구인 귀족 몇 명이 세상을 마음대로 다스린다면 그 사람들의 머릿속에서 나올 수 있는 생각에는 한계가 있기 때문에 세상의 다양한 문제에 항상 좋은 결정을 내릴 수가 없다. 왕이 항상 모든 과목을 뛰어나게 잘하는 사람일 리가 없으니 문제의 해결 방법을 찾아내는 데 실패할 수도 있고, 심지어 굉장히 심각한 문제가 도사리는데도 뭐가 문제인지 잘 알아차리지 못하기도 한다. 그러나 민주주의 사회에서는 사회를 이루는 모든 사람이 사회를 위한 결정과 문제 해결에 참여할 수 있다. 그렇기에 여러 사람이 떠올린 해결책 중에 가장 좋은 해결책이 채택되어 사회를 더 빠르게 좋은 방향으로 이끌어갈 수 있다.

지구는 괜찮아, 우리가 문제지

그런데 세계의 많은 나라가 민주주의를 좋은 방법이라고 채택해놓고도 여성은 정치와 의사결정에 참여할 수 없도록 빼놓았던 적이 있었다. 그냥 인구로만 따져도 여성이 전체의 절반쯤 되니, 이것은 인구 절반을 활용하지 않고 내버려두겠다는 이상한 생각이다. 두 손 중에 한 손은 쓰지 않고 운동경기를 하겠다는 생각과 크게 다를 바가 없다.

　신분제 사회나 과학기술이 크게 중요하지 않던 시대에는 이런 제도가 유지되는 이유가 있었다. 신분제에서는 사람들이 태어나면서부터 차별하고 차별당하는 것이 당연하다고 생각했거니와, 그 사회에 있는 한정된 좋은 것을 누가 차지할지를 두고 서로 다투는 것이 사회가 움직이는 모습이라고 생각하곤 했다.

　조선시대 사람들을 떠올려보자. 조선의 선비들은 한정된 벼슬자리를 두고 누가 차지할지 치열하게 다투었다. 숫자가 정해진 벼슬자리를 내가 차지하느냐, 남이 차지하느냐를 따지는 것이 사회에서 중요한 문제라고 생각했기 때문이다. 비슷한 방식으로 전체 넓이가 정해진 한 나라의 논과 밭을 누가 더 많이 차지하느냐를 두고 다투는 것이 그 사회의 중요한 문제인 시절도 있었을 것이다. 그렇다면, 내가 차지할 것을 남이 차지하면 안 되기에 최대한 경쟁자를 줄이는 것이 중요하다. 여성은 벼슬자리에 앉을 수 없다거나, 여성은 논밭을 갖기 어려운 사회를 만들어놓으면, 남성은 유리하다. 이런 것이 조선시대식 사고방식이다. 사실 아직까지도 이와 비슷한 사고방식에 혹하는 사람들이 없지 않다.

　그러나 민주주의 사회에서 과학기술의 발전을 중요하게 여긴다면 권리는 낭연하게도 평등해지는 쪽이 좋다. 누군가 교통사고 희생자를 절반으로 줄일 수 있는 자동차 기술을 개발한다면, 그 기술을 남성이 개발했든 여성이 개발했든 관계없이 모두 이득을 본다. 그 기술을 개발한 사람이 돈을 많이 벌었다고 해서 내가 손해를 본 것이 아니다.

미로처럼 복잡한 구조의 건물 안에 있는데 건물에 불이 났다면, 여성이든 남성이든 길을 아는 사람이 앞장서고 그 뒤를 따라가야 살아남을 수 있다. 불이 나서 도망치는 와중에 다른 사람들을 이끌고 가는 역할을 여성이 하면 남성이 그런 역할을 할 기회를 잃기 때문에 문제라고 생각하는 사람은 없다. 있어서는 안 된다. 선두에 선 사람이 여성이냐 남성이냐 하는 문제는 불난 건물에서 탈출한다는 기술적인 문제에 비하면 사소하다. 사회를 구성하는 사람들의 역할은 그 사회에 한정되어 있는 돈이나 물자를 서로 나누어 먹으려고 드는 것이 아니다. 사람은 그 사회에 새로운 좋은 것을 더 만들어 가져다줄 수 있는 원천이다. 그렇게 바라보는 사회가 벼슬자리 싸움과는 다른 과학기술의 시점으로 보는 사회다.

현대에도 사람들 사이의 문화와 관습 속에 옛 시대의 불평등이 완전히 사라지지 않았다. 그런데 과거에는 은근한 문화와 관습이 아니라 아예 노골적으로 사람을 차별하는 법과 제도가 있었다.

대표적으로 꼽을 수 있는 것이 여성참정권 문제다. 많은 민주주의 국가가 민주주의 체제로 운영한 지 한참 지난 시기에도 여성에게는 투표권을 주지 않았다. 여성에게 투표할 권리가 있다고 하더라도, 투표를 받아 선출될 권리는 주지 않는 나라도 많았다. 민주주의의 발상

지구는 괜찮아, 우리가 문제지

지라는 고대 그리스부터가 애초에 여성에게 투표권을 주지 않았다.

고대 그리스라면 먼 옛날이니 그런가 보다 싶겠지만, 현대에 들어와서도 여성참정권은 괴상할 정도로 최근까지 법적으로 보장되지 못했다. 예를 들어 프랑스는 1946년, 스위스는 1971년이 되어서야 남녀가 법적으로 같은 투표권을 갖게 되었다. 1971년이면 사람이 달에 우주선을 타고 가서 착륙한 이후다. 작지만 부유한 나라로 유명한 유럽의 리히텐슈타인은 심지어 1984년까지도 남녀 간에 투표권의 차이가 있었다. 유의할 것이, 남녀 투표권 평등이 보장된 이후라고 해서 이들 나라에 모두가 평등한 권리를 누리는 아름답고 좋은 세상이 바로 시작된 것은 아니다. 그 시기 전에는 나라에서부터 대놓고 남녀를 법으로 정해서 차별했다는 뜻이다.

민주주의 국가의 대표를 자처하는 미국에서도 남녀에 같은 투표권이 보장된 것은 나라가 생긴 지 한참 지난 1920년 무렵이다. 그나마 여성참정권이 법으로 보장된 것은 수많은 사람이 그러한 차별이 부당하다는 점을 밝히려고 애썼기 때문이다. 또한 평등하게 권리가 보장되는 것이 더 바람직한 사회라는 의견을 퍼뜨리려고 노력했기 때문이다.

온실효과를 증명한 여성 과학자

19세기 후반 미국에서 활동한 유니스 뉴턴 푸트Eunice Newton Foote 라는 인물도 바로 그런 평등한 권리를 주장하는 움직임에 활발히 동참한 여성이었다. 푸트의 원래 이름은 유니스 뉴턴이었는데, 성이 푸트인 남자와 결혼했기 때문에, 대체로 활발히 활동하던 시기에는 유니스 푸트라는 이름으로 활동했다. 유니스 푸트는 여성에게는 학교를 다닐 기회가 그다지 많지 않던 시기에 다행히 상당히 시설이 좋은 기숙학교를 다닐 수 있었다. 그 덕택에 여러 가지 새로운 학문과 기술을 접할 기회가 많았다. 푸트가 미래의 발전을 위해서는 평등한 권리가 필요하다고 믿고 이를 위해 열심히 활동했던 것도 어쩌면 그런 교육의 영향일 것이다. 여성참정권 운동의 역사에서 푸트는 무시할 수 없을 만큼 활발히 활동한 인물이다.

푸트의 또 다른 관심사는 과학 실험, 특히 화학 실험이었다. 푸트가 다녔던 학교는 학생들을 위한 화학 실험실이 일찌감치 갖추어져 있었다. 때문에 푸트는 실험을 통해 궁금했던 문제의 답을 알아내고 새로운 사실을 밝혀내는 일에서 재미를 느꼈던 것 같다. 푸트는 학교를 졸업한 후에도 직접 실험을 준비해서 몇 가지 화학 실험을 했다.

당시 푸트는 대학에서 공부해서 박사 학위를 받은 학자도 아니었고, 그렇다고 어느 연구소에 취직해서 정식으로 과학과 관련된 일을 직업으로 하며 사는 사람도 아니었다. 푸트는 매주 진지한 태도로 실험을 진행했지만, 보기에 따라서는 그저 취미 삼아 한 일이라고 볼 수도 있었다.

혹은 푸트가 자신의 호기심을 견디다 못해 직접 자기 손으로 밝혀보고 그 결과를 다른 사람들과 공유하려고 했을 수도 있다. 요즘 인터

　　　　　　　　　　지구는 괜찮아, 우리가 문제지

넷 동영상 사이트에서 불닭볶음면에 고추를 넣으면 더 매운맛이 날까 같은 주제로 실험하는 영상들이 눈에 뜨일 때가 있는데, 어쩌면 푸트가 한 실험도 그 비슷한 느낌이었을지도 모르겠다. 19세기에는 동영상 공유 사이트를 이용해서 광고로 돈을 벌 수도 없었을 테니, 푸트는 요즘의 그런 영상 만드는 사람들 이상으로 더욱더 자신의 관심 그 자체만을 위해 실험을 했을 것이다.

그런데 푸트가 한 실험 중에 후대에 크게 주목받은 것이 하나 있다.

푸트의 시대보다 한두 세대쯤 앞서서 태양열로 이런저런 실험을 해보는 장치가 유행한 적이 있었다. 태양 빛을 잘 모아서 상당히 높은 온도를 만들어내는 장치가 개발되어 태양 빛의 특징을 분석하거나 그 열로 다른 실험을 하는 식이었다. 태양 빛을 모아 초점을 맞추면 종이를 태울 정도의 열을 얻을 수 있는 돋보기와 비슷한 기구였다. 요즘 태양 빛을 잘 모아 음식을 뜨겁게 만드는 태양열 조리기, 솔라 쿠커 같은 캠핑용품이 판매되는데, 그 비슷한 것이 푸트의 시대에 알려져 있었다고 보면 된다. 말하자면, 19세기에는 "요즘 인기 많다는 태양열 조리기를 사보았습니다. 태양열 조리기로 설렁탕도 끓일 수 있을까? 실험해보았다!"라는 제목의 실험 영상을 찍는 요즘 사람들 같은 실험가들이 꽤 있었다는 뜻이다.

푸트 역시 이런 실험들에 관심을 가졌다. 그런데 태양열을 이용해서 라면을 끓인다거나, 계란을 익힌다거나 하는 실험 말고 좀 더 원초적인 문제에 관심을 두었다. 요리 재료나 물체 말고, 그냥 공기 자체, 아무것도 없는 하늘 그 자체에 빛이 들어오면 어느 정도로 영향을 받게 될까? 막연하고 허망한 실험이라고 생각할 수도 있었다. 아무것도 없는 그냥 공기에 햇빛이 들거나 말거나 실생활하고 무슨 상관이 있다고? 의미 없는 궁금증이라고 폄하할 수도 있는 문제였다.

그러나 푸트의 실험은 의미가 없기는커녕, 현재 세계에서 가장 많은 사람이 공동의 문제로 걱정하는 기후변화 문제로 연결된다.

푸트는 유리관들 속에 성분이 조금씩 다른 공기를 담아 밀봉해두었다. 어떤 유리관에는 수증기나 이산화탄소를 좀 더 많이 집어넣었고, 어떤 유리관에는 그런 물질들을 뺀 공기만을 넣었다. 그러고는 그 유리관들에 빛을 비추어 열을 가하고 유리관 속의 공기 온도가 어떻게 변하는지 살펴보고 세밀하게 기록했다. 실험 결과, 푸트가 얻은 결론은 명쾌했다. 이산화탄소와 수증기가 있다면 온도가 더 많이 올라갈 확률이 높아진다. 다시 말해서, 지구의 공기 중에 이산화탄소가 늘어난다면, 지구의 온도가 높아질 수도 있다는 의미였다.

엄밀히 말하자면 푸트의 실험은 이산화탄소가 일으키는 온실효과를 측정한 것은 아니다. 온실효과는 태양 빛을 받은 지구가 내뿜는 적외선이라는 빛을 온실기체가 흡수하면서 지구를 덥게 만드는 것을 말한다. 그런데 푸트는 지구가 내뿜는 적외선만을 따로 여러 기체에 쏘인 것이 아니라, 그냥 여러 빛이 섞인 것을 이용해서 실험했다.

그렇지만 이 정도로도, 기후변화가 일어날 가능성을 밝히기에는 충분했다. 뿐만 아니라, 이산화탄소 같은 특정 물질이 공기 중에 얼마나 많으냐 적으냐가 기후변화를 일으킬 수 있는 정도의 차이로 이어진다는 점을 생각하게 만든 실험 결과였다. 푸트는 먼 옛날 지구 공기

지구는 괜찮아, 우리가 문제지

의 성분이 달랐다면, 지구의 온도가 달라져서 실제로 기후변화가 일어났을지도 모른다고 생각하기도 했다. 페름기 대멸종처럼 지구가 온실기체 때문에 뜨거워져서 완전히 세상이 뒤집히는 현상이 일어날 수 있다는 가능성을 내다본 것이다.

푸트는 자신의 발견을 깔끔한 글로 정리해서 과학자들 사이에 발표하고자 했다. 그러나 당시 사람들은 여성이 직접 과학 학술 대회에서 발표하는 것은 어쩐지 어색하다는 이상한 관습을 갖고 있었다. 그래서 푸트의 연구는 본인이 아니라 다른 남성 과학자에 의해 발표될 수밖에 없었다.

그래도 푸트가 이런 연구를 했다는 사실은 과학자들 사이에서 정확히 알려졌고, 연구의 내용과 방법에 대해서도 좋은 평가를 받았다. 연구 결과가 정식 논문으로 학술지에 실리지는 못했지만, 몇 가지 경로를 통해 공기 성분과 열에 관한 푸트의 연구는 공식적인 기록으로 남기도 했고, 여러 사람에게 알려졌다. 예를 들어, 〈사이언틱 아메리칸〉이라는 잡지의 1856년 9월 호에 "과학적인 숙녀들 – 응축된 기체를 이용한 실험"이라는 기사가 실렸는데, 이 기사에서 "푸트 부인의 사례를 보면 여성도 어느 분야든 참신하고 정확한 연구를 수행할 능력을 가졌다는 증거는 충분"하다고 언급되어 있다.

하지만 이 연구 때문에 푸트가 위대한 학자로 존경받게 된 것은 아니다. 과학자로서 푸트는 꽤 재미있는 실험을 열심히 하는 사람 정도의 위치에 머물렀다. 또한 그 후로 사람들이 갑자기 온실기체의 문제점이나 기후변화의 가능성에 관심을 갖고 몰려든 것도 아니다. 온실기체와 기후변화가 문제가 된 것은 한참 후의 일이다.

오랫동안 온실기체에 대해 정확히 실험하고 그 영향을 밝힌 초창기 공로자로는 아일랜드의 과학자 존 틴들John Tyndall이 가장 중요한 인물로 인정을 받아왔다. 틴들은 푸트보다 몇 년 후에 연구 결과를 발표했는데, 푸트보다도 더 복잡하게 조건을 고려하여 정밀한 실험을 진행했으므로 많은 사람이 그 연구에 영향을 받았다. 격식을 잘 갖추고 활동하는 남성 과학자로서 활발히 연구 결과를 발표할 수 있었다는 점 때문에라도 틴들의 영향력이 더 컸다.

작은 발견이 쌓여 위대한 변화를 만든다

요즘 기후변화 문제가 주목을 받으면서 유니스 푸트도 다시 주목을 받는 추세다. 특히 푸트가 미국인이었기 때문에 미국 학자들 사이에서 관심이 높다. 어떤 사람들은 틴들이 푸트의 연구를 접했고 그 영향을 받았을 거라고 주장하기도 한다. 푸트의 연구와 뒤에 나온 틴들의 연구는 어느 정도 관련이 있다. 그러니 만약 틴들이 미국에서 이루어진 과학 연구에 관심을 가졌던 인물이라면 직간접적인 영향을 받았을 거라고 추측해볼 만하다.

그런데 틴들이 푸트의 연구를 참고했건 하지 않았건 간에 푸트의 역할과 과학기술의 발전 과정에 대해 할 수 있는 말은 있다. 푸트가 위대한 과학자로 칭송받지 못했다고 해서 그의 연구가 사라진 것도 아니고 그의 연구가 세상에 아무 영향을 끼치지 못한 것도 아니다. 푸트 같은 사람들이 열과 공기 성분의 관계에 관심을 갖고 이런저런 활동을 했기 때문에, 같은 관심을 가진 사람들이 하나둘 늘어났을 것이다. 그리고 그런 분위기 속에서 틴들이든 누구든 비슷한 연구를 할 마음을 품게 된다. 그런 흐름 속에서 새로운 연구 결과가 나왔을 때, 많은 사람의 이목을 끌고 중요한 연구로 이해되며 퍼져나간다.

과학기술의 발달과 연구 성과의 발전은 이런 식으로 이루어진다. 신기한 소식을 전하는 신문 기사로만 과학기술 이야기를 접하다 보면, 천재 과학자가 어느 날 떠올린 위대한 발상이 하루아침에 세상을 뒤집는 사연만 많이 보게 된다. 하지만 대체로 과학기술은 많은 학자의 작은 연구들이 계속해서 쌓이면서 발전한다. 이렇게 생각하면, 푸트의 연구는 이미 확인된 사실만으로도 우리가 기후변화가 심각한 문제임을 깨닫는 데 일정한 역할을 한 셈이다.

중력의 법칙을 밝혀낸 위인으로는 흔히 뉴턴이 언급되고, 진화의 원리를 밝혀낸 위인으로는 다윈이 언급된다. 그러나 그 중요한 기후변화를 밝혀낸 인물로 누구 한 명 유명한 과학자가 언급되는 것 같지 않다. 오히려 기후변화라고 하면 앨 고어 같은 정치인이나, 그레타 툰베리 같은 사상가가 더 유명한 편이다.

그렇지만 이런 것이 보통의 과학기술이 발전하는 방식이다. 한 명 손에 꼽히는 결정적인 위인은 없다. 대신에 꾸준히 애쓴 많은 사람의 노력이 있다. 지금도 여러 영역에서 기후변화에 대응하기 위해 이런 식으로 기술 개발이 이루어지고 있을 것이다. 정부의 높은 분들도 쉽게 알아보는 대학사 한 사람이 어느 날 갑자기 세상을 뒤엎는 방식으로 기후변화를 해결하는 영화 같은 이야기를 상상해볼 수도 있다. 그러나 여러 가지 분야에서 다양한 방식으로 새로운 생각을 시도하는 여러 보통 과학자, 기술인, 사업가가 끊임없이 도전하는 가운데 문제를 풀 수 있는 기술이 발전해나갈 가능성이 더 크다.

그러므로 나는 더 많은 사람에게 자신의 발상을 더 자유롭게 개발할 기회가 주어져야 한다고 생각한다. 만약 유니스 푸트의 시대에 사람들에게 주어진 권리가 더 평등했다면, 푸트의 생각이 더 많은 영향을 끼치며 더 빨리 알려졌을 수도 있다. 사람들은 기후변화가 큰 문제라는 사실을 더 일찍 깨달았을 것이다. 그랬다면, 지금 우리에게 기후변화 문제에 대처할 시간이 더 많이 주어지지 않았을까?

지구는 괜찮아, 우리가 문제지

120년 전 기후변화의 모든 것을 꿰뚫은 화학자

《삼국유사》를 보면 2000여 년 전 신라라는 나라가 처음 생겼는데, 그때 하늘을 날아다니는 말이 한 마리 있었다. 그 말이 땅에 내려 왔다가 떠난 자리에 커다란 알이 하나 있었다. 주민들이 이상하게 여겨서 알을 지켜보고 있자니, 알에서 사람이 한 명 나왔다. 그 사람은 굉장히 뛰어나고 훌륭한 사람이었기에 나라의 임금이 되었는데, 바로 신라의 첫 번째 왕 박혁거세다. 잘 알려진 전설이고, 한국에서 흔한 성인 박씨가 어떻게 시작되었는지에 대한 이야기로도 유명한 내용이다.

그런데 SF 작가라면 이 이야기에 재미 삼아 덧붙여볼 만한 내용이 몇 가지 더 있다. 세상에 하늘을 날아다니는 말은 없다. 그러니 분명 말처럼 커다란 덩치를 가진 뭔가가 날아다니는 것을 보고 옛 사람들이 날아다니는 말이라고 착각했을 것이다. 그렇다면, 날아다니는 말이란 사람이 타고 다니는 것 중에 날 수 있는 것이라고 보아도 좋지 않을까? 비행기, 헬리콥터 같은 것을 2000년 전의 옛날 사람이 보았다면 그것을 날아다니는 말이라고 착각했을지 모른다.

신라가 시작되던 2000년 전에는 세계 어느 곳에도 비행기를 만들어 자유자재로 날아다닐 수 있는 기술을 가진 사람은 없었다. 그렇다면 사람이 아닌 무엇이 날 수 있는 기계를 타고 지금의 경북 경주 땅에 찾아왔다는 상상을 해볼 만하다. 예를 들어, 우주선을 타고 지구에 온 외계인이 있었다고 상상하면 어떨까? 외계인의 우주선은 지구에 착륙해서, 외계인의 기술로 신비롭게 보호되는 작은 캡슐 하나를 내려놓는다. 그 캡슐 속에는 아기가 한 명 잠자고 있다. 아기를 보호하는 인큐베이터 같은 장치다. 인공지능으로 동작하는 자동 인큐베이터 속에 든 아기를 처음 보는 옛날 사람들은 알 속에 아기가 들어 있는 모습이라고 생각한다.

외계인의 기술로 태어난 아기는 평범한 지구인보다 훨씬 뛰어난 재주를 가졌다. 사람들은 그 아기를 지도자로 모신다. 그렇게 해서, 알처럼 생긴 인큐베이터 속에서 걸어 나온 아기는 신라를 다스리는 임금이 된다. 이런 식으로 전설을 SF로 꾸며볼 수 있다.

아무런 근거가 없는 허망한 상상에 불과한 이야기다. 다 쓰고 보니, 〈슈퍼맨〉 같은 영화의 줄거리 앞부분과 너무 비슷하다는 생각도 든다. 그렇지만, 한때 이와 비슷한 이야기는 꽤 인기가 많았다. 보통 사람과 똑같이 생긴 사람이 외계인 우주선에서 걸어 나온다는 이야기도 가끔 영화나 만화에서 나오고 있거니와, 먼 옛날 우주에서 찾아온

지구는 괜찮아, 우리가 문제지

무엇이 우리의 조상이 되었다거나, 옛날 우리에게 큰 영향을 끼친 적이 있다는 식의 소설도 꽤 많다.

특히 과거 한때 크게 유행한 이야기는 범종설panspermia hypothesis에 관한 것이다.

범종설과 아레니우스

30억 년에서 40억 년 전에 세균이나 고균 비슷한 아주 작고 단순한 생명체가 생겨났고, 그런 생물들이 긴 세월 끊임없이 진화해서 다양한 모습의 자손을 남겨 지금 지구에 가득한 동물, 식물이 되었다. 이 사실은 잘 알려져 있으며 여러 가지 방법으로 증명되었다. 그런데 그 아주 작고 단순한 생명체가 어떻게 생겨났느냐에 대해서는 아는 것이 매우 부족하다. 그런 생물이 저절로 생긴다는 것은 너무 어려워 보이기도 한다. 그래서, 사람들 중에는 지푸라기라도 잡는 심정으로 우주 저편에서 먼 옛날 지구로 무엇인가가 떨어졌고 거기서 어느 날 생물이 생겨난 것 아니냐는 상상을 하는 이들이 생겼다. 이런 상상을 가리켜 생명의 씨앗, 즉 종자가 범우주적으로 어디에나 있고 그것이 지구에 들어와서 생물이 생겼다는 설이라고 해서 범종설이라고 부른다.

범종설 중에는 화끈하게 우리보다 훨씬 발전한 기술을 가진 외계인들이 먼 옛날 지구에 와서 여기에도 생명이 잘 자라나면 좋겠다고 생명체를 하나 던져주고 갔다는 상상도 있다. 이런 상상은 SF 영화나 소설의 소재로도 종종 활용된다. 최근 영화 〈프로메테우스〉에도 이런 내용이 담겨 있다. 앞서 이야기한 외계인 아기가 지구에 도착해 임금님이 되었다거나 슈퍼맨이 되었다는 상상과도 비슷한 내용이다.

그보다는 좀 덜 소설 같은 이야기로 그냥 우주 이곳저곳을 떠다니는 생명체들이 있는데 어쩌다 보니 지구로 흘러들어 자리를 잡고 생명체를 퍼뜨렸다고 상상하기도 한다. 화성이나 다른 행성에 살던 아주 작은 미생물 같은 생명체가 소행성 충돌에 하늘 높이 튀어 올랐고 그대로 우주까지 퍼져나가 이곳저곳을 떠돌아다니다가 지구로 흘러들었다는 생각도 있다. 범종설이라고까지 부를 수는 없겠지만, 조금 더 현실적으로는 우주를 돌아다니는 특이한 화학물질이 우연히 옛 지구로 끌려들어오는 바람에 예기치 않은 현상이 벌어졌고 그로 인해 생물이 탄생했다는 주장도 있다. 이런 생각도 범종설과 어느 정도 통하는 바가 있다.

과거에는 이런 생각들이 특별히 참신하게 여겨져 잠깐씩 이목을 집중시키기도 했다.

19세기 후반, 진화론이 화려하게 등장하여 생물이 서로 다른 상황에 적응하며 모습을 다양하게 바꾸어가는 과정을 밝혔다. 진화론은 굉장히 유명하고 충격적인 최신 이론으로 삽시간에 사람들 사이에 화제가 되었다. "세상에 생물이 진화를 한다니!" "사람도 진화 때문에 생겨났대!" 19세기 후반과 20세기 초는 다들 그러면서 놀라던 시대다.

때마침 이 시기는 메리 애닝Mary Anning 과 같은 학자들이 멸종된 거대한 파충류들의 화석을 발견히면서 공룡시대에 대한 관심이 커지

지구는 괜찮아, 우리가 문제지

던 무렵이기도 하다. 프랑스의 SF 작가 쥘 베른은 1864년에 《지구 속 여행》이라는 소설을 써서 지구 내부의 깊은 곳에 들어가면, 공룡시대의 거대한 파충류들이 아직도 살고 있는 지역이 있을 거라는 이야기로 인기를 끌었고, 셜록 홈스 시리즈로 유명한 영국의 코넌 도일도 1912년 《잃어버린 세계》라는 소설을 써서 세계 어디인가에는 공룡시대의 생물들이 살아남은 곳이 있을 거라는 이야기를 선보였다. 이렇듯 긴 세월의 흐름에 따라 지구가 변화하고 생물이 변화한다는 이야기는 과학자들을 포함한 모든 사람의 관심거리가 되었다. 자연히 어떻게 최초의 생물이 지구에 생겨났는가 하는 문제에 관심을 가진 학자도 많아졌다.

스웨덴의 저명한 화학자 스반테 아레니우스Svante Arrhenius는 외계에서 생명의 씨앗이 지구로 떨어져서 생명이 탄생할 수 있었다는 범종설에 관심을 품었던 초창기 학자다. 그의 연구 방향을 보면, 세상의 다양한 화학물질이 어떤 식으로 생명체를 자라나게 하는지에 대해 관심을 가졌던 것 같다. 범종설에 대한 관심도, 지구의 물속에 녹아 있는 여러 화학물질이 뭉쳐서 어떻게 생명체로 변할 수 있었는가에 대한 고민을 이어가는 과정에서 품었던 것 아닌가 싶다.

"보통 방법으로 도저히 바닷속 물질이 뭉쳐서 생물로 변화하는 신기한 화학반응은 일어나기 어려워 보인다. 굉장히 특별한 물질이나 특별한 현상이 있어야만 최초의 생명체를 탄생시키는 화학반응이 일어날 것 같은데, 우주에서 신기한 것이 하나 떨어져서 무생물을 합쳐 생물로 바꿔준 거라고 한다면 어떤가?" 짐작해보자면, 아레니우스가 이런 생각을 한 적이 있지 않나 싶다는 이야기다.

사실 아레니우스는 이온에 관한 업적으로 훨씬 더 높게 평가받는다. 현대의 배터리 중에 리튬이온배터리가 대세이고, 이온 음료라는 제품도 판매되고 있다. 이온이란 물질이 전기를 띤 상태로 변한 것을 말하는데, 아레니우스는 물에 어떤 물질을 녹이면 자연히 이온 상태가 나타난다는 학설을 주장해 밝힌 것으로 유명하다.

또 아레니우스는 비슷한 발상을 활용해서 어떤 물질이 산성이라고 하는 것이 정확히 무슨 뜻인지, 그리고 산성의 강약 정도를 어떤 식으로 정할 수 있는지에 대해서 아주 좋은 의견을 제시한 인물이기도 하다. 그래서 아레니우스의 학설에 따라 산성을 띤다고 할 수 있는 물질을 아레니우스 산이라고 하고, 그 반대 성질을 띤다고 할 수 있는 물질을 아레니우스 염기라고 한다. 현대에는 산성과 염기성을 따지는 더 섬세한 방법이 나와 있지만 아레니우스의 판별법도 여전히 제법 중요하게 이야기된다. 아레니우스는 이와 같은 업적들로 노벨상을 수상했다.

무엇보다도, 아레니우스가 온도와 화학반응의 관계를 밝힌 업적은 현대의 학생들에게도 잘 알려져 있다. 대표적인 것이 아레니우스 방정식이다. 이것은 어지간한 화학 교과서에는 전 세계 어디에나 다 실려 있는 내용이다. 차가운 물에 소금을 녹일 때보다 뜨거운 물에 소금을 녹이면 훨씬 더 잘 녹는다. 물질 간의 반응은 대체로 온도가 높을수록 더 잘 일어나기 때문이다. 아레니우스는 온도가 얼마나 높을 때 얼마나 반응이 더 잘 일어나는지를 계산할 수 있는 식을 만들었다. 그

지구는 괜찮아, 우리가 문제지

것이 바로 아레니우스 방정식이다.

집요한 화학자의 정확했으나 틀린 예언

이런 이야기들이 기후변화와 무슨 상관이 있을까? 아레니우스는 먼 옛날의 생명에 대한 자신의 관심과 온도와 화학물질의 관계에 대한 자신의 연구가 합쳐진 듯한 색다른 연구 결과를 발표했다. 어쩌면 그가 생명과 온도, 양쪽 분야에 관심이 깊지 않았다면 이 연구는 탄생할 수 없었을지도 모른다. 이 연구는 쥘 베른의 《지구 속 여행》과 코넌 도일의 《잃어버린 세계》가 나온 시기의 한가운데쯤 되는 1896년에 발표되었다. 조금 이야기를 꾸며보자면, 공룡시대에 대한 사람들의 관심이 한창 높이 치솟았을 무렵쯤이라고 말할 수도 있겠다.

이 연구에서, 아레니우스는 지구에 이산화탄소가 많아짐에 따라 기후가 완전히 바뀔 수 있고 그에 따라 생물의 삶도 완전히 달라질 수 있는데, 그게 어느 정도일지 계산을 통해 예상했다.

아레니우스는 그냥 이산화탄소가 많아지면 세상이 멸망한다, 다들 반성해라 하는 식으로 막연히 이야기한 것도 아니고, 이제 종말이 멀지 않았다는 식으로 겁을 준 것도 아니다. 그런 이야기는 얼마나 믿음직한 것인지, 과연 그 영향이 얼마나 클 것인지 알기도 어렵고 적당한 대책을 세우기도 어렵다. 아레니우스는 그냥 감으로 이산화탄소가 문제임을 지적한 것이 아니라, 이산화탄소가 얼마나, 어떻게, 공기 중에 모이면 지구의 기후에 어느 정도의 효과를 일으키는지, 자신이 가진 최선의 이론을 활용해 치밀하게 계산했다.

마침 19세기 말은 빛이 어떻게 열을 전달하느냐에 대한 연구가 관심을 모으던 시기이기도 했다. 예를 들어, 1900년에 독일의 과학자 막스 플랑크는 빛이 열을 전달하는 정도를 계산하는 방식을 연구하다가, 빛과 에너지의 성질이 그 전까지 학자들이 생각하던 것과 전혀 다른 새로운 것이라는 생각을 품게 되었다. 그리고 이러한 막스 플랑크의 연구는 20세기 과학의 가장 큰 전환점이라고 하기에 손색이 없는 양자이론quantum theory 의 개발로 이어진다. 아레니우스 역시 빛과 열을 따지는 연구가 인기를 끄는 분위기에도 영향을 받았을 것이다. 그는 당시의 여러 연구 성과를 이용하여 태양 빛이 지구에 어떤 식으로 열을 전달하고, 지구가 내뿜는 빛은 어떤 식으로 다시 영향을 미치는지 정리했다. 그리고, 지구와 공기의 성분이 그런 열을 받으면 전 세계의 온도는 어떻게 달라질지 계산해서 예측해보기로 했다.

요즘에 이런 연구를 하는 학자들은 고성능 컴퓨터를 이용해 정밀하게 계산한다. 일기예보에 최신 슈퍼컴퓨터를 사용한다는 것은 자주 언급되는 사실이다. 하루 이틀의 날씨 변화와 긴 시간에 걸친 평균적인 기후의 변화는 다른 문제이지만, 세계 각지의 날씨를 이루는 여러 가지 정보를 종합해서 방대한 계산을 해야만 미래를 예측할 수 있다는 점은 같다. 아레니우스가 기후변화에 대한 계산을 하던 시대는 세계 최초의 컴퓨터로 평가받는 ENIAC이 등장한 시기보다 50년 이상 앞선 시절이었다. 슈퍼컴퓨터는커녕 가장 단순한 전자계산기조차

지구는 괜찮아, 우리가 문제지

사용할 수 없었다.

때문에 아레니우스는 손으로 모든 계산을 했다. 19세기 말에는 손잡이를 돌리면 톱니바퀴가 정교하게 맞물려 돌아가면서 간단한 덧셈이나 뺄셈 결과를 눈금으로 표시해주는 기계장치 몇 가지가 개발되어 있었다. 아레니우스가 그런 단순한 톱니바퀴 계산기를 사용했을 가능성은 있다. 설령 그런 장비를 사용했다고 해도, 여전히 전 세계의 기후가 어떻게 달라질지를 일일이 계산해나가는 과정은 복잡하고 피곤하며 무척 시간이 많이 걸렸을 것이다. 그러나 아레니우스는 그 정도의 계산을 계획할 수학 실력도 갖추었고, 그 계산을 수행할 끈기도 있었다.

긴긴 계산 끝에 얻은 아레니우스의 결론은 명쾌했다. 공기 중의 이산화탄소 농도가 두 배로 뛰면, 지구의 평균기온은 대략 5~6도 올라간다.

평균 5도가 올라간다고 하면 생각보다는 심하지 않다고 느낄지도 모르겠지만, 평균 5도라는 것은 대단히 거대한 온도 상승이다. 1년 365일 모든 날이 일정하게 5도 온도가 올라가는 방식으로 평균기온이 오르지 않는다. 어떤 날짜에 온도가 별로 오르지 않으면 평균을 올리기 위해서 다른 날짜에는 온도가 더 많이 올라가야 한다. 즉, 견디기 힘든 날씨가 나타날 확률이 그만큼 치솟게 된다는 의미다. 생물은 이런 변화에 적응하기가 힘들다. 극단적으로 가정해서, 가을철이나 봄철이 거의 모든 날짜에 걸쳐 조금씩 더 시원해지되 여름철 단 하루만 온도가 섭씨 60도까지 오른다고 해보자. 그래도 평균 온도는 별

변화가 없다. 하지만 여름철 단 하루, 섭씨 60도의 온도가 24시간 동안만 계속되더라도 세상의 수많은 식물이 뜨거운 열기로 전멸할 수 있다.

극단적인 날씨가 나타날 확률이 증가한다는 말은 홍수가 나는 곳에서는 더 큰 홍수가 날 수 있고, 가뭄이 드는 곳에서는 더 큰 가뭄이 들 수 있다는 뜻이기도 하다. 태풍이나 회오리바람 같은 특수한 재난이 발생할 확률도 그만큼 커진다. 그러니 평균 몇 도 정도의 변화는 굉장히 심한 변화다. 아레니우스의 시대에 공기 중 이산화탄소의 양은 대략 0.02퍼센트에서 0.03퍼센트 사이였던 것으로 추정되는데, 현재 공기 중 이산화탄소의 양은 대략 0.04퍼센트를 넘는다. 아직 이산화탄소 농도가 아레니우스 시대의 두 배가 된 수준은 아니지만, 120년 전 그가 예상한 이산화탄소가 늘어나 세상이 점점 더 더워지는 미래로 우리는 돌입해가고 있는 셈이다.

아레니우스의 이론대로라면, 과거에 어떤 이유로 이산화탄소 농도가 크게 늘어났다면 기후변화도 크게 일어나고 그 때문에 생명체들의 삶도 뒤바뀌는 현상이 벌어졌을 수 있다. 즉, 그는 기후변화로 인해 먼 옛날 페름기 대멸종같이 수많은 생물이 전멸하는 사건도 벌어질 수 있다는 이론적인 근거를 마련한 것이다. 이런 결론은 공룡과 같은 과거의 생물들이 왜 사라졌는지, 진화를 통해서 등장한 수많은 생물이 왜 시대에 따라 번성하기도 멸종하기도 하는지에 고민하며 매달리던 당시 과학자들의 유행에 들어맞는 멋진 연구 결과였다.

게다가 아레니우스는 사람이 연료를 태우면서 발생하는 이산화탄소의 양이 장차 이러한 기후변화를 일으키는 원인이 될 수 있다고 지목하기도 했다. 보기에 따라서는 이미 120년 전, 그가 우리가 겪는 기후변화 문제의 거의 대부분을 파악했다고 볼 수도 있다.

온실기체가 기후변화의 원인이 될 수 있고, 세상을 바꾸어 생물들에게 큰 영향을 미칠 것이며, 연료를 태우는 사람의 활동 때문에 온실기체가 빠르게 증가하고 있다. 이 세 가지 사실은 기후변화의 기본이자 핵심이다. 그런 만큼, 과거의 기후변화 부정론도 이 세 가지 핵심 사실을 공격했다. 기후변화 부정론은 온실기체가 늘어나봐야 기후가 별로 안 바뀔 것이라고 주장했다. 그게 아니면 온실기체가 좀 늘어난다고 해도 생물이 별 영향을 안 받을 것이라고 주장했다. 그것도 아니면 사람의 활동이 온실기체를 별로 늘리지 못한다고 주장했다. 그런데, 이미 아레니우스의 시대에 이 세 가지 핵심을 밝힌 이론이 나온 것이다.

요컨대, 여기까지는 끈질긴 노력 끝에 탄생한 연구 결과가 아주 뛰어났다는 내용이다. 하지만 아레니우스의 연구는 지금 우리의 시각으로는 이상해 보이는 결론으로 이어져버린다.

그때는 맞고 지금은 틀리다

아레니우스가 발표한 이런 놀라운 연구 결과는 생각보다 큰 영향을 끼치지 못했다. 다들 그의 연구 결과에 놀라 이산화탄소 배출을 줄여야 한다고 소리치지도 않았고, 세계 각국의 대표들이 회의를 하지도 않았다. 당시에는 이산화탄소 배출을 줄일 수 있는 새로운 상품을 개발했다고 홍보하는 회사들이 나타나는 등의 사건도 안 벌어졌다. 심지어 아레니우스 본인조차 이런 연구 결과를 발표해놓고도 그다지 흥분하지 않았다.

그 이유는 두 가지를 꼽을 수 있다.

가장 중요한 원인은 아레니우스는 기후가 더워지는 것보다 기후가 추워지는 것을 걱정하던 사람이었기 때문이다. 당시 유럽에서는 빙하기 연구가 대단히 인기 있었다. 그도 그럴 것이, 유럽에는 사람이 많이 사는 지역 근처에 빙하로 형성된 지형이 꽤 있다. 아레니우스의 고향인 북유럽, 스웨덴에는 빙하 때문에 생긴 지형이 널려 있고, 영국 북부만 해도 빙하 지역이 꽤 많다. 그러므로 당시 유럽인들 사이에서는 빙하기의 영향이 어느 정도이고, 실제로 빙하기가 언제, 얼마나 오래 지속되었느냐에 대한 연구에 관심이 많았다. 심지어 빙하 때문에 바위의 위치가 바뀐 것을 두고, "빙하의 움직임 때문에 바위의 위치가 바뀐 것이다", "아니다. 노아의 방주가 있던 시기에 일어난 대홍수에 휩쓸려 바위의 위치가 바뀐 것이다" 같은 논쟁도 있었다.

빙하기에 접어들면 겨울이 더 추워지고 길어지며 대지가 얼어붙으면서 수많은 생물이 얼어 죽게 된다. 20세기 말 공룡이 절멸한 백악기 대멸종이 소행성 충돌로 일어났다는 사실이 확인되기 전까지, 빙하기 추위에 공룡이 절멸했다는 이야기도 꽤나 인기 있었다. 게다가 스웨덴의 북부 지방은 추위가 혹독하기로 악명 높다. 그러니 아레니우

지구는 괜찮아, 우리가 문제지

스 입장에서는 날씨가 추워지는 것을 더욱 걱정할 만도 했다.

그런데 아레니우스의 계산에 따르면, 적어도 지구가 빙하기에 빠질 가능성은 줄어든다. 심지어 그는 온실효과가 강해져서 지구가 적당히 따뜻해지면, 추워서 얼어붙었던 땅에서도 농사가 잘될 테니 오히려 사람 살기에 더 좋아질 수도 있지 않겠나 하는 생각도 했다. 상상해보자면, 아레니우스는 온실효과가 적당히 알맞게 강해지면 언제인가는 스웨덴의 얼어붙은 땅도 프랑스나 네덜란드의 비옥한 농토처럼 온화한 지역으로 변해서 스웨덴도 농작물을 넉넉히 추수하는 풍요로운 나라가 될 거라는 식으로 생각했던 것인지도 모르겠다.

아레니우스가 기후변화를 별로 걱정하지 않았던 두 번째 이유는 사람들이 온실기체를 뿜어내는 양이 증가하는 정도를 오판했기 때문이다. 그는 사람이 연료를 태우면 온실기체가 증가하기는 하겠지만, 이렇게나 많이 빠르게 연료를 태우리라고는 상상하지 못했다.

19세기 말은 전기를 이용한 통신, 연료로 움직이는 교통기관, 전기로 밝히는 불빛이 있기는 했지만, 아직은 라디오도 텔레비전도 등장하기 이전이다. 기차가 있기는 했지만, 수많은 사람이 저마다 자동차를 타고 다니는 시기가 시작되기도 전이다. 라이트 형제가 비행기를 개발하기도 전이고, 스마트폰을 충전하는 데 시간이 얼마나 걸리는가 같은 것이 많은 사람 사이의 화제가 되는 날이 올 거라고는 꿈조차 꾸기 어렵던 시기다. 무엇보다도 19세기 말은 아직까지 본격적으로 석유를 파내서 연료로 태워 없애는 산업이 시작되기 전이다. 현재 세계 석유 시장에서 굉장한 영향력을 미치는 나라라고 하면 많은 사람이 사우디아라비아를 떠올리는데, 사우디아라비아에 처음으로 상업적인 유전이 개발된 시점은 1938년이다.

그러니 아레니우스는 사람들이 얼마나 많이 연료를 태우며 살게 될지 완전히 오판할 수밖에 없었다.

더군다나 아레니우스는 아시아나 아프리카 지역의 성장에 대해서도 정확히 예상하기 어려웠을 것이다. 19세기 말이면, 대부분의 아시아, 아프리카 국가가 유럽 국가에 비해서는 훨씬 산업 수준이 뒤떨어지고 그만큼 생활도 궁핍하던 시기다. 그러나 아시아와 아프리카 지역에는 유럽보다 더 많은 인구가 살고 있다. 그곳 사람들이 유럽 사람들의 삶과 비슷한 길을 따라 점점 더 잘살게 되고 편리하게 살게 되면, 그만큼 전 세계적으로 소모하는 연료와 전기의 양은 늘어난다. 그리고 그만큼 이산화탄소가 더 배출된다. 실제로 세상은 그렇게 변해갔다.

지구는 괜찮아, 우리가 문제지

다른 의견들을 모아
진실을 찾는 법

아레니우스와 캘린더의 평행이론

가이 캘린더Guy Callendar 라는 사람은 증기기관 기술자였다. 배에 들어가는 증기기관을 다루다 보면 항해하는 일에 대한 관심도 저절로 생겼을 것이고, 그렇다면 항해하기에 좋은 날씨와 위험한 날씨에도 관심이 생겼을 것이다. 아닌 게 아니라 가이 캘린더는 날씨에 관심이 많은 사람이었다.

그래도 어디까지나 캘린더는 그냥 증기기관 기술자였다. 비교해 보자면 아레니우스는 노벨상 수상자로 그가 개발한 계산식이 지금까지도 교과서에 실리는 인물이지만, 캘린더는 명문 대학 교수도 아니었고 훌륭한 학위 논문으로 학계에서 관심을 받던 학자도 아니었다.

그러나 아레니우스와 캘린더 사이에 공통점은 있었다. 캘린더 역시 부지런히 자료를 모아서 다른 사람들이 보기에 믿음직해 보이도록 정리할 줄 아는 사람이었다. 증기기관 기술자로 작업을 해나가며 기계와 부품의 치수와 성능을 따지고 기계의 작동을 점검하고 시험하는 과정에서 과학적인 방법이 몸에 익었다. 캘린더가 관심을 가진 다른 분야의 연구에도 그런 방법이 잘 들어맞았다.

캘린더는 어느 날 아레니우스 같은 학자들이 연구해서 발표했던 학설들이 정말로 맞는지 한번 검증해보고 싶다는 생각을 했던 것 같다. 캘린더는 그때껏 발표된 세계 각지의 온도 측정 결과와 공기 중 이산화탄소 농도 측정 결과를 부지런히 모았다. 아레니우스의 시기보다도 더 거슬러 올라가서 대략 50년 치의 자료를 모았다고 한다. 아레니우스의 학설에 따르면, 이산화탄소가 많아지면 온실효과로 지구가 더워지고, 이산화탄소가 적어지면 추워진다. 지구가 너무 추워지면 세상이 북극과 남극처럼 변해 수많은 생물이 얼어 죽는 죽음의 시대가 벌어질지 모른다. 반대로 이산화탄소가 너무 많아지면 열대지방처럼 변하는 지역이 늘어난다.

과거의 아레니우스는 원래 지구가 추워지는 것을 걱정하던 사람이었다. 캘린더는 아레니우스의 시대에서 자신의 시대까지 시간이 흐르는 동안 세상이 어떻게 바뀌었는지 궁금해했던 것 같다. 혹시 다시 빙하기가 도래해서 온 세상이 얼어붙는 방향으로 세상이 변하고 있을까? 반대로 이산화탄소가 점점 많아지고 점점 더워지는 방향으로 변하고 있을까?

캘린더가 그 문제에 대해 자료를 모으고 계산한 연구 결과를 발표한 해는 1938년이었다. 아레니우스가 기후변화에 대한 연구 결과를 발표한 때로부터 40여 년이 흐른 시기였다. 그 사이에 세상은 급격히 변화했다. 휘발유를 주입해서 달리는 자동차들이 수천만 대가 생산되어 길 위를 뒤덮었고, 라디오 방송은 물론 TV 방송도 드문드문 시작되었다. 많은 숫자는 아니지만 승객을 태운 여객기도 하늘을 날아다녔다. 사우디아라비아에서 석유가 생산되기 시작한 것도 이때다. 사람들이 연료를 태우며 뿜어내는 이산화탄소의 양은 분명 가파르게 증가했을 것이다. 과연 기후도 바뀌었을까?

캘린더가 이런 연구를 하기 전까지, 전 세계의 평균 온도와 평균 이산화탄소 농도 측정 결과를 연결해서 따져보는 연구에 관심이 있었던 사람은 드물었다. 그러므로 자료가 말끔히 정리되어 있지는 않았다. 캘린더는 서로 다른 기관이 서로 다른 목적으로 측정한 온도와 이산화탄소 농도 자료를 끌어모아서, 같은 기준으로 활용할 수 있도록 고치고 가공했다. 가장 간단한 문제로, 당시 영국과 미국에서는 화씨온도를 주로 사용했고 그 외의 세계에서는 섭씨온도를 사용했기 때문에 온도 체계를 하나로 통일해야 했다. 이를 위해서는 화씨온도를 섭씨온도로 바꾸는 계산을 해야 한다. 아마 캘린더는 화씨를 섭씨로 바꾸는 계산을 정말 신물 나도록 하지 않았을까 싶다. 더군다나 캘린더의 시대에도 아직 컴퓨터가 발명되지는 않았으므로, 그 역시 방대한 계산을 맨손으로 해야만 했다.

고생 끝에 발표된 캘린더의 계산 결과는 지금 우리가 아는 사실과 일치한다. 이산화탄소 농도는 빠르게 증가하고 있다. 그에 따라 온실효과가 심해져 평균기온이 높아지는 방향으로 기후가 바뀌고 있다. 아레니우스가 상상한 미래가 40년이 흐르는 동안 현실이 되고 있다는 의미였다. 그런데 그 변화 속도가 너무 빨랐다.

그들이 이산화탄소 증가를 두려워하지 않았던 이유

그렇지만 캘린더 역시 그 변화를 별로 무서워하지 않았다. 그는 기후변화를 대하는 시각에 관해서는 아레니우스 시절의 생각을 그대로 이어받은 인물이었다. 기후변화가 빠르게 이루어지는 것은 사실이지만, 그가 걱정했던 것은 지구가 점점 더 추워져서 세상이 빙하기처럼 변하는 문제였다. 그러니, 기후변화로 평균기온이 높아진다는 점은 덜 무서운 문제였다.

과거에 기후변화를 연구하던 흐름에는 이렇게 다시 찾아올 빙하기에 대한 걱정이 있었다. 때문에 기후변화에 대해서 꽤 오랫동안 깊게 관심을 가진 사람들 중에서도 캘린더와 비슷한 시각에서 기후변화 문제를 받아들인 사람들이 적지 않았다. 그렇다 보니 기후변화 부정론 쪽에서는 한동안 기후변화를 과소평가하기도 했다. 가끔 심심하면 빙하기가 찾아오기도 하는 것이 지구의 자연스러운 변화인데 사람이 이산화탄소 배출 때문에 일으키는 기후변화 정도야 별 대수가 아니라는 식으로 생각했던 것이다. 심지어 빙하기가 도래해서 세상이 얼어붙어 멸망하기 전에, 부지런히 이산화탄소를 배출해서 빙하기를 막을 수 있을 만큼 지구를 뜨끈하게 만들어야 한다는 의견도 나올 정도였다.

그 결론을 얼마나 무겁게 생각하건 가볍게 생각하건 캘린더가 논문으로 발표한 조사 결과는 그대로 숫자로 남았다. 캘린더는 큰 위험이 아니라고 생각했지만 같은 숫자를 보고도 이 정도면 문제라고 생각하는 사람들이 있을 만했다.

영화 속 지구 종말 장면 같은 것만 진짜 위기라고 생각하는 사람들은 빙하기가 찾아와서 지구의 생물들이 대량으로 동사하는 정도가 아니면 별문제가 아니라고 생각할 수 있다. 그러나 좀 더 진지한 사람들은 기후가 변해서 태풍이 입히는 피해가 예전보다 늘어나면 그것도 큰 문제라고 생각한다. 예를 들어, 2010년에 한반도를 지나간 태풍 7호 곤파스 때문에 여섯 명이 사망했고 1700억 원 이상의 피해가 발생했다. 기후변화로 태풍이 세 개, 네 개 더 발생하면 이런 피해를 입을 위험도 그만큼 증가한다. 그런 위험은 막연한 공상보다 훨씬 가까운 위협이다. 책임감 있는 사람들은 바로 그런 위험의 증가에 주목한다.

이후 수 년, 10년, 20년의 시간이 지나면서 캘린더의 연구 결과와 그에 영향을 받은 다른 연구들이 꾸준히 사람들 눈에 띄었다. 점점 더 많은 사람이 사람의 활동으로 배출되는 온실기체가 기후를 바꾸는 현상이 더 강해졌다고 여기게 되었고, 그 결과가 위험할 수도 있다는 생각을 품게 되었다. 세월이 흘러 1950년대 무렵에 이르자, 캘린더가 그저 "빙하기보다는 낫지"라고 생각하면서 넘어갔던 문제를 조금 더 심각하게 따져보려는 사람들이 꽤 많이 등장했다. 수소폭탄의 아버지 에드워드 텔러가 석유협회 사람들 앞에서, 온실기체를 계속 뿜어내면 세상이 뒤집어질 거라고 연설한 것도 1950년대 말이었다.

관심이 증가하면서 캘린더의 연구가 정확하지 못하고 의심스러운 점이 있다고 생각하는 사람들도 생겨났다. 그중에는 귀담아들을 만한 의견도 분명 있었다. 캘린더의 연구의 한계를 지적한 사람들은 그저 마구잡이로 기후변화가 음모나 수작이라면서 싫어한 것이 아니었다. 이들은 캘린더가 여러 연구 결과를 수집하고 합쳐서 결과를 내는 과정에서 오류, 오차, 특히 편향이 발생할 수 있다는 점을 지적했다.

편향이란 이런 뜻이다. 통계학에서 유명한 이야기 중에 "말하는 발 문제"가 있다. 어느 유치원에서 어린이들의 발 크기를 측정하고, 어린이들이 말을 얼마나 잘하는지 언어 능력을 측정하는 조사를 했다. 조사해보니 발이 클수록 언어 능력도 뛰어나다는 결과가 나왔다. 이런 실험을 해보면, 정말로 같은 결과를 얻을 수 있는 유치원이 세상에 무척 많다. 그렇다면 사람의 발에 말을 잘하게 만드는 신비한 능력이 있는 것일까? 속사정을 따져보면 전혀 그렇지 않다. 유치원 전체를 대상으로 측정을 했기 때문에 어린이들의 나이는 모두 다르다. 발이 큰 아이란 그냥 나이가 많아서 몸이 전체적으로 더 많이 성장한 아이일 뿐이다. 더군다나 어린이들은 두 달, 석 달 먼저 태어난 것만으로도 성장에 큰 차이가 난다. 발이 큰 아이, 그러니까 더 많이 성장한 나이 많은 어린이일수록 말을 잘하는 것은 당연한 이치다.

발이 사람을 말하게 하는 것이 아니다. 조사 방법이 잘못되면 조사

지구는 괜찮아, 우리가 문제지

의 결과가 명확해 보이더라도 잘못 이해될 수 있다. 그것이 이 이야기의 교훈이다.

몇몇 사람은 캘린더의 조사에서도 비슷한 문제가 있을 수 있다고 지적했다. 캘린더는 한 가지 기준에 따라 긴 세월 동안 세계 각지의 온도와 이산화탄소 농도를 측정한 것이 아니었다. 그는 이미 조사된 자료를 모아서 연구했다. 온도나 이산화탄소 농도를 다룬 자료 중에 아무래도 쉽사리 얻을 수 있는 자료가 캘린더의 손에 먼저 들어왔을 것이다. 온도와 이산화탄소 농도를 자주 조사할 이유가 있는 사람들이 아무래도 자료를 많이 조사해서 널리 공개하려고 했을 것이다. 따라서 사람들이 많이 살고, 세상 사람들의 관심이 많이 집중되는 대도시 지역의 자료가 풍부했을 가능성이 높다.

대도시는 그 도시의 공기 성분이 어떻게 바뀌는지, 도시의 온도가 어떻게 변화해가는지 연구할 인력도 풍부하고 예산도 넉넉하다. 당연히 그에 대한 자료가 많이 조사되고 제시된다. 그런데, 대도시들은 대체로 점차 규모가 커지고 성장한다. 사람이 많이 모여들고 점점 더 조밀해진다. 돌아다니는 자동차들도 많아지고 근처에 공장과 발전소도 많아진다. 그런 지역 바로 옆에서는 이산화탄소 농도가 빠르게 높아질 수밖에 없다. 그리고 좁은 도시에 사람들이 북적이며 살면 도시 자체의 열기 때문에 온도도 높아지기 쉽다.

캘린더가 몇몇 대도시에서 나온 입수하기 쉬운 자료를 중심으로 조사했다면, 바로 이런 대도시의 자연스러운 성장이 전체 결과에 두드러진 영향을 끼치게 된다. 따라서 캘린더의 연구에 대해 지적한 사람들은 뉴욕, 파리, 런던의 이산화탄소가 꾸준히 늘어났고, 온도도 꾸준히 높아졌다고 해서, 지구 전체에서 이산화탄소가 늘어났다고 단정할 수는 없다고 지적했다. 그냥 뉴욕, 파리, 런던 바로 옆에서 이산화탄소가 조금 늘어났을 뿐, 넓고 넓은 전 세계를 다 살펴보면 공기 속의 평균 이산화탄소 농도는 거의 변화가 없거나 오히려 줄어들었을지도 모른다고 의심한 것이다. 만약, 도시에 사람들이 모여 살면서 석탄과 석유를 많이 사용했고 대신 나무를 잘라다 불을 지펴 난방하는 인구는 그만큼 줄어들었다면 나무가 더 잘 살고 번성하게 되었으니 이산화탄소를 오히려 흡수할 수도 있는 노릇 아닌가? 당시로서는 캘린더의 연구만 보고는 현실과 다른 결과가 나올 수 있다고 의심을 품을 만도 했다.

킬링, 하와이에서 증명한 기후변화 위기

이런 상황에서 기후변화 문제에 쐐기를 박은 인물로 평가되는 사람이 미국의 화학자, 찰스 데이비드 킬링Charles David Keeling 이다.

킬링은 화학자로서 다양한 물질의 양을 정밀하게 분석하는 기술을 잘 이해하고 있었다. 1950년대 후반에 이르러 그는 공기 중 이산화탄소 농도를 정확하고 정밀하게 측정하는 문제에도 관심을 품는다.

캘린더의 방식으로 진행된 연구보다 더 정확한 결론을 내기 위해서는 정확한 한 가지 기준에 따라 꾸준하고 일정하게 측정을 수행할

지구는 괜찮아, 우리가 문제지

필요가 있었다. 또한 특정한 장소를 정해서 측정을 하다가 주변의 변화 때문에 측정 결과가 심하게 치우치는 문제도 해결해야 했다.

예를 들어, 이 정도면 괜찮은 위치라고 생각하는 곳에서 이산화탄소를 꾸준히 측정해왔는데, 어느 날 바로 옆에 이산화탄소를 대량으로 뿜어내는 석탄화력발전소가 건설된다면 그 영향으로 갑자기 측정 결과는 확 달라져버린다. 그러면 그 측정 결과만으로는 지구 공기 전체의 이산화탄소 농도가 어떻게 변화하고 있는지 가늠할 수 없다. 이산화탄소 농도가 높아졌다는 결과가 나와도 지구 전체의 이산화탄소 농도가 높아졌는지 어땠는지는 알 수 없고, 그냥 측정 장소 옆에 화력발전소가 생겼다는 사실만을 알 수 있을 뿐이다.

킬링은 고민 끝에 이산화탄소 농도를 측정하기 좋은 장소로 태평양 한가운데에 있는 하와이의 마우나로아Mauna Loa산을 택했다. 마우나로아산은 깨끗하고 아름다운 하와이에서도 특별히 방해받을 것이 없어 보이는 높은 산이다.

마우나로아는 하와이에서는 잘 알려진 산이다. 하와이 바깥에서는 "마우나로아"라는 이름이 붙은 마카다미아가 잘 알려진 편이다. 마카다미아는 땅콩 비슷한 맛이 나는 간식거리인데, 하와이의 마우나로아 마카다미아가 기념품으로 특히 유명하다. 꼭 미국이 아니어도 세계 어디든 면세점이나 기념품 가게 같은 데에서 마우나로아 마카다미아를 판다. 한국의 기념품점이나 세계 과자 파는 가게에서도 흔하게 찾아볼 수 있다.

나는 마우나로아에 가본 적은 없어서, 그곳에 가면 정말로 마카다미아가 흔한지는 잘 모른다. 킬링이 마우나로아에서 연구를 하면서 마우나로아 마카다미아를 얼마나 많이 먹었는지도 모르겠다. 그렇지만 킬링의 연구 이후로, 마우나로아는 군것질이나 기념품 과자의 중심일 뿐만 아니라 기후변화 연구의 중심으로 자리 잡게 되었다. 마우나로아에서 공기를 측정한 결과는 지금까지도 지구 전체의 공기를 대표하는 결과로 주목받는다.

킬링은 마우나로아에서 공기 속 이산화탄소 농도를 꾸준히 측정했다. 원래 킬링은 바닷물 속의 이산화탄소 농도를 측정하는 기술에 먼저 관심을 가졌다. 어찌 보면, 약수터의 수질이 안전한지 측정하고 분석하는 것과 비슷한 기술이었다. 그런데 알고 보니 바닷물의 이산화탄소 농도 문제는 기후변화 문제와 관련이 깊었다. 옛날 학자들은 사람들이 이산화탄소 배출을 어지간히 많이 해도, 대부분 바닷물 속에 그냥 녹아들어 공기 중의 이산화탄소 농도는 거의 올라가지 않고, 온실효과와 기후변화도 별로 생기지 않을 거라고 생각했기 때문이다.

이것도 가능성은 있는 이야기다. 정말로 물에는 어느 정도 이산화탄소가 녹아들 수가 있다. 탄산음료는 물에 이산화탄소가 잔뜩 들어가 이산화탄소 기체 방울이 눈에 쉽게 보일 정도가 된 것이다. 고전 한국 코미디에서 자주 나오던 대사 중에 "인천 앞바다가 사이다라도 컵이 없으면 못 마신다"라는 말이 있는데, 바다가 모조리 이산화탄소가 넘쳐나는 사이다로 변하지는 않겠지만 이산화탄소를 조금 빨아들이는 일은 쉽게 벌어질 수 있고, 실제로 벌어진다. 넓디넓은 전 세계의 바다가 조금씩만 그렇게 이산화탄소를 빨아들이면, 공기 중의 이산화탄소 농도는 별 변화가 없을 것이다. 당시로서는 그럴듯하게 들리는 생각이었다. 그러면 바닷속 생물이 사는 환경이 좀 변할 수는 있겠지만, 온실효과가 심해지지는 않을 것이고 기후변화도 그다지 심하게 일어나지 않을 거라고 주장할 수 있었다. 정말로 바다가 이산화탄소를 다 흡수할까? 아니면 공기 중에 이산화탄소가 어느 정도는 꾸준히 쌓이며 온실효과를 일으킬까?

이 문제를 정확히 밝히기 위해 1958년 이후 킬링의 연구 팀은 매달 꼬박꼬박 공기 중의 이산화탄소 농도를 측정하고 또 측정했다. 그리고 그것을 꾸준히 기록하고 공개했다. 결과는 1년, 2년, 3년, 4년 계속해서 쌓여갔다. 이렇게 해서 측정한 결과를 그래프 형태로 나타낸 것을 흔히 킬링 곡선Keeling Curve이라고 부른다. 킬링 곡선을 보면 쉽게 결론을 내릴 수 있다.

공기 중의 이산화탄소는 계속해서 점점 더 많아지고 있고 기후변화를 일으킬 만하다. 유니스 푸트가 짐작하고, 스반테 아레니우스가 예상하고, 가이 캘린더가 조사했던 그 결과, 그대로다.

킬링 곡선을 자세히 들여다보면 좀 재미있는 모양도 보인다. 킬링 곡선은 전체적으로 보면 점차 이산화탄소 양이 늘어나는 모양이지만 한 부분을 확대해서 보면, 이산화탄소가 계속 늘어나는 것이 아니라, 7월과 8월에는 잠깐 줄어들었다가 나머지 기간 동안 회복되며 늘어나는 모양을 볼 수 있다. 이렇듯 킬링 곡선은 부드럽게 이산화탄소가 늘어나는 형태가 아니라, 톱니 모양이나 물결 모양처럼 잘게 출렁거리면서 서서히 이산화탄소가 늘어나는 형태다.

마우나로아 월 평균 이산화탄소 농도(1958~2021)

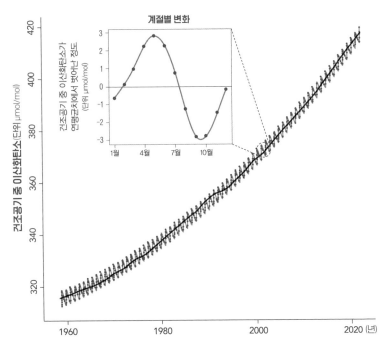

*출처: Dr. Pieter Tans, NOAA/ESRL and Dr. Ralph Keeling, Scripps Institution of Oceanography

왜 매년 7월과 8월마다 잠시 이산화탄소가 줄어드는 것일까? 그것은 7월과 8월이 여름철이기 때문이다. 여름철에는 지구의 모든 곳에서 식물들이 왕성하고도 무성하게 잘 자라난다. 세계 곳곳의 식물들이 왕성한 광합성으로 이산화탄소를 빨아들이면, 이산화탄소는 잠깐 줄어든다. 그러다가도 겨울이 되어 잎이 떨어지고 식물의 광합성이 줄어들면 다시 이산화탄소는 늘어난다. 이런 과정이 계절마다 반복된다. 어떤 사람들은 이를 두고, 지구가 숨을 쉬는 모습이라고 부르

지구는 괜찮아, 우리가 문제지

기도 한다. 그렇다면 지구는 여름철에 숨을 들이쉬고, 겨울철에 숨을 내쉬는 셈이니 사람에 비해서는 대단히 긴 호흡을 갖고 있다 하겠다.

킬링은 이러한 연구를 통해 온실기체의 증가가 심각하고 그 때문에 기후변화 문제가 실제로 일어날 만하다는 것을 1960년대 초에 사람들에게 알릴 수 있었다. 그는 그 후에도 계속해서 킬링 곡선을 그려 나가는 연구를 이끌었다. 1958년부터 매달 기록되기 시작한 킬링 곡선은 킬링이 세상을 떠난 2005년까지도 이어졌다. 심지어 그 후에도 킬링의 연구 팀은 하와이 마우나로아에서 일정하고도 꾸준하게 공기 중의 이산화탄소 농도를 측정하는 작업을 이어가고 있다.

그 덕택에 온 세상 사람들이 믿을 만한 기후변화의 원인에 대한 증거가 계속해서 쌓이고 있다. 킬링은 이제 세상에 없지만 킬링 곡선은 여전히 지구의 호흡과 함께 이어진다.

잘못된 판단 속에 숨어 있던 과학

기후변화가 얼마나 심각한 문제이고 그 원인 중에 사람들의 활동이 어떻게 영향을 미치는지 밝히기 위해 노력한 사람들은 푸트, 아레니우스, 캘린더, 킬링 외에도 무척 많다. 캘린더는 이곳저곳에서 조사된 자료를 모아서 연구하고, 킬링은 하와이의 산에서 공기를 측정하며 연구했지만, 요즘에는 우주에 인공위성을 띄워서 지구의 이산화탄소를 관찰하기도 하고, 전 세계 기상 연구원들과 학자들이 힘을 합해서 실제로 세계 날씨의 변화를 꾸준히 추적해나가기도 한다.

지금 돌아보면 눈에 뜨이는 것은 그 많은 사람 중에서도 아레니우스와 캘린더 같은 인물은 온실효과가 딱히 나쁜 것은 아니라는 생각을 갖고 연구를 진행했다는 점이다. 그들이 품은 생각은 기후변화를 경계하는 요즘의 움직임과는 반대 입장에 가깝다. 그런데, 그런 사람들의 연구 결과도 중요하게 여기면서 종합하고 반영하고 고려한 끝에, 학자들은 기후변화가 위험하다는 지금과 같은 결론에 도달했다.

사상이나 민족으로 편을 나눠서 우리 편 의견은 맞고 반대편 의견은 틀렸다는 식으로 싸웠는데, 그러다가 기후변화가 위험하다는 편이 이겼기 때문에 결론이 이쪽으로 기울어졌다는 식의 줄거리가 아니다. 기후변화를 줄이기 위해 노력해야 한다는 현대의 결론 속에는 이산화탄소가 좋은 것이라는 정반대 생각을 한 사람들의 연구 결과도 제대로 계산된 결과라면 인정받아서 그대로 반영되어 있다. 그런데도 이산화탄소를 줄여야 한다는 결론이 나왔다. 긴 세월 이어진 세상 수많은 학자의 연구 도중에 편 가르기 같은 것이 전혀 없었다고야 할 수 없겠지만, 우리가 기후변화에 대해 결론을 내리게 된 것은 말다툼이나 기싸움 때문이 아니라, 매일같이 온도계 눈금을 읽는 눈과 이산화탄소 측정 기구를 조작하는 손 덕택이라는 점은 사실이다.

그 모든 연구의 결과로 기후변화 부정론은 예전과 같은 힘을 잃었다. 지금 우리는 기후변화가 당장 지구를 멸망시킬 문제는 아니라고 해도, 우리와 우리 이웃의 삶을 집요하게 괴롭힐 수 있는 대단히 골치 아픈 문제라는 사실을 분명히 알게 되었다.

지구는 괜찮아, 우리가 문제지

4장

열 가지 장면으로 보는

기후변화의 국제학

기후변화를 국제적으로 바라봐야 하는 이유

2021년 8월 9일, 기후변화에 관한 새로운 IPCC 보고서가 나왔다. 이 내용에 따르면, 현재 사람의 활동으로 인한 온실기체 배출로 지구는 조금씩 더워지고 있는 것으로 보이며, 그 때문에 2040년까지 평균기온이 1.5도 정도 상승할 가능성이 무척 높다고 한다. 그리고 만약 그렇게 되면, 가뭄은 2.4배, 홍수는 1.5배 늘어나며, 태풍의 빈도는 10퍼센트 늘어난다. 만약 기후변화를 멈추지 못하거나 더 심해진다면 이후 기후변화 때문에 생기는 피해는 점점 더 커질 것이다.

이것이 우리가 현재 계산해낸 기후변화 문제다.

배수가 잘되는 깨끗한 아파트에 살면서 울적한 소식을 들으면 따뜻한 물을 받은 욕조에 몸을 담그고 기분 전환을 하면 그만인 사람에게는 가뭄이 2.4배 늘어난다는 것이 당장 크게 와닿는 문제는 아닐 수 있다. 그러나 농사를 지어 생산되는 작물로 직접 배를 채워야 하는 세계의 저소득층에게 가뭄이 두 배 이상 심해진다는 것은 가족이 모두 굶주리게 된다는 뜻이다. 기후변화는 이런 식이다. 그냥 막연히 지구가 멸망한다는 이야기보다, 구체적으로 계산되는 피해를 놓고 보면 기후변화가 어떤 식으로 세상을 괴롭히는지 보다 정확히 드러난다.

불평등한 고통, 까다로운 협력

태풍이 불어도 재택근무를 할 수 있는 선진국의 부유층은 기후변화의 고통을 덜 받는다. 당장 기후변화의 위험에 가장 큰 고통을 받을 사람과 기후변화를 일으킨 사람이 같지 않다는 점은 분명한 사실이다. 전기, 따뜻한 물, 자동차를 풍부하게 유지하며 발전해온 선진국 사람들은 온실기체를 그동안 많이 내뿜었다. 반면에 홍수나 가뭄을 걱정하며 농사를 지어 밥을 먹고 살아남는 것 자체를 목표로 삼았던 나라 사람들은 과거 온실기체를 덜 내뿜었다. 나라에 돈이 없고 기술이 부족해 기계를 덜 돌리고 공장을 덜 가동했으니, 온실기체를 적게 내뿜을 수밖에 없었다. 그런데 피해를 받는 사람은 개발도상국 사람들이고 선진국 사람들은 안전하다. 이러니 기후변화 대응에서는 세계 각국의 협력과 이해가 특히 중요한 문제가 될 수밖에 없다.

그래서 요즘에는 어떤 나라 학자 한 명이 연구한 결과보다, IPCC 같은 국제기구에서 내놓은 보고서가 더 주목을 받는다. IPCC란 "기후변화에관한정부간협의체Intergovernmental Panel on Climate Change"를 말하는데, 여러 나라 정부가 합심하여 기후변화에 대처하기 위한 활동을 하는 국제기구다. 앞서 말한 8월 9일 보고서란 IPCC 제6차 평가보고서 제1실무그룹Working Group 요약본을 말한다. 이 정도면 세계 모든 나라가 기후변화 문제의 기준으로 삼을 자료로 참조할 만하다.

2021년 현재 IPCC의 회장은 이회성이라는 한국인 경제학자다. 2000년대 초 한국 정치에 관심이 많은 사람이라면 그에 대해서 잘 모른다고 하더라도 얼굴을 보면 분명히 어디서 본 듯하다고 생각할 것이다. 이회성 회장은 당시 대한민국 대통령 후보였던 이회창 전 국회의원의 친동생이기 때문이다.

그러니 굳이 이야기를 만들어, 이회성 회장의 성향이나 그가 어떻게 해서 IPCC의 회장이 될 수 있었느냐에 대해서 이런저런 추측을 길게 늘어놓는 사람들도 없지 않다. 한국인이 IPCC의 회장이 된 것을 두고, IPCC가 추진하는 사업이나 제안하는 연구 결과가 띨 성격이나, IPCC가 나아갈 방향성에 대해 이야기하기도 한다. 이회성 회장이 경제학자인 만큼, 그가 경제학자로서 발표한 의견들을 바탕으로, 그가 어떤 성향과 사상을 가진 인물이고 그 때문에 IPCC가 이렇다거나 저렇다는 이야기를 하는 사람도 분명히 있을 것이다.

이에 대해 믿음직한 분석을 할 수 있을 만큼, 나는 이회성 회장에 대해서 잘 알지도 못하고, IPCC가 어떻게 돌아가는지도 알지 못한다. 그러나 최근 IPCC에서 나오는 자료들을 보면, 세계 여러 학자가 긴 시간을 들여 연구하며 함께 최대한 객관적인 근거를 수집하여 분석하고, 그 결과 역시 많은 학자가 동의할 수 있을 만한 내용으로 정리하여 제안하고 있는 것으로 보인다. 그렇기 때문에 IPCC라는 단체에서 발표한 자료를 바탕으로 기후변화에 대해서 이야기하는 것은 괜찮은 출발점이라고 생각한다.

더불어 그 출발점 이전을 살펴볼 필요도 있다. 기후변화 문제가 전 세계 사람들이 합심하고 협력해서 풀어나가야만 하는 문제라면, 도대체 세상 사람들이 무슨 생각을 하고 있으며, 무슨 이야기를 하다가 지금 상황에 이르렀는가 하는 사연을 한번 돌아보는 것도 좋겠다는 것이다.

그 사연을 살펴보면, 지금까지 어떻게 여기까지 흘러왔느냐 하는 이야기 속에서 우리가 기후변화 문제에 점점 깊게 빠져든 이유도 더 선명히 드러난다. 나는 그 속에서 기후변화 문제를 풀어나가기 위해 특별히 조심해야 할 점이 무엇인지도 알게 될 거라고 생각한다.

지구정상회의와 COP

이야기는 1992년 흔히 지구정상회의Earth Summit 라고 부르는 행사로 거슬러 올라간다. 1992년은 확실히 무슨 변화가 일어날 만한 시기였다. 1991년에 소련이 무너지면서 20세기 중반 이후 전 세계를 지배하던 냉전이 끝났다. 20세기 중반 시기에 사람들은 자칫 자본주의 국가들과 공산주의 국가들이 편을 나누어 대결전을 벌이면 핵무기가 온 세상에 비 오듯 쏟아질 것이고 도시들은 잿더미가 될 거라는 생각을 하고 살았다. 그런데 1990년대가 되면서 더 이상 그런 생각을 할 필요가 없는 시대가 시작되었다.

그러므로 1990년대 초는 핵무기를 먼저 발사하느냐 마느냐 하는 문제 뒤에 감추어진 다른 사연들이 드러나기 시작할 만한 시점이었다. 상대방에게 지면 죽을 수밖에 없다는 무시무시한 위협 때문에 잊고 살았던 문제들이 눈에 띄었다. 지금까지 우리가 살아온 방식에 사실 잘못된 점이 많다고 돌이켜보며 바꾸어보자는 주장이 나올 만했다. 냉전이 끝난 만큼, 이제는 세상 사람들이 정말로 평화 속에서 힘을 합쳐서 다르게 살아보자는 생각이 통하기도 좋은 시절이었다.

"지속 가능한 발전"이라는 개념의 탄생

그런 분위기 속에서 지구정상회의라고 하는 이름부터 멋진 회의가 브라질의 리우데자네이루에서 열렸다. 핵무기의 배치에 대해서 장군들이 협상하는 회의나, 어느 나라 제품이 더 많이 팔릴 수 있게 제도를 만들 것이냐를 두고 다투는 토론이 아니었다. 이 회의는 지구라는 행성에 사는 사람들이 모여 행성 전체에 대해 이야기하는 회의였다. 전쟁 이야기, 돈 버는 이야기만 하는 동안 잊혔던 이야기들을 화제로 삼아보자는 행사였다. 공식 명칭이 UN환경개발회의UN Conference on Environment and Development인 지구정상회의는 그렇게 다양한 환경오염에 대해 사람들이 의견을 나누는 기회가 되어주었다.

그리고 이 회의에서 공식 구호처럼 쓰이면서 유행한 말이 바로 "지속 가능한 발전sustainable development"이다. 지구정상회의 이후로 너무 많이 쓰여서 요즘에는 관용어구가 된 말이지만, 사실 1980년대 중반까지만 하더라도 "지속 가능한"이라는 표현은 거의 쓰이지 않았다. 이 회의에서 "지속 가능한 발전"은 발전하고 성장해서 잘살고 풍속해지고 부유해지는 것은 중요하지만, 그 때문에 세상이 너무 오염되어서 그 후로는 더 이상 성장할 수 없고 후손들이 살기가 어려워지는 것은 피해야 한다는 뜻으로 쓰였다.

물고기를 많이 잡아서 배불리 먹으면 좋겠지만, 물고기가 자손을 남길 수 없을 정도로 모조리 다 잡아 없애버리면 그 후로는 물고기를 아예 잡을 수 없어 굶어야 한다. 그런 일은 피해야 하지 않겠냐는 이야기다. 지속 가능한 발전은 물고기 잡는 일이 나중에도 지속 가능해야 한다는 것을 고려하면서 물고기를 적당히 잡자는 제안이다. 옛말에 "물고기를 주지 말고 물고기를 잡는 방법을 알려주라"는 말이 있는데, 1992년에는 물고기를 잡는 방법을 알려주는 것에 신경을 써야 할 뿐만 아니라 지속 가능하게 잡는 방법까지 같이 고민해야 한다는 이야기가 나온 셈이다.

지속 가능한 발전이라는 말은 여러 나라에서 유행어가 되었다. 앞으로 지속 가능한 발전을 위해 해야 할 일을 구체적으로 해보자는 작업도 하나둘 진행되었다. 당연히 기후변화 문제를 나라들이 함께 풀어나가야 한다는 주장도 힘을 얻었다.

글로벌 기후변화 대응 30년 역사의 시작

그렇게 해서, UN에서는 기후변화에 여러 나라가 공동 대응하기 위한 UNFCCCUN Framework Convention on Climate Change, 즉 UN기후변화협약이라는 틀이 탄생했다. 이로써 정기적으로 기후변화에 대응해야 하는 나라들이 모여서 회의를 갖게 되었다. 여럿이서 하는 회의라는 말의 알파벳 약자를 따면 마침 COP Conference of the Parties 가 되어 경찰이라는 뜻의 영어 단어와 같아진다. 발음도 "캅"이라고 하면 입에 잘 붙는다. 그래서 보통 기후변화 대응을 위해 여러 나라들이 하는 회의를 캅 COP 이라고 부른다. 첫 번째 회의를 COP1, 두 번째 회의를 COP2라고 부르는 식이다. 한국어로는 "당사국 회의"로 번역하기도 한다.

현재 1990년대에 시작된 기후변화에 대한 당사국 회의는 꼬박꼬박 진행되어 2020년대에는 COP25를 넘었다. 세계 각국의 전문가들이 대규모로 모여 세계를 위협하는 큰 문제를 해결하겠다면서 스물다섯 번이나 회의를 했다는 이야기다. 그래서 과연 기후변화 문제가 완전히 해결되었을까? 그 사이에 진전이 없었던 것은 아니다. 그렇다고 지금까지의 성과에 마음이 차는 사람은 거의 없을 것이다.

COP1부터 COP25까지 진행되는 30년에 가까운 시간 동안 온실기체 배출량은 계속해서 늘어났고, 기후변화 문제는 점점 더 심각해졌다.

그레타 툰베리와
세번 스즈키

12세 캐나다 소녀의 일침

1992년 리우데자네이루의 지구정상회의에서 지속 가능한 발전이라는 말이 유행어가 되었을 때, 마침 세계 언론의 주목을 받은 인물이 세번 스즈키Severn Suzuki였다.

세번 스즈키는 12세의 캐나다 소녀로 일종의 어린이 대표단으로 지구정상회의 행사에 참여하기 위해 리우데자네이루에 온 인물이었다. 당시 지속 가능한 발전이라는 유행어를 쓰며 많은 사람이 공유했던 이야기는 지구라는 장소와 지구에 있는 자원들은 우리 후손으로부터 현재의 우리가 빌려 쓰고 있다는 것이었다. 그런데 바로 그 후손 입장을 대표할 만한 어린이였던 세번 스즈키가 텔레비전 화면에 등

장한 것이다. 스즈키는 지금 우리가 당장 잘 먹고 잘살기 위해 아무렇
게나 환경을 파괴하면, 우리 후손들은 큰 고통을 받을 것이므로 조심
해야 한다는 주장을 잘 전달해주었다.

지구정상회의에서 세번 스즈키가 한 연설 중에 특히 인기 있었던
말은 "고칠 줄 모른다면 망가뜨리는 것을 멈추십시오"였다. 이는 지
금의 어른들은 다 같이 긴 시간 활용해야 할 자연환경을 고칠 줄 모르
고 망가뜨리기만 한다는 지적이었다.

이 말은 현재까지 세상을 이끌어온 기성세대들이 잘못을 저지르고
있고, 후손들에게 피해를 끼치지 않으려면 이제부터라도 달라져야
한다는 점을 역설하기에 적합했다. 세상에 변화가 필요하다고 생각
하는 사람들, 지금 세상을 이끄는 사람들이 달라질 필요가 있다고 생
각하는 사람들에게도 힘을 주는 연설이었다. 어린이가 어른의 잘못
을 지적하고 꾸중한다는 구도 자체에도 극적인 강렬함이 있어서 눈
길을 끌었으며, 그러면서도 '후손을 위해 지속 가능한 발전'이라는 주
제와 정확하게 맞아떨어져서 정당하기도 했다. 세번 스즈키의 활동
은 세계에 널리 소개되었으며 그만큼 많은 인기를 끌었다.

그레타 툰베리는 되돌아온 세번 스즈키일까

세월이 흘러 2010년대 말, 기후변화에 대한 사람들의 생각에 누구
못지않게 큰 영향을 끼친 사상가인 그레타 툰베리Greta Thunberg가 등장

했다. 툰베리는 우리의 미래를 위해서 좀 더 적극적으로 기후변화에 대한 대책을 마련해야 한다면서 강한 주장을 펼쳐 주목을 받은 인물이다.

툰베리를 보고 많은 사람이 20여 년 전의 세번 스즈키를 떠올렸다. 많은 점에서 그레타 툰베리와 세번 스즈키는 닮았다. 다음 세대를 대표해서 현재 세대의 잘못을 지적한다는 구도로 자신의 생각을 펼쳤던 점은 물론이고, 10대 어린이라는 점까지도 일치했다. 그러니 예전부터 기후변화나 환경문제에 관심이 많았던 사람일수록, 그레타 툰베리의 활약을 보면서 1990년대 초의 세번 스즈키를 많이 떠올렸을 것이다.

비슷한 일이 두 번 벌어지니, 떨떠름하게 반응하는 사람들도 없지 않았다. 잊을 만해지니 같은 방식으로 또 어린이를 내세워 비슷하게 관심을 끌어보려는 것에 지나지 않느냐고 비아냥거린 사람들도 있었고, "그레타 툰베리가 다음 세대로서 지적하는 요즘 세대가 따지고 보면 그 옛날 세번 스즈키가 자라나서 어른이 된 세대 아닌가?" 하는 이야기도 들려왔다. 말하자면, 미래를 상징하는 새로운 세대라는 세대 역시 자라나 결국 별생각 없는 어른이 된 것은 마찬가지라는 식의 감상을 이야기한 사람도 있었다는 것이다.

그러나 나는 그렇게 두 사람의 활동을 폄하하는 것을 옳지 않다고 생각한다. 세번 스즈키와 그레타 툰베리 사이의 차이에 초점을 맞추면 어떤 변화가 일어났는지 보다 분명히 알 수 있다.

1990년대의 세번 스즈키는 환경오염과 자연보호 전반에 걸쳐 넓은 영역의 문제를 지목했다. 그에 비해 그레타 툰베리는 기후변화 문제에 특히 집중한다. 이것은 좋게 생각해보면 시간이 흐르는 동안 자연을 함부로 파괴하는 일에 유의해야 한다는 점을 세상 사람들이 이제 모두 어느 정도 의식하게 되었다는 의미다. 또한 기후변화 문제는 그 사이에 쉽사리 풀리지 않아 이제 더욱 큰 문제로 부각되었다는 의미이기도 하다.

세번 스즈키가 그저 기특한 어린이 정도로 여기저기에서 화제가 되는 정도에 그쳤다면, 그레타 툰베리의 주장은 그 내용을 어디까지 얼마나 받아들일 수 있는가를 두고 논쟁이나 토론이 벌어지기도 했다. 세번 스즈키는 지구정상회의라는 한 행사를 결정적인 계기 삼아 주목을 받았다면, 그레타 툰베리는 스스로 꾸준히 활동하며 세간의 주목을 받아 점차 부상한 인물이라는 차이도 있다. 이제 툰베리의 주장을 두고, 그냥 착한 어린이가 하는 뭉클하고 좋은 이야기로 듣고 넘기는 시대가 아니라, 세상을 어떻게 바꾸어가느냐에 대한 현실적인 고민거리로 여기는 시대가 되었다는 생각이다.

20여 년에 걸쳐 어린이 두 사람이 비슷한 이유로 화제가 된 것을 두고, 그 20여 년 동안 좀 더 세상이 바뀔 수 있었는데 아직 충분히 바뀌지 못했다는 의미를 품고 있다는 평가를 내릴 수도 있을 것이다.

지구는 괜찮아, 우리가 문제지

IPCC와
교토의정서

가장 영향력 있는 기후 보고서

지구정상회의 이후 처음으로 기후변화에 대해 여러 나라 사람들이 논의하기 위해 열린 회의, 그러니까 COP1은 1995년 베를린에서 열렸다. 이 회의에서는 앞으로 어떤 식으로 회의를 열면 좋을지, 어떤 식으로 팀을 만들어 일하면 좋을지에 관해 의논했다. 기후변화를 막기 위해 무슨 행동을 할지 구체적인 합의를 한 것은 아니었지만, 앞으로 꾸준히 회의를 이어가면서 차차 일해나가면 잘될 거라는 희망을 품기에는 충분했다.

두 번째 회의, COP2는 제네바에서 열렸다. 이 회의 이후로 IPCC라는 국제기구가 지금과 비슷한 역할을 맡게 되었다. IPCC는 지금까지도 활동을 이어오며 기후변화에 대한 보고서 중에 가장 영향력 있는 보고서를 발표하고, 연구와 조사를 진행해 세계가 어떻게 변해야 기후변화가 우리에게 주는 피해를 줄일 수 있을지 말해준다. 그 자료에 따라 세계 여러 나라가 회의를 해서 대책을 마련하고 실행에 옮기는 것이 계획이었다. 이것은 괜찮아 보이는 계획이고 해볼 만한 방법 같다. 다들 그렇게 희망을 품었던 시점이 1996년 무렵이니 벌써 25년 전이다.

그 해볼 만한 방법이 지난 25년 동안 잘 통하지 않았다.

영 쉽지 않을 것 같다는 느낌이 드는 일도 있었다. 한때 온 나라가 기후변화 대책을 마련하기 위한 공통의 법을 만들고, 기후변화를 막기 위한 세계 공통의 법령을 온 세계가 똑같이 지켜보자는 발상이 나왔던 적도 있었다. 그런데 COP2 무렵 그런 법령은 너무 비현실적이기 때문에 포기해야 한다는 결론이 나왔다. 비현실적이라고 할 만한 이유는 있었다. 나라마다 법의 종류가 다르고 법을 운영하는 방식이 달랐고, 나라마다 경제 여건이나 개발 상황이 다르다는 문제도 컸다.

예를 들어, 온실기체를 너무 많이 배출하는 사람에게 1억 원의 벌금을 부과하자는 법령을 만든다면, 1억 원 정도는 큰돈이 아니라고 생각하는 부유한 나라 사람들은 별 제약 없이 법을 어길 것이고, 1억원이 너무나 큰 금액이라고 생각하는 가난한 나라에서는 지나치게 강한 처벌이라고 여길 것이다. 대체로 부유한 나라일수록 연료도 내키는 대로 많이 태우므로 온실기체를 많이 배출하는 경향이 있다는 사실을 생각하면, 문제의 원인인 부유한 나라 사람에게 더 부담이 없는 이런 법령은 거꾸로 가는 괴상한 제도가 된다.

처음 세계 공통의 기후변화 대응법을 만들겠다고 결심한 사람들이 이 정도 문제조차 고민하지 않은 것은 아니다. 그러나 세밀하게 문제를 따지면 따질수록, 공통의 법을 만든다는 것은 고려할 점이 너무 많고 어려운 문제였다. 그런 법을 만드느라 시간을 보내는 동안 당장 기후변화는 더 진행된다.

그래도 COP2 무렵 세계 여러 나라 사람은 어찌되었건 서로 협력해서 법령 비슷한 것을 정해두고 그것이 강제력, 구속력이 있도록 운영해보자는 데까지는 합의할 수 있었다. 기후변화를 막기 위해서 대책을 세우고 나면, 그 대책을 따르지 않는 나라, 따르지 않는 사람은 처벌하거나 불이익을 주자는 데 대체로 동의했다. 그렇게 다들 기후변화 대책을 지키고 따르도록 하면 기후변화를 막아볼 수 있지 않겠냐고 생각한 것이다.

교토의정서, 원대한 꿈을 위한 출발점

그리하여 그다음 회의인 1997년 COP3에서 등장한 것이 그 유명한 교토의정서Kyoto Protocol였다. 교토의정서는 20세기 내내 기후변화 문제에서 가장 많이 언급된 협약이다.

교토의정서는 온실기체 배출이 심해져서 기후변화가 일어나는 것에 조치를 취하기 위해 여러 나라가 함께 노력할 방법을 일본의 교토에서 협의한 내용이다. 구체적으로 선진국들이 1990년에 배출한 이산화탄소 배출량보다 5.2퍼센트 적게 이산화탄소를 배출하자는 목표를 정하기도 했다. 이 당시 한국은 선진국에서 빠져 있었다.

그런데 교토의정서에서 정한 목표는 기후변화를 멈추거나 되돌리기에는 무척 부족해 보이는 목표였다. 계산 방식이 다르기는 하지만, 최근 파리협정 이후 한국은 이산화탄소 배출량을 24.4퍼센트 줄이겠다는 목표를 내세웠다. 적어도 1990년대의 선진국들보다 2020년의 한국이 더 큰 폭으로 이산화탄소 배출량을 줄이겠다는 의지를 보였다고 이야기할 수 있겠다. 교토의정서의 내용은 정말로 이대로만 하면 기후변화를 멈출 수 있고 모든 문제가 바로 해결된다는 계획이라기보다는, 뭐라도 일단 다 같이 시작을 해야 그에 맞춰서 일을 진행해 나갈 수 있으니 최소한 첫걸음이나 디뎌보자고 협의한 쪽에 가깝다.

그래도 그 정도만으로도 당시에는 상당히 의미 있는 일이었다. 당시 교토의정서에 참여하겠다고 했던 나라들은 190개국을 넘었다. 이 정도면 전 세계 거의 모든 나라가 나섰다는 이야기다. 비록 거창한 모양새에 행동의 크기가 어울렸냐고 비판할 수는 있겠지만, 그래도 전 세계 모든 나라가 인류 전체가 맞은 문제를 해결하기 위해 다 같이 합심한다는 뜻은 알아볼 수 있는 훌륭한 협의였다.

일단은 시험 삼아 달성하기 쉬운 목표로 교토의정서를 실행에 옮기지만, 실제로 일을 해나가면서 점차 더 효과적이고 현실적인 방법을 만들어가면 점점 더 본격적으로 기후변화를 막아내는 미래를 꿈꾸어볼 수 있었다. 때문에 교토의정서가 나온 1990년대 후반에는

21세기에는 세계가 단결해 온실기체 배출을 줄이기 위해 노력하고, 과거와는 다른 방식으로 전기를 만들고 에너지를 소비하는 것은 물론, 세계의 문화가 변해갈 것이라는 전망이 유행하기도 했다.

그러나 그 꿈은 머지않아 산산이 깨졌다.

탄소배출권거래제와
공유지의 비극

　기후변화에 대한 여섯 번째 당사국 회의인 COP6까지만 해도 무엇인가 일이 진행될 가능성이 보였다. 이 무렵 사람들은 기후변화 문제를 해결하기 위해, 과거에 비슷한 문제를 해결하는 데 성공적이었던 방법들을 활용하고자 노력하고 있었다. 나는 이 시기에 크게 두 가지 방법을 시도했다고 정리해보고 싶다.

과거에서 가져온 두 가지 해결책

　첫째, 기술 개발로 옛날 기술을 대체해서 문제를 해결한다는 발상이 있었다. 이산화탄소를 너무 많이 배출하는 기계를 개선해서 덜 배

　　　　　　　　　지구는 괜찮아, 우리가 문제지

출하도록 바꾸면 그만큼 공기 중으로 뿜는 이산화탄소의 양은 줄어든다. 그러면 온실효과가 줄어들고 기후변화를 막을 수 있다. 이런 방법이 개발되고, 법이나 제도를 통해서 예전 기계는 쓰지 못하게 막고 새로운 기계를 쓰도록 강제하면, 그만큼 전 세계 이산화탄소 배출은 줄어들 것이다.

이런 방법은 다른 문제에서 성공을 거둔 적이 있었다. CFC, 그러니까 프레온가스를 금지할 때 이 수법이 먹혔다. 프레온가스라는 물질을 배출하면 지구의 오존층이 파괴되어 자외선이 너무 강해져서 사람들이 피해를 입는다. 그렇기 때문에 세계 각국은 프레온가스 대신 다른 물질을 사용하자고 서로 약속했다. 프레온가스는 국제적으로 금지되었고, 사람들은 다른 물질을 사용해야만 했다. 곧 오존층이 파괴되는 문제는 해결되기 시작했다. 이렇게 성공을 거둔 방식을 이산화탄소에 대해서도 적용하면 될 거라고 생각한 것이다.

둘째, 이산화탄소를 덜 배출한 사람은 돈을 주고 이산화탄소를 더 배출한 사람은 돈을 내게 하는 제도를 만든다는 발상이 있었다. 즉 이산화탄소를 배출할수록 벌금 같은 것을 내게 하자는 이야기였다.

그러면 이산화탄소를 덜 배출할수록 돈을 버는 셈이니까 다들 덜 배출하기 위해 노력할 것이다. 이산화탄소를 더 배출한 사람은 돈을 아끼기 위해 어떻게든 덜 배출할 방법을 개발할 것이다. 나아가 덜 배출한 사람이 이산화탄소를 배출할 권리를 더 배출한 사람에게 돈을 받고 팔 수 있게 하자는 발상도 있었다. 그러면 자연히 이산화탄소를 덜 배출한 사람은 돈을 벌 수 있고, 더 배출한 사람은 합당한 대가를 치르느라 돈을 내게 된다. 이것이 이산화탄소배출권거래제도, 줄여서 탄소배출권거래제다. 이 제도는 현재 국내에서 실제로 시행되어 상당한 영향을 미치고 있기도 하다.

이 제도는 사람들이 돈을 더 벌기 위해 궁리하고 경쟁하는 과정에서 자연스럽게 서로 이산화탄소 배출을 줄이기 위해 노력하고 새로운 생각을 개발하게 만든다는 점에서 인기가 있었다. 다시 말해, 가격, 경쟁, 시장 같은 보이지 않는 손의 마력이 저절로 사람들을 움직여 이산화탄소 배출을 줄이도록 이끈다는 생각에 가깝다.

미국에서는 이와 비슷한 제도가 좋은 평가를 받은 적도 있었다. 1990년대에는 세계적으로 산성비가 심각한 문제로 자주 이야기되었다. 산성비는 연료를 태울 때 연기 성분에서 이산화황sulfur dioxide 등의 산성물질을 만들어내는 물질이 많이 나와서 빗물도 산성을 띠는 현상이다. 이 문제는 2020년대에는 1990년대만큼 심각한 문제로 취급되지 않는다. 미국에서는 산성비를 줄이기 위해 사람들이 자발적으로 이산화황을 줄이게끔, 황을 많이 배출하는 사람은 돈을 내고 황을 적게 배출한 사람은 돈을 얻는 황배출권거래제도를 개발한 적이 있었다. 그러니까 배출을 많이 하는 사람에게는 벌금을 매기고, 이산화황 배출을 줄이는 사람에게는 상금을 주는 것과 비슷한 방식을 시행했다는 이야기다. 사람들은 이산화황에 적용했던 방식을 이산화탄소에도 적용하면 될 거라고 생각했다.

이런 방법들은 그럴듯해 보였다. 다른 문제를 해결하는 데 효과적이었던 직도 있고, 실세로 잘만 적용한다면 괜찮은 해결책이기 때문에 지금까지도 주목을 받고 있기도 하다. COP6 회의에서는 특히 "유연한 방식flexible mechanism"이라는 말이 유행했다. 이 말은 이산화탄소 배출을 줄이기 위해 그저 예전보다 연료를 덜 쓰고 전기를 덜 쓰고 아끼는 방식으로 버티기만 하지 말고 유연하게 다른 방식도 좀 알아보자는 뜻이다. 앞서 이야기한 대체 기술을 개발하는 방법, 이산화탄소에 돈을 걸어두는 방법은 이런 유연한 방식과 통한다.

그러나 생각보다 두 방법이 쉬운 해결책이 되지 못했다.

이산화탄소는 달랐다

우선 이산화탄소를 많이 배출하는 기계를 대체하는 기술을 개발하는 것이 말처럼 쉽지 않았다. 자세히 들여다보니 이산화탄소를 줄이는 문제는 프레온가스를 대체할 물질을 개발하는 것과는 아예 격이 다른 문제였다.

프레온가스는 사용되는 용도가 그다지 많지 않다. 가장 중요한 용도는 냉장고나 에어컨처럼 온도를 낮추는 물건에 사용하는 것이었고, 그 외에는 스프레이에 사용되는 정도였다. 프레온가스 없이 이런 제품을 만들 수 있는 기술만 개발하면 그것으로 문제는 끝이었다. 게다가 이런 산업은 우리 생활에서 차지하는 비중이 압도적으로 크지도 않다. 에어컨을 만드는 회사가 망하거나 스프레이를 만드는 회사가 영업을 하지 못해도 세계 경제가 단숨에 무너지지는 않는다.

그러나 이산화탄소를 배출하는 기계는 너무나 많다. 세상 거의 모든 곳에서 이산화탄소는 발생한다. 지금으로부터 수십만 년 전 사람이 불을 피우는 방법을 개발한 직후부터 사람은 계속 이산화탄소를 배출해왔다. 연료를 태워 동작하는 모든 기계, 모든 자동차, 모든 배, 모든 비행기가 전부 이산화탄소를 배출한다. 이런 장비들을 대체하는 기술을 다 개발하는 것은 너무나 어려운 일이었다.

게다가 오존층 파괴 문제를 해결하기 위해 프레온가스를 금지할 시기에는 이미 프레온가스를 대체할 물질이 개발되어 있었다. 스프레이에는 그냥 공기를 충분히 압축해서 넣기만 해도 비슷한 효과가 났고, 냉장고나 에어컨용 프레온가스 대체 물질도 이미 개발된 상태였다. 당장 프레온가스를 금지해도 사람들에게는 방법이 있었고, 프레온가스를 금지했더니 배출도 멈췄다. 그에 비해, 이산화탄소를 내뿜지 않고 기계를 작동시키거나 자동차를 움직이는 기술은 실용화되지 않은 시대였다. 당장 이산화탄소 배출을 금지하면 아무 기계도 사용할 수 없는 세상이 될 판이었다.

배출권거래제도로 문제를 해결하는 것 역시 쉽지 않았다.

배출권거래제도에서 가장 골치 아픈 점은 이산화탄소 배출 문제는 한 나라에서만 노력한다고 되는 것이 아니라 여러 나라가 협력해야 한다는 데 있었다. 이산화탄소 배출을 많이 하는 사람에게 돈을 내게 하고, 배출을 적게 하는 사람에게 돈을 주는 제도를 누가 강제하고 관리할지가 애매했다.

정부에서 책임지고 단속하고 조사하고 처빌한다면, 한 나라 안에서는 어떻게든 제도를 이끌어나갈 수 있을 것이다. 그러나 한 나라의 정부가 다른 나라에서 벌어지는 일을 관리하기란 어렵다. 이웃 나라 강대국 국민이 이산화탄소 배출을 많이 해도, 그 강대국 정부의 협조가 없으면 다른 나라에서 돈을 내라고 해봐야 돈을 받아낼 수 없다. 옆 나라 국민이 돈을 안 낸다고 버텨도 감옥에 가둘 수 없다. 강대국이 멋대로 이산화탄소 배출을 많이 한다고 해서, 기후변화로 인한 가뭄이나 홍수로 피해를 입는 나라에서 특수부대를 강대국에 보내 그 나라의 총리나 대통령을 붙잡아 올 수 있겠는가?

이산화탄소를 비롯한 온실기체들은 눈에 보이지도 않고 측정하기도 어렵다는 점 역시 큰 문제였다. 예를 들어, 두 나라가 세계 전체를 위해 각기 이산화탄소 배출을 10퍼센트씩 줄이겠다고 약속했다고 해보자. 그런데 둘 중 더 국력이 강한 나라가 실제로는 이산화탄소 배출을 5퍼센트밖에 못 줄였는데도 10퍼센트 줄였다고 거짓말을 하기로 했다. 옆 나라에서 이 거짓말을 눈치챌 수 있을까?

이런 거짓말은 약속을 어기는 일이고 기후변화를 막기 위한 노력을 무너뜨리는 일이다. 연말이 되어 약속을 지켰는지 확인할 때가 되면 두 나라 대표가 만나 우리가 줄인 이산화탄소 배출량이 이 정도라고 드럼통 같은 곳에 든 덩어리를 보여주고 서로 무게를 재보면서 확인할 수 있는 것도 아니다. 강대국이 약속을 잘 이행했다고 우기면 약소국은 그런가 보다 하고 믿을 수밖에 없다. 뭔가 속이는 것 같다고 해도 약소국이 강대국 정부를 수사하거나 뒤지고 다닐 수는 없는 노릇이다.

기후변화 대응의 시계를 멈춘 사건

　결국 2001년이 되어, 일곱 번째 회의인 COP7이 열렸을 때 완전히 판이 뒤집어지고 말았다. 세계 최고의 강대국으로 가장 큰 영향력을 가진 나라이자, 2001년 당시 가장 많이 이산화탄소를 배출해서 기후변화 문제에도 가장 큰 영향을 끼치고 있던 미국이 교토의정서를 공식적으로 승인하지 않겠다고 발표한 것이다.

　이 순간을 지금까지도 기후변화 문제 대응에서 가장 안타까운 순간으로 지목하는 사람들이 많다. 미국은 최고의 선진국이자 강대국이니, 스스로 어느 정도 손해를 보면서라도 "기후변화를 막아내기 위해 다 같이 희생하자"라고 강하게 주장하며 다른 나라들을 이끌었어야 교토의정서가 힘을 얻을 수 있었다. 그래야만 다른 나라들이 미국 같은 강대국의 눈치를 봐서라도 기후변화를 막기 위해 애를 쓸 것이었다. 그런데, 가장 영향력이 큰 나라이자 이산화탄소 배출도 가장 많은 나라가 스스로 교토의정서를 무시하는 행동을 한다면, 다른 모든 나라에게 어차피 다들 교토의정서를 무시하는구나 하는 느낌을 줄 수밖에 없다. 기후변화를 막기 위해 노력하던 세계 각국 사람들은 힘이 빠진다.

　이렇게 강대국이 참여를 미루는 것은 기후변화 문제 해결의 길을 막는다. 다른 나라들이 이산화탄소 배출을 줄이기 위해 돈도 들이고 힘도 들이고 안 쓰고 안 먹고 안 입고 절약해가며 아무리 노력해도, 그 틈을 타서 신나게 강대국 몇 나라가 이산화탄소 배출을 늘려버리면, 지구 전체로 봐서는 달라지는 것이 없다. 힘겹게 이산화탄소 배출을 줄인 나라들만 손해다. 그러니 손해라도 보지 않으려면 같이 이산화탄소 배출을 늘리는 수밖에 없다.

즉, 잘 알려진 대로 기후변화 문제는 대표적인 공유지의 비극the tragedy of the commons이고, 죄수의 딜레마prisoner's dilemma다. 그 때문에 해결하는 방법이 엉켜 있다. 나는 2010년대 중반에 서울 시내 한 대학교에서 열린 과학기술 정책 세미나에 참여했다가 한국에서 기후변화와 가장 밀접한 관련이 있다고 할 만한 기관의 담당자 분께서 하시는 이야기를 들을 기회가 있었다. 나는 그분께 기후변화 문제에 대해 어떻게 생각하느냐고 질문했는데, 그분이 처음 이야기를 꺼내면서 가장 먼저 하신 말씀이 다름 아닌 "기후변화 문제는 죄수의 딜레마다"라는 지적이었다.

모든 나라가 서로 배신하지 않고 같이 나서서 애를 쓰면 기후변화의 피해는 줄어들 것이고 모두에게 가장 큰 도움이 되는 최고의 결과를 얻을 수 있다. 이산화탄소는 실제로 줄고, 기후변화의 피해도 줄어든다. 그러나 다른 나라가 실질적으로 희생하지 않고 있는데 혼자서 기후변화를 막기 위해 나선다면 얻는 것은 없고 오히려 그 나라만 손해를 보게 된다. 내가 이산화탄소를 줄여봐야, 옆 나라들이 배신하고 이산화탄소 배출을 늘리면 소용이 없다. 내가 혼자 이산화탄소를 줄이는 데 돈을 쓰며 애쓰는 동안, 옆 나라들은 그 돈을 다른 용도로 잘 써서 내 나라보다 더 풍요롭고 강력한 나라가 되어 장차 내 나라를 압박할 것이다. 이런 식이니 그냥 혼자서 열심히 해서는 기후변화 문제가 저절로 풀리지가 않는다.

모두가 공유하는 초원이 있다면 다들 이 공유지에 양을 풀어놓고 풀을 뜯게 할 것이다. 그러다 풀을 너무 많이 뜯어 먹으면 풀이 더 자라나지 못할 정도로 없어져서 초원이 망가질지 모른다. 그렇다면 다 같이 양이 풀을 지나치게 뜯어 먹지는 못하도록 막아야 오래오래 양이 공유지 초원의 풀을 먹을 수 있다. 나 혼자만 먼저 나서서 양보하는 것은 소용이 없다. 다른 양 주인들은 그 틈에 자기 양에게 더 많이 풀을 뜯어 먹게 할 가능성이 높고, 그러면 어차피 공유지의 풀은 곧 전멸한다. 그럴 바에야, 이대로라면 공유지는 파괴된다는 것이 눈앞에 보여도 그냥 내 양에게 최대한 풀을 먹이는 게 낫다.

기후변화 문제에서는 일부러 설명하려고 만든 예시라도 되는 것처럼 이런 공유지의 비극 현상이 너무나 뚜렷이 나타난다. 특히 이산화탄소를 줄이는 작업은 다른 모든 산업의 바탕인 연료와 전기 사용을 힘들게 할 수 있다. 국민들이 생활하며 접하는 기본 물가도 오르기 쉽다. 그러니 몇몇 나라가 괜히 기후변화를 막기 위해 나서봐야 그 나라들만 모든 면에서 휘청거리게 될 가능성이 높아진다.

미국은 왜 교토의정서를 거부했나

미국 입장에서는 COP7 무렵의 상황에 자신들이 불만이 있을 만하다고 여겼을 것이다.

지구는 괜찮아, 우리가 문제지

이 무렵은 이미 21세기가 시작된 이후로, 중국과 인도 같은 개발도 상국의 경제력이 충분히 성장한 시기였다. 교토의정서가 처음 등장할 무렵만 하더라도 개발도상국들이 그렇게까지 빨리 성장해서 많은 연료를 태우며 이산화탄소를 많이 배출하게 될 줄은 몰랐다. 과거에 선진국들은 개발도상국 사람들은 자동차도 타지 않고 전자제품도 별로 쓰지 않으면서 상당히 오랫동안 가난하게 살 거라고 막연히 짐작했다. 그 예상은 빗나갔다. 중국과 인도로 대표되는 개발도상국들은 그새 빠르게 성장해서 어느 정도 돈도 있고, 그런 만큼 연료도 많이 태우며 이산화탄소도 많이 배출하는 나라로 변해 있었다.

그렇지만 여전히 이 나라들은 교토의정서에서는 개발도상국이었다. 아무런 부담을 지지 않는다. 경쟁 상대가 될 중국은 이산화탄소를 줄이기 위해 아무 노력도 하지 않고 편안하게 더 풍요롭게 살고자 하는데, 미국은 선진국이라는 이유로 부담을 지는 형국을 미국인들이 싫어할 만했다.

이런 입장은 다른 선진국들도 공감할 만한 것이었다. 부유한 선진국이라도 나름대로 자기 나라 일자리가 줄어드는 것을 걱정하고 자기 나라 회사들이 더 성장해나가기를 바란다. 그런데 빠르게 성장하는 개발도상국들이 선진국을 추격하며 경쟁력을 키우고 있다. 그러므로 선진국 회사들은 중국이나 인도 회사들의 추격을 따돌리기 위해 뭐든 하려고 애쓴다.

기후변화를 방어하기 위해 교토의정서를 따르다 보면, "이산화탄소 배출을 줄이기 위해서 공장 가동을 가끔씩 중단하라" 같은 지시가 내려올 수도 있는 일이었다. 정말 그런 일이 생기면 선진국 회사들은 공장 운영이 힘들어진다. 그 사이에 아무 의무가 없는 개발도상국 회사들은 재빨리 공장을 돌려서 더 싸게 많이 만들 것이다. 그러면 선진국 회사들은 따라잡히고 뒤처지게 된다. 회사는 어려워지거나 망한다. 선진국의 일자리는 줄어든다.

강대국들 중에는 미국, 러시아, 영국, 캐나다처럼 석유, 천연가스 등을 태워서 이산화탄소를 많이 발생시키는 제품을 팔아 돈을 버는 곳들도 많다. 교토의정서 때문에 선진국이 돈을 벌 기회를 잃으면, 그 사이에 새로운 강대국으로 떠오르는 개발도상국들이 그만큼 더 강해진다. 그런 변화를 선진국들은 경계했을 것이다.

한편으로는 정반대 시선도 있다. 지금 와서 돌아보면 미국 입장에서는 다른 선진국들과 인구 구조가 다르다는 점도 고민거리였을 법하다.

21세기에 접어들면서 일본, 독일, 영국 같은 주요 선진국들은 나라의 인구가 감소하는 것을 예상했다. 교토의정서와 같은 제도에서 인구가 감소하는 것은 대단히 유리하다. 한 사람이 먹고 살고 생활하기 위해 연료를 태우고 전기를 사용하는 과정에서 발생하는 이산화탄소 양이 어느 정도로 정해져 있다면, 인구가 줄어들면 별 노력을 안 해도 저절로 그 나라의 전체 이산화탄소 배출량은 줄어든다. 한 사람당 태우는 연료의 양이 더 늘어나고 써 없애는 전기의 양이 더 늘어난다고 하더라도, 인구 자체가 충분히 많이 줄어들기만 하면, 그 나라의 이산화탄소 배출량 합계는 저절로 줄이든다.

그러니 유럽의 선진국들은 그냥 사는 방식을 그대로 유지하기만 해도, 인구가 줄어들기 때문에 저절로 이산화탄소 배출량도 줄어든다. 별다른 기술을 개발하지 않고 예전보다 더 풍족하게 살면서도 인구가 줄어드는 것만으로 기후변화를 막기 위해 해야 할 일을 충분히 하고 있다고 자랑할 수도 있다!

그에 비해 인구가 늘어나는 개발도상국들은 훨씬 더 가난하고 더 적은 연료와 더 적은 전기를 사용하면서 살지만 전체 인구가 늘어나는 바람에 이산화탄소 배출량이 늘어날 수 있다. 그런 개발도상국들을 향해 선진국들이 "우리는 이산화탄소 배출을 잘 줄였는데 너희들 때문에 지구의 온실기체가 많아졌다"면서 비난하고 따질 수도 있다. 계절이 바뀔 때마다 열대의 휴양지를 찾아 비행기를 타고 여행을 다니는 부유한 선진국 사람이, 손으로 밭을 갈며 당장 먹고 살 곡식을 기르느라 1년 내내 바쁜 개발도상국 사람에게 "지구가 망하는 것은 너 때문이다"라고 도리어 화를 낼 수 있다는 이야기다. 이런 비난을 듣는 개발도상국 국민들은 불만을 느낄 수밖에 없다. 2020년 시점에서 적지 않은 개발도상국에서 인구가 늘어나고 있는 것은 출생이 많기 때문이라기보다는, 가난에서 벗어나고 의학 기술이 퍼져나가면서 드디어 수명이 점차 늘어나 선진국 국가들과 가까워지고 있기 때문이다. 이산화탄소 배출을 줄이기 위해, 개발도상국 국민들은 선진국 국민만큼 오래 살지 말고 예전처럼 일찍 목숨을 잃는 것을 감내하라고 할 수는 없지 않은가?

이 문제에서 묘하게도 미국은 선진국이면서도 인구가 증가하는 개발도상국들과 입장이 같다. 미국은 선진국 중에서는 드물게도 인구가 꾸준히 증가 중인 나라다. 나라 전체의 이산화탄소 배출량을 계산해보면 다른 나라와 같은 노력을 기울여서는 늘어날 수밖에 없다. 그러니, 미국은 선진국 입장과 개발도상국 입장 양쪽에서 교토의정서를 싫어할 이유를 갖고 있는 나라였다.

여기에 더해, 2001년 9·11 테러가 발생하면서 미국 정치계에서는 이렇게 미국 스스로 위험에 처했는데 다른 나라를 위해 희생할 수는 없다는 미국 중심주의 정서가 좀 더 강해졌다. 지구정상회의에서 시작되어 "아픈 지구를 지키고 북극곰을 구하자"는 식으로 선전되었던 교토의정서는 당장 급하지 않은 고상한 꿈 같은 취급을 받지 않았나 싶다.

2001년에 교토의정서가 미국의 거부로 이렇게 꺾여버린 후, 교토의정서를 다시 부활시키겠다고 앞장서서 진지하게 노력한 다른 나라는 거의 없었다. 예를 들어서 캐나다도 어느 날 갑작스레 교토의정서에서 물러나버렸다. 여러 가지 이유를 설명해볼 수 있겠지만, 캐나다에서 셰일shale 가스가 발견되어 좋은 사업 수단이 되면서 그만큼 연료를 더 많이 파내어 많이 쓰는 것이 캐나다 경제에 유리해졌다는 점을 무시할 수는 없다.

녹색기후기금과
파리협정

2001년 이후 기후변화에 대한 회의는 한동안 기운이 빠진 채 운영되었다. COP8, COP9, COP10이 계속해서 열렸지만, 이 시기 당사국회의는 그 전의 회의들에 비해서는 주목도 덜 받았고 큰 변화도 없었다. 발전이 없었다고야 할 수는 없다. 기후변화가 점점 더 심각한 문제가 되어가고 있다는 연구 결과는 계속해서 꾸준히 나왔다. 그러나 그런 위험을 막아낼 큰 변화보다는, 언제쯤 미국이 다시 교토의정서에 참여한다고 할까, 혹은 교토의정서를 대체할 새로운 무엇인가가 등장하지 않을까 하는 정도의 이야기가 화제가 되곤 했다.

2006년에 열린 COP12 때에는 BBC의 리처드 블랙Richard Black이 통렬하게 회의 참가자들을 비난하는 기사를 내기도 했다. COP12는 아프리카의 나이로비에서 열렸다. 나이로비는 차를 타고 아프리카 평원의 야생동물이 사는 모습을 보는 관광 상품을 즐길 수 있는 곳으로 유명하다. 그런데 세계 각지에서 기후변화 당사국 회의를 하겠다면서 모인 대표자, 담당자가 회의가 끝나면 야생동물 관광을 하며 노는 모습을 자주 보였던 것이다.

기사는 이들을 "기후 관광객"이라고 비판했다. 별로 성과도 없어 보이는 회의를 하면서, 회의 참석자들이 동물 구경 같은 관광에만 더 열을 올린다고 암시한 것이다. 세계 각지에서 회의를 위해 사람들이 모이면, 그 사람들이 타고 오는 비행기가 날아다니면서 막대한 양의 이산화탄소를 배출할 수밖에 없다. 이것은 기후변화에 안 좋은 일이다. 정작 기후변화 회의에서는 뚜렷한 결과가 나오지도 않는다. 그렇다면 슬퍼하고 괴로워해야 하지 않을까? 그런데 회의 담당자들이 즐겁게 야생동물 구경에 심취하는 모습이 눈에 뜨였으니, 못마땅하게 바라보는 기사가 나올 만했다.

또 한 번 무산된 시도

세월이 흘러 2009년 COP15 무렵이 되어서는 이대로는 안 되겠다면서 다시 무엇인가 행동이 필요하다는 분위기가 생겼다. 당시는 미국에서 버락 오바마가 대통령에 당선된 지 얼마 지나지 않은 시기라, 미국이 새로운 모습을 보여야 한다는 움직임이 강했던 때이기도 하다.

마침 이 무렵 한국도 환경보존과 기후변화 문제를 중시하는 것을 미래의 발전 방향으로 삼아야 한다면서 정부가 다양한 홍보 정책을 펼쳤다. 한국 정부에서 "녹색 성장"이라는 말을 유행시키려고 자주 언급하던 시절이었다. 이 시기에 시내의 빌딩에서 근무한 사람이라면 여름철에 이산화탄소 배출을 줄여야 하니 냉방을 너무 세게 하지 말라고 정부에서 말하고 있다면서 이런저런 이야기를 나누던 기억을 떠올릴 수 있을 것이다.

건물이 좀 크면 같은 건물에서도 어떤 장소는 시원하고 어떤 장소는 더 더울 수가 있다. 때문에, 한 곳에서 측정한 온도만으로 냉방을 멈추라고 하면, 햇빛이 많이 들거나 바람이 잘 안 부는 장소에 있는 사람은 너무 덥게 된다. 그러니 COP15가 열리던 시기 전후로 한국에서는 유독 덥게 여름을 보내야 했던 사람도 있었을 것이다.

COP15는 덴마크의 코펜하겐에서 열렸다. 이번에야말로, 제대로 한번 기후변화를 막는 방법을 세계 여러 나라가 함께 만들어보자는 생각을 가진 사람들이 꽤 많았다. 한국 정부도 이런 분위기를 느꼈는지, COP15 때는 대한민국 대통령이 직접 회의장까지 가기도 했다.

그렇게 해서 2009년 회의에서는 특별히 전 세계 주요 25개국이 모여서 적극적으로 서로 의견 교환을 하면서 기후변화에 대응할 수 있는 새로운 방책을 만들기 위해 노력했다. 정확한 사정은 내가 알 수 없는 노릇이지만, 지켜보는 입장에서는 교토의정서의 한계를 극복하기 위해서 그런 방식으로 회의를 했던 것이 아닌가 싶다. 선진국과 개발도상국으로 나누어 선진국에만 의무를 부여하고 개발도상국에는 의무가 없다면, 선진국과 개발도상국 사이에 편 가르기가 일어날 것이고 결국 어느 한쪽이 너무 손해라고 느끼면 판이 깨어진다. 그래서 COP15에서는 선진국뿐만 아니라, 덩치가 큰 개발도상국을 포함한 총 25개의 다채로운 나라가 힘을 합쳐서 새로운 무엇인가를 만들어 보고자 했다.

COP15의 25개국 합의는 긴 고생 끝에 거의 완성 단계에 도달했다. 잘만 했으면, 벌써 한참 전인 2009년에 교토의정서를 대체하고 새롭게 기후변화에 대응하는 움직임이 개시되었을지도 모른다.

그러나 이러한 움직임은 결국 성공하지 못했다. 이유로는 몇 가지를 꼽을 수 있다. 당시에는 회의 막바지에 주요 25개국에 포함되지 못한 나라들이 불만을 품었던 것을 이유로 지적하는 기사들이 나오기도 했다. 정확히 무슨 일이 있었는지에 대해서는 누구 입장에서 어떤 점을 중요하게 여기며 설명하느냐에 따라 이야기가 달라지겠지만, 한 가지 확실한 것은 교토의정서 이상의 무엇인가를 만든다는 시도는 2009년에 꽤 기대를 모았지만 다시 한 번 철저히 무너지고 말았다는 점이다.

한국에 상륙한 녹색기후기금

이번에는 뭐라도 될 것 같다는 느낌이 있었던 2009년의 COP15는 많은 나라에게 아쉬움을 남겼다. 그런 아쉬움 때문인지 COP15의 열띤 분위기를 타고 시도되었던 여러 곁가지 대책 중에 그럭저럭 성공한 것도 있다. 대표적으로 꼽을 수 있는 것이, 약자로 GCF라고도 부르는 녹색기후기금Green Climate Fund이라는 곳에서 돈을 모아서 관리한다는 계획이 개시된 것이다.

녹색기후기금이란 기후변화 문제에 본격적으로 대응하기 위해서는 돈이 많이 들 텐데, 여러 나라로부터 돈을 걷어서 기후변화 문제에 대응하는 데 쓰자는 발상으로 시작된 일이다. 그 돈을 걷고, 관리하고, 쓰기 위한 단체가 세워져야 했고 바로 그런 목적으로 만든 국제기구가 녹색기후기금이다.

당연히 녹색기후기금은 많은 돈을 관리하는 중요한 단체가 될 예정이었다. 그래서 녹색기후기금 본부를 어느 나라에 차려야 하느냐를 두고도 이런저런 경쟁이 있었다. 마침 이 시기, 한국 정부가 기후변화 문제에 활발히 활동한 것이 도움이 되었는지, 일이 잘 풀려서 녹색기후기금은 한국에 건설되는 것으로 결정되었다.

현재 녹색기후기금은 인천의 송도국제도시에 세워진 독특한 모습의 고층빌딩인 G타워에 입주해 있다. 송도국제도시는 바다와 갯벌을 메워서 만든 인공 도시로, 그 한가운데에 완전히 인공적으로 만든 센트럴 파크라는 공원이 있고, 커다란 연못도 만들어져 있다. 그 때문에 더욱 독특한 풍경을 만들어내는 지역인데, G타워는 바로 그 중심지에 자리 잡고 있어서 이 지역의 우뚝우뚝한 건물들이 만들어내는 묘한 분위기에 동참하고 있다. 참고로 UN의 군대인 UN군이 참전해서 같이 싸웠던 최초의 전쟁이 한국전쟁이고, 그 때문에 아직까지도 한국에는 UN군의 담당 군인들이 머무르고 있기도 하다. 그러면서도 긴 세월 동안 UN 조직의 기구가 한국에 본부를 두는 사례가 없었다. 녹색기후기금이 UN 산하 기구 중에 처음으로 한국에 자리 잡은 곳이다.

그런 만큼 당시 녹색기후기금이나 녹색기후기금이 자리한 G타워, 나아가 송도국제도시에 대해서 이런저런 이야기가 나왔다. 특히 선거철에는 이런 문제에 대해 정치인들이 과연 잘했느냐 못했느냐를 두고 논쟁이 벌어지기 마련이라, 녹색기후기금의 현실과 미래에 대한 이야기가 화제가 될 때도 있었다. 예를 들어, 녹색기후기금이 원래는 돈을 몇백 조 이상 모으게 될 거라고 떠들썩했는데, 생각보다 일이 잘 안 풀려서 덜 모이게 될 것 같지 않으냐, 혹은 반대로 녹색기후기금의 역할이 상당히 커지지 않았느냐 하는 말이 나올 때가 있다. 그리고 그렇다면 녹색기후기금이 한국, 인천, 송도국제도시에 과연 얼마나 도움이 될 것이냐를 두고 논쟁이 벌어진다.

구체적인 실적이나 전망은 그때그때 달라질 것이다. 그러나 녹색기후기금에 사람들이 품었던 한 가지 기대는 돌아볼 필요가 있다. 나는 녹색기후기금에 대한 기대에는 실제로 돈을 모아서 그만큼 투자하는 행동과 실행에 대한 기대가 반영되어 있다고 생각한다.

돈이라는 현실적이고 유용한 대책

현실적으로 기후변화의 피해를 줄여나가기 위해서는 아무리 살펴보아도 세계 여러 나라가 힘을 합쳐 돕는 수밖에 없다. 그러나, 막상

　　　　　　　지구는 괜찮아, 우리가 문제지

이런 문제에 대한 제도나 규정을 만들고자 하면 세계 여러 나라의 입장 차이 때문에 협동이 어려워지는 경우가 잦다. 특히 세상의 많은 일에 끼치는 영향이 큰 강대국들, 선진국들의 뜻에 따라 기후변화 문제는 이리저리 어그러지기 쉽다.

사람이 사는 데 꼭 필요한 생활용품들을 생산하는 거대한 공장을 생각해보자. 이런 공장을 운영하기 위해서는 기계를 돌려야 하고, 기계를 돌리면 연료를 태우게 되므로 막대한 이산화탄소가 배출된다.

선진국 회사들은 이런 거대한 기계장치를 이용하는 공장을 주로 개발도상국에 세운다. 개발도상국은 땅값이 싸고 개발도상국 노동자들은 힘들게 일하면서도 돈을 적게 받기 때문이다. 반면, 그 공장을 관리하고 운영하며 돈을 많이 받는 고위직 직원들, 임원들, 경영자들은 선진국의 본사 건물에서 일한다. 여기서 중요한 사실은 정작 돈을 많이 받는 사람들이 일하는 본사 건물에는 거대한 기계장치가 없으므로 딱히 이산화탄소 배출도 크지 않다는 점이다.

개발도상국의 공장이 가동되어 전 세계가 소비한다. 그렇게 번 돈 중에 많은 금액을 월급을 많이 받는 선진국의 직원들이 챙겨 간다. 현장에서 직접 공장 기계를 만져가며 고생하는 개발도상국 직원들은 회사가 번 돈 중에 적은 부분만을 임금으로 받는다.

그런 상황이 벌어지는데, 선진국의 기후변화 담당자들은 어쨌든 이산화탄소 배출량을 측정하면, 본사 사무실이 있는 선진국보다 기계장치와 공장이 있는 개발도상국이 이산화탄소 배출량이 많으니 개발도상국이 그 대가를 치러야 공평하다고 주장한다. 이산화탄소를 명목으로 개발도상국에 추가로 돈을 내라고 하는 것이다.

예컨대 탄소세, 기후변화 분담금 등 온실기체 배출에 대가를 치르게 하는 제도를 개발해서, 공장을 돌려서 힘들게 일하면서도 어떻게든 살아보겠다고 하는 개발도상국 사람들에게서 돈을 걷어 간다. 여기서 그렇게 걷어 간 돈으로 전기 자동차가 많은 나라의 이익을 보호하는 제도라는 비판이 나올 수 있다. 다시 말해서, 기후변화를 이유로 개발도상국에서 돈을 걷어 선진국의 이익을 보호하는 것에 불과하다는 이야기가 나올 수도 있다는 뜻이다. 현재 이 비슷한 효과를 끼치는 제도를 만들어 시행하려는 선진국들이 이미 있다. 기후변화에 대응해서 지구를 지키고 북극곰을 보호하기 위한 것이라고 하면 제도를 실시하기도 좋다. 그렇게 시행된 제도를 잘 이용하면 개발도상국의 공장 사람들이 힘겹게 일해서 번 돈을, 기후변화라는 명목으로 선진국들이 도로 가져갈 수 있게 된다.

물론 이런 문제가 생길 수 있다는 사실을 사람들은 잘 안다. 그렇기 때문에, 전 세계가 치밀하게 제반 사정을 따져서 더 좋은 제도를 만들고자 노력한다.

그러나, 그렇게 정교하고 까다로운 협상은 쉽지 않다. 그런 협상을 누군가 거부한다거나, 고집을 부린다거나, 이미 합의한 협상을 뒤엎으려 시도했을 때, 그 나라에게 압력을 가하거나 처벌을 가할 방법도 마땅치 않다. 세계적인 선진국과 강대국이 협상에서 나쁜 태도를 취한다고 해서, 전쟁을 일으켜 벌하겠다고 할 수 있겠는가? 세계 경제에서 큰 비중을 차지하는 선진국과 관계를 끊는다거나 경제 제재를 가한다고 하기가 쉽겠는가?

그러니 제도나 정책으로 협상하기는 어려운 상황에서 차라리 돈이라도 충분히 거두어놓고, 그 돈을 기후변화 대응에 유용하게 쓰기로 하는 편이 현실적인 대책일 수 있다는 이야기다.

각 나라들에게 어느 정도 돈을 국제기금에 내어놓으라고 하면, 한 번 낸 돈을 굳이 다시 빼앗아 가기란 쉽지 않다. 그러니, 거두어놓은 돈의 힘으로 무슨 일이든 해볼 수 있을 것이다. 다행히 돈에는 여러 가지 일을 벌릴 수 있고, 막을 수도 있는 힘이 있다. 예를 들어, 어느 개발도상국에서 화력발전소를 지으려고 한다면, 국제기금에서 화력발전소 대신 태양광발전소나 풍력발전소처럼 이산화탄소 배출이 적은 발전소를 지으면 돈을 주겠다고 제안할 수 있다.

파리협정의 탄생, 그 슬픔과 가능성

2009년의 COP15 이후, 세계의 기후변화 대책에서 마지막으로 큰 변화가 찾아온 것은 2015년 COP21, 파리에서 벌어진 스물한 번째 당사국 회의다. 이 회의에서 드디어 새로운 방식으로 기후변화에 세계 많은 나라가 힘을 모아 대응하는 방법이 채택되었다. 이것이 바로 "파리협정"이다. 참고로, 그렇다고 이 시점에서 1990년대 교토의정서가 명확히 폐기되거나 공식적으로 중단된 것은 아니다. 과거의 대응 방식인 교토의정서가 그대로 살아 있는 상당히 애매한 상황에서 새로운 파리협정이 탄생했다.

파리협정의 목표는 이산화탄소나 온실기체를 얼마 이하로 감축하는 것이 아니라, 지구의 평균기온 상승 정도를 "섭씨 2도보다 현저히 낮게" 유지하는 것이다. 즉, 사람들이 본격적으로 대량의 온실기체를 뿜어내어 기후변화를 촉발한 근현대로 접어들기 이전 시점에 비해 평균 온도가 너무 많이 올라가지 않도록 다들 노력하자는 이야기다. 그리고 그 목표가 섭씨 2도였다.

파리협정의 슬픔은 "섭씨 2도보다 '현저히' 낮게"라는 문구에서 엿보인다. 평균기온 2도 정도의 변화는 막대한 날씨의 변화를 가져온다. 특히 몇몇 나라는, 북극과 남극의 얼음이 많이 녹고 열 때문에 물 부피가 불어나는 만큼 극명한 변화를 겪게 될 것이다. 예를 들어, 한국에서는 "인도양에 있는 아름다운 섬나라 몰디브는 기후변화가 계속되면 점차 물에 잠겨 사라져버릴지도 모르니, 얼른 구경하고 와야 한다"는 이야기가 종종 유행하곤 한다.

온도가 얼마나 따뜻해져야 몰디브가 정말로 바다에 잠기는가 하는 것은 따지기 어려운 문제다. 하지만 다양한 기후변화의 피해에 민감하고 태풍이나 홍수의 피해에도 특히 취약한 몰디브 같은 섬나라 입장에서는 섭씨 2도의 변화는 대단한 큰 영향을 미친다. 그렇기 때문에 파리협정의 목표를 섭씨 2도가 아닌, 섭씨 1.5도로 해야 하지 않느냐는 의견도 상당히 강했다. 그에 비하면 한국을 비롯한 선진국들은 대체로 사계절이 뚜렷한 나라로, 전 국민이 여러 계절에 견딜 수 있을 만한 기술과 경제력을 갖추고 있고 여러 준비도 알게 모르게 많이 되어 있다. 때문에 몰디브에 비하면 좀 더 기후변화의 피해를 견딜 여력이 있다.

결국 몰디브 같은 나라들보다는 강대국들의 입장이 더 반영되어 목표는 섭씨 1.5도가 아닌 섭씨 2도로 정해졌다. 다만 섭씨 2도로는 위험하다는 목소리를 무시하면 안 되겠다는 양심의 가책 때문에, 그냥 "섭씨 2도보다 낮게"가 아니라 "섭씨 2도보다 현저히 낮게"를 목표로 삼겠다는 말이 만들어진 것이다.

파리협정은 그 목표를 지키기 위해서 나라별로 어떻게 행동해야 할지에 대해서도 종전의 기후변화 대책과는 다른 형식을 갖고 있다. 과거의 기후변화 협정에서는 나라별로 줄여야 할 이산화탄소 배출양을 정해주고 달성하지 못하면 처벌하는 방식이 되어야 한다는 생각이 기본이었다. 그것이 단순하고 쉽게 생각할 수 있는 방법이다. 그러나 스물한 번의 당사국 회의를 진행해오면서 수치를 정해주고 처벌하는 방식은 나라들 간의 다툼과 갈등을 불러일으킬 소지가 많다는 것을 사람들은 알게 되었다. 쉬운 방법이 의외로 막상 시행하기는 대단히 어렵기 마련이다.

그래서 파리협정에서는 놀랍게도 이산화탄소를 얼마나 줄여야 한다는 정해진 양이 없다!

파리협정에서는 그냥 나라별로 알아서 "섭씨 2도보다 현저히 낮게"라는 목표를 최대한 고려하여 각자 이산화탄소 배출을 줄이고 싶은 만큼 줄이면 된다. 이것은 운전 면허 시험에서 합격선이 따로 정해진 것이 아니라 몇 점을 맞을 것 같다고 내 입으로 말하고 그 점수만 넘으면 그냥 합격시켜준다는 것과 같다.

심지어 파리협정에서는 그 목표 수치를 달성하지 못해도 위반이 아니다. 달성하지 못했다고 해도 달성을 위해 최선을 다해 노력했다면 그것으로 협정 위반은 아니라고 되어 있다. 놀랍지 않은가? 그러니까 운전 면허 시험에서 합격선이 정해지지 않아서 내 마음대로 점수를 말하고 그 점수만 넘기면 되는데, 심지어 그 점수를 넘기지 못해도 열심히 공부했다는 사실만 밝힌다면 합격으로 쳐준다는 이야기다.

무슨 이런 목표가 다 있단 말인가? 그러나 이 괴상한 방식 속에 지금껏 기후변화 문제 대응에 실패해온 안타까운 경험이 다 녹아 있다.

만약 이산화탄소 감축 목표 수치를 정해주고 목표를 달성하지 못하면 벌금을 물리는 식으로 협정을 만들었다고 해보자. 그러면, 각 나라들은 서로 달성하기 쉬운 낮은 목표 수치를 얻기 위해서 다툴 것이다.

특히 힘이 있는 선진국들일수록 어떻게 해서든 자기들에게 유리한 방식으로 목표 수치를 정하는 방법을 개발하기 위해 싸울 것이다. 그러면 약소국, 개발도상국은 불리해진다. 게다가 이렇게 목표 수치 낮추기 경쟁을 하다 보면, 결국 전체적인 목표 수치도 너무 낮아질 수밖에 없다. 심각한 기후변화 문제를 해결하기 위해서는 이산화탄소 배출을 많이 줄여야 하는 것이 분명한데, 이렇게 협정을 만들다 보면, 세계 각국의 전문가들이 다들 이산화탄소 배출을 최대한 안 줄이는 목표를 세우기 위한 경쟁을 하게 된다. 이산화탄소 배출을 줄이기 위해 애써야 할 과학자, 기술자가 이산화탄소 배출을 안 줄이기 위한 주장을 개발하는 데 세월을 보내게 된다. 이래서는 결국 이산화탄소를 줄일 수 없다.

그래서 파리협정에서는 목표를 달성하지 못해도 처벌하지 않는다. 기후변화에 별 도움도 안 될 달성하기 쉬운 목표를 정해놓고 달성했으니 착하지 않냐고 할 필요가 없는 것이다. 대신에, 양심적으로 기후변화를 막기 위해 우리나라의 역할이라고 생각되는 만큼을 목표로 정하고 그 목표를 달성하기 위해 최대한 노력만 하면, 협정을 잘 지킨 것으로 인정해주겠다는 의미다.

파리협정은 기후변화 대응을 위해 전 세계가 다 같이 행동하는 것을 제발 좀 시작이라도 해보자는 의미에 가깝다. 그렇게 다 같이 기후변화 문제에 대해 고민하고 협동하는 일에 일단 발을 디뎌야만 앞으로 무슨 대책이건 세워볼 수 있지 않겠냐는 마지막 몸부림이다.

국제 협력의 미래

2015년 파리협정에는 세계의 거의 모든 나라가 참여했다. 그런데, 미국의 도널드 트럼프 대통령이 갑작스럽게 파리협정 탈퇴를 선언하면서 또 휘청거리기도 했다.

이번에는 미국 내부에서도 반발이 심했다. 공교롭게도 2020년 트럼프 대통령이 패배한 미국 대통령 선거 바로 다음 날이 미국의 파리협정 탈퇴가 처리되는 날이었다. 트럼프 대통령이 패배했는데도 미국은 파리협정에서 탈퇴한 엉성한 상태가 몇 달간 유지되었다. 그러다가 트럼프 다음으로 미국 대통령이 된 조 바이든이 파리협정 재가입을 추진하면서 다시 파리협정은 구색을 갖추게 되었다.

기후변화 대응을 위해 여러 나라가 서로 협상해온 전력을 돌아보면, 피해가 굉장히 커지곤 하는 문제인데도 나라 간의 입장 차이가 커서 잘 진전되지 않는다는 점을 알 수 있다. 한편으로는 복잡하게 돌아가는 기후변화 협상의 틀에서 상황을 제대로 따지고 반영하지 못한 나라들은 엉겁결에 큰 손해를 입기도, 멋모르고 남의 나라에만 유리한 제도를 따라가기도 한다는 점도 보인다.

때문에, 기후변화 대응은 한 나라의 기술, 산업, 경제개발을 잘 고려하면서 계속해서 따지고 계산하는 동시에 기후변화 문제에 실제로 큰 도움이 되는 방향을 잃지 않을 때에 길을 찾을 수 있다.

결국 과거에 기후변화가 문제가 되지 않았을 때 먼저 경제 발전을 이룩한 선진국들이 모범을 보이며 희생하는 태도를 보일 때에 세계가 제대로 협력할 수 있다. 선진국 사람들이 "우리는 자연을 사랑하는 고결한 사람이고 개발도상국 사람들은 열대우림을 파괴하는 무자비한 사람들이다"라는 태도를 취해서는 협력하기 힘들다. 특히 미국이나 중국 같은 경제 규모가 큰 강대국들이 기후변화 대응에 대한 의지를 갖고 이끌어나가야만 기후변화 대응을 다음 단계로 진전시킬 수 있을 것이다.

나는 결국 그 방향으로 세상이 바뀌어갈 것이라고 예상한다. 지난 1990년대, 2000년대에는 그냥 가만히 있으면 경제만 중시하는 사람들이 기후변화 대응은 거들떠보지도 않을 것이라는 한탄이 자주 들려왔다. 그런데 그런 고정관념이 2020년대 들어서 깨지고 있다. 이제는 미국이 기후변화에 대한 많은 기술을 축적했기 때문이다. 그래서 미국 분위기가 기후변화 대응의 방향에 맞게 흘러가고 있다.

덩달아 미국 못지않은 강대국인 중국 역시 과거와는 달리 기후변화에 대응하기 위한 준비에 상당히 힘을 쏟는다.

중국은 태양광발전용 부품을 전 세계에 공급한다. 중국 국내의 다른 산업 분야에서도 전기차에서 배터리까지 기후변화 대응을 위한 다양한 영역의 기술이 세계적인 수준으로 발전 중이다. 기후변화 문제의 대책으로 종종 원자력발전이 언급되는데, 중국은 원자력을 친숙하게 여기는 국가이기도 하다. 다른 여러 나라에서는 주민들의 반대라든가 시민들의 걱정 때문에라도 원자력발전을 실행에 옮기기 어려운 경우가 많다. 그렇지만 중국 정부는 이런 문제에서도 입장이 다르다.

그러니 어쩌면 머지않아 기후변화 문제를 두고, 이제는 세상이 바뀌었으니 다들 기후변화에 대응하기 위해 옛 기계를 대체할 새로운 장치를 설치해야만 한다고, 강대국과 선진국이 전 세계를 상대로 여러 제도와 규제를 내세우는 미래가 올 수도 있다. 그래야 그 기술을 차지하고, 강대국, 선진국 회사들이 돈을 벌 수 있기 때문이다. 그렇게 되면, 선진국과 강대국은 이제부터는 자기 나라에서 개발한 기술과 제품을 세계 모든 나라가 사용해야만 기후변화를 막을 수 있다고 하면서, 개발도상국들에게 그 기술, 그 제품을 사라고 말할지도 모른다.

2부

기후변화

미래 수업

기후변화를 이겨내려면 그냥 막연히 싱그러운 자연, 지구의 본모습에 대한 상상을 쫓는 것보다는 더 많은 노력이 필요하다. 기후변화 문제를 해결하려면 그냥 자연으로 돌아갈 것이 아니라, 구체적으로 온실기체를 줄일 수 있는 방법을 찾아서 그 방법이 정말로 온실기체를 잘 줄일 수 있는지 살펴보고, 실행에 옮겨야 한다. 그래야 문제를 해결해서 우리 이웃들의 삶을 지킬 수 있다. 지구를 살리는 것이 문제가 아니라, 그렇게 해야, 우리 사람들이 살아남을 수 있다.

5장

모든 전기를
이산화탄소 발생 없이
만들 수 있다면

오래된 미래,
수력발전

온실기체 때문에 생기는 기후변화를 막기 위해서는 온실기체 배출을 줄여야 한다. 그러려면 온실기체를 내뿜는 활동을 줄여야 한다. 엔진을 돌려서 전기를 만들어내는 작업은 가장 쉽게 눈에 뜨이는 사례다. 엔진을 돌리기 위해서는 연료를 집어넣어 태워야 하고, 연료는 불에 타면서 이산화탄소 같은 온실기체를 뿜어낸다. 만약 이산화탄소를 뿜어내지 않고 전기를 만들 방법이 있다면, 그만큼 온실기체 배출을 줄일 수 있다.

전기를 만드는 과정에서 생기는 이산화탄소를 줄이겠다는 것은 꽤 좋은 발상이다. 현대 사회에서 전기는 온갖 일을 할 수 있는 힘의 원천이기 때문이다.

어두운 밤에 횃불을 태워서 주위를 밝힐 수도 있겠지만 전깃불로 주위를 밝히는 것이 더 간편하다. 더운 날, 기름으로 작동하는 엔진이 달린 선풍기를 돌리는 것도 불가능하지는 않지만, 역시 전기 선풍기가 훨씬 더 간단한 방법이다. 이런 식으로 현대 사회에서는 전기로 굉장히 많은 일을 할 수 있다. 먼 곳으로 이동할 때에는 전철을 타고, 추운 날씨에는 전기장판을 사용하고, 음식을 요리할 때는 전기레인지와 전자레인지를 사용한다. 슬픈 영화를 보면서 눈물을 흘리거나, 재미있는 인터넷 동영상을 보며 웃을 때에도 우리는 전기를 사용한다. 나 역시 지금 이 글을 컴퓨터로 쓰면서 전기를 사용하고 있다.

그러므로 전기를 만드는 과정에서만 어떻게든 온실기체 배출을 줄일 방법이 있다면, 그것만으로도 다양한 작업과 연결된 이산화탄소 배출이 상당히 줄어든다. 좀 과장해서 말하자면 만약 이산화탄소를 전혀 배출하지 않고 얼마든지 전기를 값싸게 만들 방법만 개발된다면, 기후변화 문제는 거의 해결될 수도 있다.

만약 이산화탄소를 뿜지 않고도 전기를 무한히 만들 수 있어 다들 그 방법만 쓴다면, 일단 지금 전기를 만드는 과정에서 뿜는 이산화탄소가 모두 사라진다. 여기에 더해서 전깃값이 싸지면 종래에 전기 말고 다른 방법을 쓰던 활동도 대부분 전기로 대체될 것이다. 그러므로 다른 원인으로 배출되는 이산화탄소도 차례로 줄어든다. 예를 들어, 전깃값이 엄청나게 싸진다면 훨씬 더 많은 사람이 전기차를 타고 다니고, 가스레인지 대신에 전기레인지로 요리를 할 것이다. 그만큼 자동차 엔진이나 가스레인지를 작동시키느라 연료를 태우며 내뿜는 이산화탄소는 줄어든다. 그런 식으로 차차 모든 분야에 사용하는 연료

지구는 괜찮아, 우리가 문제지

가 전기로 바뀌면 이산화탄소는 더 이상 나오지 않게 될 것이다.

이렇게 말하면 이산화탄소를 내뿜지 않고 전기를 만드는 기술이 모든 일을 해결할 열쇠이고 그만큼 매우 신비로운 미래 꿈의 기술처럼 들릴지도 모르겠다. 그렇지만, 이산화탄소를 내뿜지 않는 전기 생산 방식은 사실 굉장히 긴 역사를 갖고 있다. 전기를 처음 만들던 옛날에 오히려 이산화탄소를 내뿜지 않는 방식에 더 관심이 많았다고 할 정도로 그 전통은 오래됐다.

바로 수력발전이 있기 때문이다.

나이아가라부터 압록강까지, 수력발전의 역사

수력발전은 물이 흐르는 힘으로 물레방아를 돌리고, 물레방아에 연결된 발전기가 돌아가면 전기가 만들어지는 방식이다. 물레방아는 아주 오래전부터 무엇인가 저절로 돌아가는 기구를 만들기 위해 사용해왔다. 《고려사》를 보면, 고려시대인 1362년에 정부에서 농민들을 도와줄 수 있는 물레방아 장치가 달린 기계를 널리 보급해야 한다고 논의한 기록이 보인다. 또 《신증동국여지승람》을 보면, 조선시대에는 물이 흘러가는 힘을 이용하는 정교한 톱니바퀴 장치를 통해 자동으로 돌아가는 시계를 만들어낸 것을 자랑거리로 생각했다는 점을 알 수 있다. 이런 예를 들지 않아도 예스러운 시골 풍경 하면 물레방아 돌아가는 모습이 떠오를 만큼, 한국은 물론이고 한국보다 기술이 발전한 다른 여러 나라에서도 물레방아는 널리 사용되던 장치였다.

따라서 전기를 이용하는 기술이 개발되자, 물이 흐르는 힘을 이용해서 전기를 만들어낸다는 발상이 자연스럽게 이루어졌다. 잘 알려진 초기 사례로는 1895년 아메리카 대륙의 나이아가라 폭포에 건설된 수력발전소를 꼽을 수 있다. 발전소에서 전기를 만들어서 전선을 연결해 집집마다 보내면 집에서 여러 가지 전기 제품을 연결해 사용한다는 생각이 이 무렵 시작되었다. 초창기부터 나이아가라 폭포의 물이 떨어지는 막강한 힘을 이용해서 발전기를 돌리면 강력한 전기를 얻을 수 있다는 점을 활용한 것이다.

한국에서도 1940년대에 압록강 물을 댐으로 막고 그 물이 흘러가는 힘으로 발전기를 돌리는 수풍수력발전소라는 거대한 발전소가 건설되었다. 전기 수요가 많지 않던 당시에는 이곳에서 생산하는 전기의 양만 해도 막대하다는 느낌이 들 정도로 많은 전기를 생산하는 발전소였다. 남북분단으로 북한이 이 발전소를 차지하자 남한은 한동안 고질적인 전기 부족에 시달렸다. 서울에서는 시민들이 밤에 전등을 켤 수 없기도 했고, 한국전쟁 발발 후에는 발전소가 주요 공격 목표가 되어 일부 파괴되기도 했다. 그만큼 과거에는 수력발전소가 전기를 만들어내는 방법으로서 대단히 큰 비중을 차지했다는 뜻이다. 세월이 흐른 지금도 전국 각지에는 크고 작은 수력발전소가 있어서, 쏠쏠하게 전기를 만들고 있다.

수력발전소에서 만들어내는 전기는 물이 높은 곳에서 낮은 곳으로 떨어지는 힘을 이용하는 것이다. 그 과정에서 무엇인가를 태울 일이

지구는 괜찮아, 우리가 문제지

없다. 연료를 태우지 않으니 이산화탄소도 발생하지 않는다. 게다가 특별히 큰 가뭄이 들지만 않으면 언제나 물은 흐르기 마련이다. 그러므로 한번 물을 사용한다고 물이 사라지는 것도 아니다. 이만하면 이산화탄소를 뿜지 않으면서도 싼값에 전기를 생산하는 꿈에 얼핏 가까이 다가선 것 같기도 하다.

이런 식으로 한번 그 힘을 활용해서 전기를 만들거나 일을 하고 나서도 힘이 소모되어 없어져버리는 것이 아니라 또 다시 쓸 수 있는 수단을 "재생에너지renewable energy"라고 부른다. 수력발전은 전통적이고 대표적이며 널리 퍼진 재생에너지다. 각종 연료를 태워 없애는 방식은 재생에너지라고 할 수 없다. 연료를 태우는 방식으로 엔진을 돌리거나 전기를 만든다면, 연료는 소모되어 없어진다. 즉 재생된다고 할수 없다. 그리고 연료를 태우는 방식은 대개 이산화탄소 같은 온실기체를 뿜는다. 재생에너지가 아닌 방식의 다수가 이산화탄소를 뿜어내 기후변화를 악화시킨다. 반면 재생에너지를 잘 개발하면 이산화탄소를 뿜지 않는 방식으로 전기를 만들 가능성이 높아진다.

조금 더 살펴보면, 원자력발전은 비록 운영 중에 뿜어내는 이산화탄소가 거의 없다고는 하지만 통상 재생에너지로 분류하지 않는다. 원자력발전 역시 농축우라늄과 같은 핵연료를 소모하면서 가동시켜야 하기 때문이다. 농축우라늄이 일으키는 핵반응은 이산화탄소를 뿜어내지 않는다. 하지만, 한번 핵반응을 일으켜 발전기를 돌리고 나면 농축우라늄은 더 이상은 쓸 수 없는 핵폐기물이 된다. 핵폐기물을 재처리해서 원자력발전을 한 번 더 하는 방법도 있지만, 여기에도 한계가 있기 때문에, 원자력발전은 재생되는 방식이라고 보기는 어렵다.

　수력발전은 이미 실용화된 방식이고 백 수십 년 이상 대규모로 운영해온 친숙한 방식이기도 하다. 그러므로, 수력발전만 아주 많이 해도 이산화탄소 배출 문제를 어느 정도 해결할 수 있을 거라고 생각하는 사람이 있을지도 모르겠다. 실제로 몇몇 나라는 수력발전소를 많이 건설해서 대부분의 전기를 이산화탄소 배출 없이 만들어 쓰기도 한다. 2014년 세계은행 자료를 보면, 노르웨이는 무려 전기의 96퍼센트를 수력발전소로 생산한다. 북한만 하더라도 전기의 73퍼센트가량을 수력발전소로 생산하고 있다. 또한 경제력이 부족한 나라들 중에 수력발전에 매달리는 곳이 꽤 있다. 수력발전 기술은 어렵지 않고, 일단 만들어놓으면 연료를 사 오느라 돈을 쓰지 않아도 저절로 물이 흐르며 돌아가면서 전기가 생겨나기 때문이다.

수력발전의 두 가지 문제점

　그러나 수력발전에는 몇 가지 골치 아픈 문제점이 있어서, 기후변화 문제의 대책으로는 부족하다. 나는 크게 두 가지로 수력발전의 문제를 정리해보고 싶다.

　수력발전의 첫 번째 문제는 발전소를 아무 데나 건설할 수 없다는 점이다. 수력발전을 하기 위해서는 일단 최소한 물이 있어야 한다. 물이 부족한 사막이나 초원 지역에서는 수력발전이 아예 불가능하다.

또한 오늘날 주로 건설하는 대규모 수력발전소는 폭포처럼 쏟아지는 강한 물살이 있어야 하는 방식이다. 물이 떨어지는 높이의 차이, 낙차가 필요하다는 이야기다. 나이아가라 폭포처럼 원래 큰 낙차를 갖고 물이 떨어지는 곳이 있으면 좋다. 그런 곳이 없다면 커다란 댐을 지어서 일부러 큰 폭포 모양으로 물이 흐르도록 해야 한다. 그렇게 큰 댐을 짓기 위해서는 돈도 많이 들고, 시간도 오래 걸린다. 그나마도 댐을 지을 만한 적당한 땅이 있는 곳에서만 가능하다.

큰 댐을 짓느라 주변 자연환경이 파괴되는 것도 고민해보아야 하는 문제다. 댐을 지으면 물이 흐르는 모양이 바뀌고, 물에 잠기지 않았던 지역에 물이 가득 차게 된다. 댐을 짓느라 사람 사는 마을 하나가 통째로 물속에 잠겨, 그 마을 사람들이 다른 곳으로 떠나야 하는 일도 종종 발생한다. 예를 들어 남한강 지역 충주호는 충주댐과 함께 만들어진 인공 호수인데, 이 호수를 만들면서 물에 잠겨 사라진 마을이 있다. 2015년에는 가뭄으로 수위가 낮아져 마을의 폐허가 오랜만에 물 밖으로 드러나서, 그 마을에 살던 사람들이 고향을 구경하러 물가를 찾아온 일도 있었다.

뿐만 아니라 수력발전을 많이 하기 위해 큰 댐을 짓는다면, 그 크기만큼 숲이 사라지거나 산에 살던 동물들이 살 곳을 잃는 일이 발생한다. 갑자기 커다란 호수가 생겨나면서 기온이 달라지거나 안개가 잦은 댐 주변에 작은 기후변화가 발생하는 곳도 적지 않다. 이것은 전기를 만들기 위해 많은 공간이 필요하다는 의미다. 한정된 공간에서 생산할 수 있는 전기의 양이 적으니, 에너지 밀도가 낮다고 이야기해볼 수도 있다.

　주변에 미치는 영향을 줄이기 위해, 큰 댐으로 물을 막는 방식이 아니라, 옛날 물레방아처럼 그냥 평범하게 흐르는 강물 물살 정도의 힘을 이용하여 작은 발전기를 돌리는 방식도 있기는 하다. 이런 방식들을 소수력발전small hydro power 이라고 부른다. 한국에서는 2000년대 후반부터 소위 4대강 사업을 하면서, 전국 강 물살을 이리저리 바꾸는 동안 소수력발전을 이곳저곳에 시도한 적이 있었다. 이 시기에는 소수력발전이 특별히 자주 신문 기사로 보도되었다. 그중에는 다소간 실적을 낸 것도 있다. 하지만 그 이후로 큰 인기를 얻지는 못했다. 소수력발전은 규모가 작기 때문에, 온 세상의 기후변화 문제를 해결하기에는 아무래도 그 힘이 미약하다.

　수력발전의 두 번째 문제점은 때에 따라 만들 수 있는 전기 양이 달라진다는 점이다. 비가 와서 물이 많을 때에는 전기를 많이 만들 수 있다. 하지만 비가 안 와서 물이 적어지면 전기 만드는 것을 포기해야 되는 경우도 생긴다. 다시 말해서 만들 수 있는 전기 양이 날씨에 달려 있다. 즉 거의 우연에 의해 그 양이 정해진다는 뜻이다.

　수력발전으로만 전기를 만든다면 어느 날 갑자기 전기가 부족해질 수도 있고, 전기가 쓸모없이 남아돌 때도 생긴다. 전기가 남아도는 경우도 문제이지만, 갑자기 부족해지면 현대 사회에서는 치명적이다. 병원에서 수술하고 있는데 갑자기 전기가 끊겨 깜깜해졌다고 해보자. 갑자기 전기가 끊어지면 엘리베이터나 전철에 사람이 갇히는 일, 지하 쇼핑몰 같은 곳이 어둠에 묻히는 일도 벌어질 것이다. 대규모 정밀 공장 중에는 전기를 이용해서 항상 일정한 조건으로 가동하지 않으면 생산 제품을 망치는 곳이 많다. 반도체 공장, 디스플레이 공장, 화학 공장 등에서는 언제나 일정하게 안정적으로 전기가 공급되어야만 안전하게 공장이 유지된다. 잠깐이라도 전기가 끊기면 최악의 경우 공장 전체가 망가질 수도 있는데, 이런 사고를 "순간 정전 사고"라고 하며 각 공장에서는 중대한 문제로 대비하고 있다.

수력발전으로만 전기를 공급한다면 어느 날 예상 외로 비가 내리지 않으면 이 모든 위기가 동시에 발생한다. 대부분의 전기를 수력발전으로 만들어내는 노르웨이 역시 이런 문제에서 자유롭지 못하다. 노르웨이는 비상사태가 발생하면 이웃 나라에서 전기를 받아 온다. 노르웨이는 수력발전 이외에도 천연가스도 많이 생산되는 나라인지라 대체로 전기가 남아돈다. 그렇지만 갑자기 전기가 부족해지는 문제를 대비하지 않으면 안 된다. 1년 전체로 보면 전기가 남아돌지만, 날씨가 좋지 않아 하루 이틀 갑자기 전기가 부족해지는 날이 생길 수 있기 때문이다. 만약 그런 사고가 잠깐이라도 발생하면 큰 혼란이 벌어질 것이므로, 그 잠깐을 위해서 이웃 나라에서 전기를 끌어오는 대비가 반드시 필요하다.

더 근본적인 문제

이런 문제는 거슬러 올라가면 결국은 전기를 저장하기에 좋은 방법이 없기 때문에 발생한다.

비가 많이 오고 물이 많이 남아돌 때 생긴 전기를 저장만 잘해놓을 수 있다면, 비가 안 와서 수력발전을 하기 어려울 때 저장한 전기를 대신 사용하면 될 것이다. 노르웨이처럼 평균적으로는 전기가 남아돌 정도로 수력발전이 잘되는 나라라면, 전기를 잘 저장할 방법만 있다면 문제가 그냥 풀려버린다. 만든 전기가 남을 때마다 꾹꾹 눌러 담았다가 1년 내내 필요한 만큼 꺼내 쓰면 이산화탄소 배출 걱정 없이 물의 힘만으로 전기를 넉넉히 쓸 수 있다.

그런데 그렇게 전기를 잘 저장할 수 있는 기술이 없다.

전기를 저장할 수 있는 장치라면 배터리를 생각할 텐데, 배터리는 용량의 한계도 있거니와 배터리에 담아둔 전기는 시간이 지나면 점차 조금씩 사라진다. 게다가 배터리는 어쩔 수 없이 가격이 비싼 장치이고 수명도 아주 길지는 않다. 이런 이유로 배터리에 무한정 전기를 담아놓는 것은 쉬운 일이 아니다. 그나마 최근 리튬이온배터리 기술이 빠르게 발전하면서 남아도는 전기를 저장하는 커다란 배터리 덩어리가 꽤 주목을 받고 있다. 이를 ESS 또는 에너지저장장치Energy Storage System라고 한다. 하지만 아직까지는 배터리로 전기를 저장하는 문제를 완벽하게 해결했다고 하기에는 무리가 있다.

에너지 밀도가 낮다는 문제와 함께, 전기를 저장하기 어렵다는 문제는 사실 대부분의 재생에너지가 공통적으로 갖고 있다. 이산화탄소 배출 없이 전기를 생산할 수 있다는 점은 좋은데 우리가 필요할 때 필요한 만큼 전기가 생산되는 것이 아니라, 제멋대로 어떤 때에는 전

지구는 괜찮아, 우리가 문제지

기가 많이 생산되고 어떤 때에는 전기가 적게 생산된다. 그리고 전기가 부족하면 세상이 위기에 처하게 될 텐데, 전기를 미리미리 저장해둘 방법은 없다.

언제인가 배터리 기술이 크게 발전하면 이 문제가 완전히 해결될 수 있을지도 모르며, 그 중간 과정에서 어느 정도 대비 방법을 갖추는 것도 생각해볼 수는 있다. 예를 들어, 병원이나 지하 쇼핑몰처럼 갑자기 전기가 끊기면 곤란한 곳에서는 커다란 에너지저장장치를 설치해두고, 전기가 부족할 때는 비상용으로 잠깐 버티면서 응급조치를 취하고, 전기 부족이 해결되지 않으면 석유로 돌리는 비상용 발전기를 가동시킬 수 있을 것이다. 하지만 비상 대책이란 겨우 그 정도다. 한계가 있다.

전기를 저장해둘 좋은 방법이 얼마나 없는지, 수력발전소에서는 전기가 남아돌면 심지어 물을 거꾸로 퍼 올리기도 한다. 무슨 이야기냐면, 물이 없는 날이 오면 수력발전소를 가동할 수 없을 테니 전기가 남아돌 때 전기를 써 없애가면서 이미 흘러간 물을 펌프를 돌려서 되돌려놓는다는 뜻이다. 그러니까 이것은 전기를 저장할 좋은 방법이 없어서 높은 곳에 퍼 올린 물의 형태로 남는 전기를 저장해놓은 것이라고 볼 수 있다.

이런 방식을 펌프, 즉 양수기를 이용하는 수력발전이라고 해서 양수발전pumped storage power이라고 한다. 국내에서는 전기가 남는 밤 시간에 펌프를 돌려 물을 높은 곳으로 퍼 올리고 그 물을 다시 전기가 부족하기 쉬운 낮 시간에 아래로 떨어뜨려 발전기를 돌리는 방식을 택한다. 2000년대 중반에 준공된 강원도의 양양양수발전소는 이미 흘러간 물을 819미터 높이로 도로 퍼 올리는 펌프를 갖고 있다. 이렇게까지나 높은 곳으로 물을 퍼 올리는 양수발전소는 일본에도 없고, 중국에도 없다. 양양양수발전소는 '양'자가 연속으로 셋 나오는 이름이라는 점도 재미있는데, 이 발전소의 상부저수지 용량은 500만 톤이나 된다.

그러니까, 전기를 저장할 방법이 마땅히 없기 때문에 양양양수발전소에서는 전기가 남아돌 때에 그 전기를 그냥 버리는 대신에 전기 펌프를 돌리는 데 써서 최대 500만 톤의 물을 819미터 높이까지 퍼 올려둔다는 뜻이다. 나중에 전기가 필요한데 물이 없다면 그렇게 퍼 올려놓은 물을 다시 아래로 흘려보내서 발전기를 돌린다. 그 정도로 전기를 저장하는 것이 쉽지 않다.

지구는 괜찮아, 우리가 문제지

태양과 바람이
가져올 세계

    온실기체 배출 없이 전기를 만들어서 온실효과를 줄이고 기후변화를 막는다는 목적으로 가장 많이 언론 매체에 등장하는 기계가 있다면 태양광발전 장치와 풍력발전 장치일 것이다.

    햇빛을 이용하는 태양광과 바람을 이용하는 풍력은 대표적인 재생에너지이다. 넓게 펼쳐진 태양광발전소의 밭이나 거대한 풍차 날개가 돌아가는 풍력발전소의 모습은 요즘에는 기후변화에 맞서기 위한 도전을 상징하는 풍경처럼 여겨져 이런저런 광고에도 자주 등장한다. 언뜻 생각해도, 태양광은 하늘에서 무료로 계속 쏟아지는 태양 빛의 힘으로 전기를 만들어내고, 풍력 역시 심심하면 그냥 불어오는 바람의 힘으로 전기를 만들어내므로, 연료를 태우는 과정은 없다. 연료를 태우지 않으니 이산화탄소도 발생하지 않고, 기후변화 대응에 도움이 될 수 있다.

태양 빛과 바람은 한번 쓰면 끝이 아니라, 계속해서 다시 생겨난다. 과연 재생에너지의 대표라고 할 만하다. 세상에 바람이 불어야 하는 양이 정해져 있어서 다 불고 나면 더 이상 불지 않는 것이 아니다. 바람은 불다가 말다가 하면서 끊임없이 불어온다. 태양 빛 역시 해가 지면 사라지지만, 다음 날 아침이 찾아오면 또 동쪽에서부터 빛을 내뿜는다. 끝없이 재생되고 또 재생된다.

굳이 엄밀히 따지자면, 태양 빛과 바람이 무한한 것은 아니다. 태양은 앞으로 50억 년 이상의 시간이 지나면 그 수명을 다하여 빛을 점차 잃어갈 거라고 한다. 그리고 태양이 차갑게 식으면 바람도 지금보다 사그라들게 될 것이다. 바람이 부는 이유는 많은 경우 태양 때문이다. 태양 빛에 지구가 따뜻해지는데, 지역별 지형 차이에 따라 어느 쪽은 좀 더 따뜻해지고 어느 쪽은 좀 덜 따뜻해진다. 그런 온도 차이가 발생하면 공기는 움직이게 된다. 가장 간단한 예로, 따뜻해진 공기는 가벼워져서 위로 올라가려고 하고 차가워진 공기는 무거워져서 아래로 내려가려고 하는 성질이 있다. 이런저런 이유로 공기가 움직이는 현상을 지상에서 강하게 느낀다면 그것이 바로 바람이다. 그러니, 태양광과 풍력 모두 그 뿌리는 하늘에서 빛나는 태양이다. 태양이 없으면 태양광도 풍력도 없다.

하지만 태양이 빛을 잃는 것은 아주 먼 날의 일이고, 그렇게 되면 지구는 어차피 생물이 살기 어려운 곳이 된다. 그러므로, 그 전까지 쓸 수 있는 태양광과 풍력은 사실상 끊임없이 재생되는 전기 생산 방법이라고 보아도 별 과장이 아니다.

태양광과 풍력의 장점

전통적인 재생에너지인 수력발전에 비해, 태양광발전과 풍력발전은 몇 가지 장점이 있다. 우선, 둘 다 수력발전에 비해 위치의 제한에서 훨씬 자유롭다. 수력발전소는 물이 흐르는 곳, 그것도 가능하면 최대한 폭포처럼 물이 빨리 흐를 수 있는 곳에 건설해야 한다. 반면 풍력발전소는 물이 안 흐르는 곳, 경사가 급하지 않은 곳에도 어지간히 설치할 수 있다. 지구상의 웬만한 지역에는 바람이 꽤 불기 때문이다. 풍력발전소에는 바람을 받으면 돌아가는 풍차 내지는 바람개비 모양의 거대한 날개가 달려 있는데, 이 날개들이 돌면 그 힘으로 거기에 연결된 발전기가 돌아가고 발전기가 돌아가면 전기가 생산된다. 그러니, 어디든 바람을 잘 받을 만한 곳에 풍차를 세워두면 그것으로 충분하다.

물론 바람이 끊이지 않고 많이 불고, 강한 바람이 불수록 풍차는 잘 돌아갈 테니, 그런 지역일수록 풍력발전이 더 유리해지는 것은 사실이다. 때문에 한국에서는 높은 지대를 타고 넘어가는 바람이 강한 대관령 등 태백산맥의 고도가 높은 곳에 풍력발전소를 많이 짓는다. 예로부터 여자, 돌, 바람이 많아서 삼다도라는 별명이 붙은 제주도에도 바람을 이용하는 풍력발전소가 많이 건설되었다.

바닷가에 가면 바람이 많이 부는 것을 쉽게 느낄 수 있는데, 최근에는 바다 한가운데에 풍력발전소를 지어서 바닷바람을 이용해 풍차를 돌리는 해상풍력발전도 주목을 받고 있다. 옛날 왕조시대에, 임금님이 큰 은혜를 베풀었다고 신하들이 아부할 때 "성은이 바다같이 넓다"는 식의 표현을 썼는데, 임금님들의 은혜가 실제로 얼마나 대단했는지는 모르겠지만, 풍력발전소를 바다에 건설하는 것이 유리해진다면, 그 건설 가능한 위치는 거의 제약이 없을 정도로 엄청나게 넓게 펼쳐져 있는 셈이다.

태양광은 풍력보다도 더욱더 위치를 따지지 않는다. 세상에 어지간한 땅이면 햇빛이 들기 때문에, 햇빛만 받으면 전기가 생겨나는 태양광발전소는 산이건 들이건 바다건 심지어 도시의 건물 지붕 위건 어디든 건설할 수 있다. 물론 태양광 역시 낮이 길고 강한 햇빛이 오래 쏟아지는 곳일수록 유리하기는 하다. 안개나 구름이 많이 끼어서 햇빛이 약한 지역에서는 태양광발전소를 설치하더라도 전기 생산량은 그만큼 떨어지게 된다. 북극에 가까운 곳은 한겨울이 되면 하루 종일 햇빛이 아예 안 비치는 날이 찾아오는데, 그런 곳에서는 겨울이 끝나갈 때까지 기다려야 태양광발전소를 운영할 수 있다.

시대와 기술이 만들어낸 태양광만의 장점

그래도 태양광은 작은 단위로 쪼개서 틈틈이 설치할 수 있다는 재미난 장점을 지녔다. 태양광발전소는 빛을 받으면 전기를 내뿜는 반도체를 널따란 판 위에 잔뜩 깔아놓고 그 판이 햇빛을 잘 받도록 벌려놓은 것이다. 요즘 유행하는 LED 조명은 전기를 걸어주면 빛을 내뿜는 반도체인데 그 반대로 작동하는 장치가 태양광발전소라고 보면 된다.

금속은 대개 강한 빛을 받으면 그 충격으로 금속 속을 돌아다니는 전자가 튀어나오는 광전효과photoelectric effect라는 현상이 발생하는데, 광전효과는 알베르트 아인슈타인이 상대성이론으로 더욱더 큰 명성을 얻기 전에 노벨상을 받게 해준 연구 대상이기도 하다. 태양광발전소는 빛을 받으면 전기적인 힘을 내뿜는 금속의 특징이 최대한 효율적으로 발휘되도록 만들어놓은 장치이다.

요컨대, 태양광발전은 빛을 받아 전기를 만들 수 있는 금속 조각만 있으면 된다. 그런 금속 조각을 넓고 크게 벌려놓으면 많은 전기가 생겨나는 발전소가 되고, 작게 벌려놓으면 아쉬운 대로 약간의 전력이 생겨난다. 시계나 가로등을 작동시키기 위해 손가락 넓이 혹은 손바닥만 한 넓이의 태양광발전기를 설치해두고 쓰기도 한다. 필요하다면 평범한 주택의 베란다나 지붕에도 그 넓이에 맞추어 적당한 태양광발전기를 만들어둘 수가 있다. 요즘에는 휴대전화 보조배터리를 충전할 수 있는 태양광발전기 같은 제품도 일반 대중에게 판매하고 있다. 넓은 들판을 끝없이 뒤덮을 정도로 큰 태양광발전소에서부터, 휴대용 전자제품에 부착되는 태양광발전기까지 태양광발전은 공간 활용이 자유롭다.

때문에 태양광발전은 어디든 구석구석 설치하기가 좋고, 작은 규모로 금방금방 실험해보고 경험해보고 적용해보기에 좋다. 만약 수력발전소의 성능을 개선할 방법을 누가 생각해냈다고 해도, 그 방법이 얼마나 괜찮은지 한번 실험해보려면 아예 댐을 새로 짓거나 개조해야 한다. 발전소 실험을 하자고 마을 몇 개를 물에 잠기게 하고, 산하나를 깎아버릴 정도로 큰 공사를 벌여야 한다면 그런 실험을 신속히, 자주 해보기란 힘들다. 풍력발전소만 하더라도 커다란 날개가 묵직한 소리를 내며 돌아가는 장치를 세워두려면 아무래도 넓은 땅을 확보해야 하고 꽤 긴 공사 시간이 걸린다. 그러나 태양광발전소는 작은 규모로 가정집 지붕에 설치해 가동하면서도 얼마나 좋은지 나쁜지를 충분히 경험해볼 수 있다. 기술의 실험이 용이하기 때문에 발전 속도도 더 빠르다. 태양광발전 기술은 최근 급격히 발전해서 가격이 저렴해져 갑자기 더 많은 인기를 얻었고, 태양광발전소는 최근에 전국 곳곳에 빠른 속도로 퍼져나갔다. 실험과 설치를 작은 규모로든, 큰 규모로든 자유자재로 할 수 있다는 점이 한몫했다.

이렇게 개인이나 마을 단위로 작은 발전소를 많이 가동하면, 전기사용에도 장점이 생긴다. 이런 장점은 시대가 흐르면서 더 부각된 면이 있다.

과거에는 전기라고 하면 밤에 불을 밝히는 용도를 가장 먼저 떠올렸다. 지금도 전기를 사용하는 것을 그림, 포스터, 표지판 등으로 나타낼 때는 전등이 빛을 발하는 모양을 흔히 그린다. 그런데 이런 옛날 상징에만 빠져 있다면 태양광발전소의 가치는 떨어져 보일 수 있다.

전기가 가장 유용한 것은 전등을 밝혀야 하는 밤 시간인데 밤에는 태양 빛이 없으니 태양광발전소에서 전기를 만들어내지 못하기 때문이다. 가장 유용하게 전기를 써야 할 때 태양광발전소는 소용없다는 느낌을 준다.

그러나 세상이 달라졌다. 현대에는 낮에도 밤 못지않게 전기를 많이 사용한다. 특히, 과거에는 무더운 여름 낮에도 그냥 버틸 수밖에 없는 경우가 많았지만, 요즘에는 전기를 이용해 에어컨 같은 냉방장치를 흔히 이용한다. 덕분에 한여름 낮 시간, 가장 더운 시간에 냉방장치를 가동하기 위해 전기가 많이 필요하다. 마침 가장 더운 시간은 햇빛이 가장 강한 시간에서 멀지 않다. 그러니 필요한 순간에 태양광발전소는 더 많은 전기를 생산해낼 수가 있다. 다시 말해서, 집집마다 설치해놓은 작은 태양광발전소가 더운 날 에어컨을 돌리느라 쓰는 전기를 만드는 데 때마침 요긴하게 사용될 수 있다. 기술의 발전에 따라 냉방장치를 이용해 여름에 더 전기를 많이 쓰며 편안히 지내는 문화가 생기면서, 태양광발전이 그만큼 유용해지고 더 위력을 발휘할 수 있는 방식으로 적응했다는 뜻이다.

풀어나가야 할 과제들

태양광과 풍력이 재생에너지의 대표인 만큼, 재생에너지가 가진 에너지 밀도가 낮고 전기의 저장이 어렵다는 단점은 두 방식에도 적용된다. 무엇보다 전기의 저장이 어렵다는 점에서 태양광과 풍력은 수력발전소보다도 더 취약하다.

수력발전소는 댐에 일정한 양의 물을 저장해둘 수 있다면, 물이 일정 수준 이상 고여 있는 동안은 계속해서 꾸준히 전기를 만들 수 있다. 여차하면 양수발전소처럼 아예 전기가 남을 때 물을 도로 퍼 담아둘 수도 있다. 물은 담아두면 어디인가로 걸어서 도망가는 것이 아니니 꾸준히 쓰기가 좋다. 그렇지만, 태양광발전소에서는 해가 지는 밤이 되면 아예 전기가 만들어지지 않는다. 그때그때 날씨에 따라서도 구름이 많이 끼면 햇빛이 약해져서 전기가 덜 만들어진다. 그러므로 낮에는 전기가 남아돌고, 밤이 되면 전기가 아무리 필요할 때라도 태양광발전소에서는 전기를 얻을 수 없다. 여름에 비해 겨울에 태양광발전소에서 전기가 덜 만들어지는 경향도 있다. 풍력발전소 역시 바람이 언제 얼마나 부느냐는 그야말로 하늘에 달려 있는 일이다. 언제나 일정하게 원하는 만큼 전기를 얻을 수는 없다.

태양광과 풍력의 에너지 밀도 문제 역시 다양한 시선에서 따져볼 필요가 있다.

2021년 봄에 충청남도 태안 안면도에 한국 최대 규모의 태양광발전소를 건설한다는 소식이 발표되었다. 이 계획에 따르면, 이곳에 짓는 태양광발전소가 차지하는 땅은 200만 제곱미터에서 300만 제곱미터에 이르며 축구장 400개를 합친 넓이보다 크다. 서울 여의도 전체에 달하는 넓이를 거의 태양광발전소로 덮는 수준이다.

이 정도의 어마어마한 넓이에 태양광발전소 시설을 지어 생산할 수 있는 전력은 최대 300메가와트 정도다. 그에 비해 서울 마포에는 흔히 당인리화력발전소라고 부르는 서울화력발전소가 있는데 그냥 보통 공장 하나 정도의 크기로 건설된 이 발전소가 800메가와트가량의 전기를 만들어낸다. 서울화력발전소는 연료를 쌓아두고 필요할 때 집어넣으면 낮이나 밤이나 해가 뜨나 달이 뜨나 언제나 가동할 수 있다. 태양광발전소는 언제나 쓸 수 있는 것도 아닌데 차지하는 넓이는 너무 넓다는 생각이 들 수밖에 없다.

만약 사람이 살지 않는 황무지나 사막 땅이 얼마든지 널린 나라라면 사정이 다를 수도 있다. 1년 내내 뙤약볕이 내려 쪼인다거나 강한 바람이 부는 지역이라면 태양광이나 풍력이 훨씬 더 유용할 것이다. 그러나 한국처럼 땅이 넓지 않고 시설공사를 하기 어려운 산지가 많은 나라에서는 재생에너지를 이용한 발전소가 큰 넓이를 차지한다는 점은 더 고민스러운 문제다.

태양광뿐만 아니라 커다란 날개가 돌아갈 만한 공간을 충분히 확보해야 하는 풍력발전도 마찬가지다. 대관령에서 가동 중인 풍력발전소의 경우, 풍차 한 대의 높이가 거의 100미터에 달한다. 겉모습은 장난감 바람개비와 비슷하지만 큰 것은 60미터짜리 기둥에 80미터에 가까운 크기의 날개가 돌아가는 어마어마한 장치다. 이런 풍차를 바람 잘 부는 대관령 높은 위치에 49대를 세워놓았는데 그렇게 해서 만들 수 있는 전기가 최대 100메가와트가 채 안 된다. 마포구 한편에 지은 서울화력발전소의 8분의 1에 불과하다. 그나마 바람이 안 불면 전기가 안 만들어진다.

태양광과 풍력을 본격적으로 발전에 사용한 역사가 짧기 때문에 유지 보수가 골칫거리일지 모른다는 점도 자주 언급되는 문제다. 이 문제는 아직까지 확실히 심각한 단점이라고 결론이 난 것은 아니다. 의외로 별문제가 아닐 수도 있다. 하지만 미리 염려하며 생각해볼 만한 가치는 있어 보인다.

모든 것을 쉽게만 생각하면 태양광과 풍력은 연료를 따로 집어넣을 필요도 없고, 그냥 한번 만들어놓으면 햇빛이 비치고 바람이 불기만 하면 저절로 전기를 만드는 장치다. 그렇지만 실제로는 그렇게 간단하지 않다는 데서 문제가 시작된다.

우선 태양광발전소의 경우 장치 위에 먼지가 내려앉아 점점 빛이 잘 안 들어오게 되면 그만큼 만들 수 있는 전기 양이 줄어든다. 그러므로 먼지를 잘 안 묻게 하거나 먼지를 닦아내는 보수 작업을 해주어야 한다. 태양광발전소는 넓고 큰 장치이므로 이런 작업은 그만큼 힘이 들어가고 비용이 든다. 태양광발전소는 햇빛을 받아야 하므로 야외에 그대로 노출되어 있다는 사실도 이런 수리, 보수, 정비 작업의 부담을 키운다. 갑자기 폭우가 내리고 홍수가 밀려오고 태풍이 몰아치고 눈이 내려서 쌓이는 혹독한 날씨가 반복되는 동안, 태양광발전소는 야외에 노출되어 있다. 그 모든 것을 견디고 부서지지도 않고 녹슬지도 않는 튼튼한 태양광발전소를 만든다는 것은 어려운 일이다. 만약 비나 바람에 태양광발전소가 부서지고 고장 난다면, 수리하고 고치는 비용이 든다. 땅값을 아끼기 위해 호수 위나 바다 위에 발전소를 지었다면 배를 타고 물 위로 나가서 수리를 해야 하니 작업은 그만

큰 더 힘들어질 것이다.

풍력발전소는 태양광발전소보다도 조금 더 고민이 깊어질 수 있다. 태양광발전소는 그래도 움직이는 부분moving part은 없는 장치라는 점에서 관리와 보수가 유리하다. 이것은 태양광발전소의 아주 큰 장점이다. 태양 빛이 들어오면 광화학적으로 설명할 수 있는 현상에 따라 전기가 발생할 뿐, 무엇인가 기계 부품이 움직일 필요는 없다. 우아하고 조용한 방법이다. 태양광발전소에는 돌아가는 축이나 움직이는 톱니바퀴 같은 것이 없다. 기름 치고 조여주어야 할 것이 없다.

풍력발전소는 다르다. 오히려 정반대다. 풍력발전소는 바람을 받아 날개가 돌아가는 현상이 가장 중요하다. 움직이고 돌아가는 현상이 항상 발생해야 한다. 그리고 그 움직임이 톱니바퀴와 비슷한 여러 움직이는 기계장치를 거쳐 발전기를 움직여야만 전기가 생긴다. 그 모든 움직이는 부품 하나하나마다 닳거나, 뻑뻑해지거나, 느슨해질 위험이 있다. 만약 그 많은 부품에 가끔 한 번씩 기름칠을 해주어야 한다면 그것만으로도 꽤 힘들고 비용이 드는 작업이다. 이에 더해 풍력발전소도 바람을 맞기 위해서는 태양광발전소와 마찬가지로 야외에 노출되어 있어야 한다. 태풍을 맞는다거나 폭우를 맞으면, 그 많은 부품 중에 어느 하나가 손상당해서 발전소가 고장 날 가능성은 높아진다.

공정하게 말하자면, 움직이는 부품이 있다는 점에서는 화력발전소나 원자력발전소도 풍력발전소와 같은 문제를 갖고 있다. 그러므로 이런 문제는 풍력발전소만의 문제는 아니다.

그렇지만 풍력발전소는 주로 외딴 곳에 널찍하게 공간을 많이 차지하고 있다. 장비 자체가 낯설고 새로운 기계다. 그런 것을 보수하고 수리하는 것은 더 어렵다. 도시 근처에 있는 화력발전소라면 주변에서 기계를 수리할 장비를 구하기도 쉽고 수리할 인력이 일하기도 편하다. 그러나 높은 산 위에 자리한 풍력발전소는 찾아가기도 어렵고, 산 이쪽저쪽으로 떨어져 있는 발전소들을 다니며 작업하기도 힘이 든다. 풍력발전소가 크고 높기 때문에 작업이 어렵다는 문제도 무시할 수 없다. 만약 바람을 잘 받으라고 바다 한가운데에 풍력발전소를 세워둔다면 배를 타고 나가서 다시 수십 미터 높이에 기어올라 수리 작업을 해야 한다. 이런 작업은 더욱 어렵다.

2020년 말에는 제주 두모리 바닷가에 있는 풍력발전소에서 불이 났고, 2021년 초에는 인천에 있는 풍력발전소에서 갑자기 화재가 발생한 일이 보도된 적이 있었다. 아닌 게 아니라 지상 수십 미터 높이에 있는 풍력발전 장치에 난 불을 끄는 데 상당한 어려움이 있었다. 남상호 기자를 통해 이 사건을 알린 MBC 보도에 따르면, 풍력발전소 발전 장치 2000개가 있다면 매년 그중에 하나는 화재가 나는 정도로 사고 위험이 있다. 그만큼 관리가 어렵다. 수리, 정비, 유지, 보수 작업이 힘들면 그런 작업에 비용이 많이 들고, 작업하느라 발전소를 오랫동안 작동하지 못해 손해도 크다. 같은 값으로 만들 수 있는 전기가 줄어드는 것이다.

나아가 태양광발전소와 풍력발전소가 수명을 다했을 때 발생하는 비용에 대해서도 아직 충분한 자료가 없다. 풍력발전소는 눈과 비를

지구는 괜찮아, 우리가 문제지

맞으며 돌아가기 때문에, 계속해서 부품을 교체해주어야 하며, 그러지 않으면 언제인가는 너무 낡아서 버릴 수밖에 없다. 과연 현실적으로 풍력발전소의 수명은 어느 정도라고 평가하는 것이 정확한지, 풍력발전소의 부품을 갈아 끼우거나 버리는 데 비용이 얼마나 들지에 대해서는 아직까지 충분히 겪으며 경험한 바가 없다.

비슷하게 태양광발전소가 얼마만큼의 수명을 갖고 있으며, 수명을 다한 태양광발전소 부품은 어디에 어떻게 버려야 하며 재활용은 가능한가에 대한 문제에 대해서도 아직까지는 자신 있게 말할 수 있을 정도로 충분히 경험한 바는 없다.

만약 좋은 기술을 개발하고, 생각보다 일이 잘 풀린다면, 꽤 오래 태양광발전소를 가동할 수 있고 다 가동한 뒤에 안전하게 낡은 장치를 폐기하고 많은 부분을 재활용할 수 있어서 큰 문제가 되지 않을 것이다. 반대로 마땅히 낡은 태양광발전소를 처치할 방법이 없고 재활용할 수 있는 기술도 없다면, 일단 다 버려야 하는 태양광발전소 부품 쓰레기를 처리할 공간부터 문제가 된다. 태양광발전소는 넓은 땅을 차지하는 만큼, 낡아서 못 쓰게 되면 쓰레기의 양도 많을 수밖에 없다. 그렇게 많은 쓰레기를 처리할 좋은 방법이 없다면, 태양광발전소를 만들 때 사용된 화학물질들이 사람이나 주변 환경에 해를 끼치지는 않을지에 대해서도 따져봐야 할 것이다.

태양광이나 풍력은 오래오래 공짜로 전기를 만들어주고 나중에 망가져 못 쓰더라도 별문제는 없을까? 아니면 처음에는 괜찮아 보였지만 너무 손이 많이 가고 고장이 잦고 시일이 지나면 썩지도 않고 분해되지도 않아 처리하기 곤란한 거대한 쓰레기 더미가 될까? 나는 지나치게 부정적으로 생각하고 싶지는 않다. 하지만, 그렇다고 아무 문제없고 그저 다 잘될 거라고 확신하기에는 우리가 아는 것이 아직 적다.

태양광과 풍력은 누가 차지하고 있을까

나는 몇 가지 문제가 있다고 하더라도 태양광발전소와 풍력발전소 기술은 앞으로 더 발전할 가능성이 높다고 생각한다.

태양광과 풍력을 이용하는 기술이 지난 30년 동안 상당히 빠르게 발전했다. 특히 태양광발전의 성장 속도는 예상보다 빨랐다. 태양광발전소를 짓기 위한 부품, 장비가 저렴해지거나 성능이 좋아졌다. 그런 부품이나 장비를 생산하는 공장의 생산량도 꾸준히 빠르게 증가하면서, 부품과 장비를 만드는 기술은 더욱 발전했다. 그 덕택에 지금은 태양광발전소를 만드는 데 들어가는 각종 부품이나 재료의 가격이 과거 예상하던 것에 비해 훨씬 저렴하다.

이런 식의 기술 발전은 앞으로도 더 전개될 가능성이 있다. 세계 모든 나라에서 기후변화 문제가 심각하다는 점을 지적하고 있고, 뛰어난 학자들과 영향력 있는 사상가들이 기후변화 문제에 관심이 많으며, 기술에서 앞선 선진국들이 기후변화에 대응하는 기술에서도 앞서가고자 하는 의지를 갖고 있다. 그렇다면, 기후변화 문제의 해결책으로 예전부터 주목을 받아온 태양광과 풍력을 이용하는 기술의 발전에도 관심이 계속될 것이고, 투자도 이어질 것이다. 언제인가 한계에 부딪히기는 하겠지만 적어도 당분간은 성장세가 이어지지 않을까 싶다.

특히 기술에서 앞서가는 나라들이 강대국이나 선진국이라는 점이 가장 중요해 보인다. 기후변화 대응은 국제 협력으로 이루어지는데, 강대국이 기술을 주도하고 있으니 태양광과 풍력이 꽤 힘을 갖게 될 거라는 전망은 설득력이 있다. 하나만 예를 들어보자면, 중국에는 값싸고 성능이 나쁘지 않은 태양광발전소 부품들을 대량생산하는 뛰어난 업체가 많다. 때문에 전 세계에 태양광발전소가 많이 생기면 많이 생길수록 그 재료를 공급해 판매하는 중국 회사들이 돈을 벌 수 있다. 이런 분위기가 이어진다면, 중국 정부는 세계에 태양광발전소가 더 많아지기를 바라는 방향으로 서서히 움직일 것이다.

미래에, 기후변화 문제가 너무 심각하니 화력발전소를 하나씩 하나씩 없애고 대신에 태양광발전소를 그 수만큼 만드는 나라들끼리만 물건을 수출하고 수입할 수 있다는 제도를 시행하자고 누군가 제안했다고 상상해보자.

이런 제안은 너무 심한 조치라고 생각해서 반대하는 나라도 있을 법하다. 그러나 정말로 이런 제도가 시행되어 너도나도 급하게 태양광발전소를 만들려고 하면, 그 재료를 판매하는 중국으로 돈이 흘러들 것이다. 그 액수가 크다면 중국 정부는 이런 제도에 찬성할 수 있다. 중국과 비슷하게 태양광 기술에서 앞서나가는 몇몇 선진국이 합심해서 기후변화를 막기 위해서는 어쩔 수 없다고 강하게 제도를 시행하자고 밀어붙인다면, 이런 조치는 현실이 될지도 모른다. 그러면 기술이 없는 나라나 약소국은 태양광 기술을 가진 나라들에게 많은 돈을 주고 그 제도를 따르는 수밖에 없다.

2010년대 후반에 들어 한국에서 과거에 비해 좀 더 많은 태양광발전소를 짓도록 유도하겠다는 정부 정책들이 이것저것 나왔다. 때문에 초기에는 그 재료를 공급하는 한국 회사들이 주목을 받았다. 태양광발전소의 주재료인 반도체는 폴리실리콘polysilicon이라고 하는 규소로 만든 물질을 이용한다. 마침 한국에도 폴리실리콘을 대량생산하는 공장들이 있었다. 이런 공장들의 전망이 좋다는 말이 돌기도 했다. 당연한 생각 같았다. 어차피 기후변화 문제가 심각해지면 태양광발전소가 조금씩 더 인기를 얻을 텐데, 정부에서도 적극적으로 나선다니, 태양광발전소 재료를 만드는 공장도 장사가 잘되겠지 싶었다.

그런데 괴상하게도 몇 년 지나지 않아 태양광발전소에 꼭 필요한 재료인 그 폴리실리콘을 생산하는 각 공장들이 하나둘 생산을 줄이기 시작했다. 국내 생산을 접어야 하지 않겠냐는 의견을 내는 회사들도 나왔다.

태양광발전소가 많이 건설되지 않았기 때문은 아니었다. 계획대로 한국 정부는 태양광발전소를 꾸준히 지어서 많은 태양광발전소가 건설되었다. 앞으로도 계속 건설할 계획도 있었다. 그런데도 한국의 태양광발전소 재료 회사들의 상황은 거꾸로 나빠졌다. 이해하지 못해 당황하는 사람들이 적지 않았고, 주식에 투자했다가 손해를 본 사람들도 꽤 있었던 것으로 기억한다.

한국 폴리실리콘 업체들이 어려움을 겪은 것은 태양광발전소가 많이 건설되지 않아서가 아니라, 중국 폴리실리콘 업체들이 더 저렴한 가격으로 제품을 생산하는 공장을 갖고 있어서였다. 때문에 세상에 태양광발전소들이 계속 늘어났지만, 경쟁력에서 밀리는 한국 폴리실리콘 업체들은 오히려 사업이 어려워지는 상황을 한동안 겪어야만 했다.

이런 일은 폴리실리콘 업체뿐만 아니라, 기후변화에 대응하는 데 필요한 모든 기술 분야에서 조금씩 다른 모습으로 계속해서 일어나고 있다. 어느 한국 중소기업에서 새로운 형식의 태양광발전소 기술을 개발했다고 생각해보자. 꽤 괜찮은 방식이라서 꾸준히 성장한다면 놀라울 정도로 기후변화 문제를 해결할 가능성도 엿보인다고 쳐보자. 그렇지만, 그 기술을 갖고 있지 않은 강대국들, 다른 선진국들은 굳이 그런 기술을 도입하는 것에 찬성할 이유가 없다. 자신들이 앞서 있고 잘하는 방식의 태양광발전소 기술을 그대로 쓰자고 하는 게 당연하다. 강대국의 커다란 태양광 기술 회사들은 유망한 한국 중소기업이 망해서 경쟁 상대가 없어질 때까지, 일부러 손해 보면서라도 싼값에 제품을 팔지도 모른다.

현재 기후변화를 해결하는 방법은 간단하지 않다. 기후변화 대응에는 국제 협력이 꼭 필요하다. 그 두 가지 사실은 부정할 수 없다. 그러므로 강대국과 기술 선진국들이 주도하는 몇몇 기술을 중심으로 기후변화 대책이 추진될 가능성을 언제나 염두에 둘 필요가 있다고 나는 생각한다. 이런 것도 기후변화 문제를 풀어나가며 함께 생각하지 않으면 안 되는 현실이다.

풍력발전에서도 역시 비슷한 상황이 벌어지고 있다. 풍력발전소는 강한 힘을 받으며 오랫동안 잘 돌아가야 하는 장비를 사용한다. 튼튼하고 정교한 부품을 잘 만드는 기술을 보유한 나라가 이득을 얻을 수 있다. 특히 풍력발전소의 날개는 바람을 조금만 받아도 잘 돌아가도록 가벼우면서도 강한 비바람을 견딜 만큼 아주 튼튼해야 한다. 때문에 특수한 방식으로 아주 강하고 질기게 만든 플라스틱 재료 같은 것을 이용해 날개를 제작한다. 그래서 덴마크, 독일, 미국 같은 기술이 발달한 나라들이 풍력발전소 기술도 주도하고 있다.

만약 지금 당장 기후변화 대응을 위해 개발도상국들도 어서 풍력발전소를 지어야만 한다는 제도를 세계가 단결해 시행한다고 상상해보자. 그러면 그 개발도상국들은 덴마크, 독일, 미국에 돈을 주고 값비싼 풍력발전소를 사 오거나, 최소한 풍력발전소를 짓기 위한 부품을 사 와야 한다.

개발도상국에 풍력발전소를 지으라면서 선진국에서 선심을 쓰며 돈을 좀 집어 준다고 생각해보자. 설령 그런다 해도 어차피 풍력발전소를 지으려면 선진국 회사 제품을 사 와야 하기 때문에 돈은 결국 선진국으로 다시 흘러들게 된다. 지금의 상황을 보면 기후변화 대응이 시급한 것도 사실이고 현재 풍력발전소 기술이 가치 있는 기술인 것도 거짓이 아니다. 때문에 선진국들은 정말로 이와 비슷한 방향으로 세상을 이끌어가고 싶어 할 것이다.

기후변화 때문에 고생하고 위협당할 사람들을 구하기 위해 세계가 함께 나선다는 목표는 고귀하고 중요하다. 하지만 그 과정에서 세상 사람들이 함께 얽혀 일을 하다 보면 이런 모든 문제가 뒤엉켜 돌아갈 수밖에 없다.

그렇기에 일단 기술을 개발하는 것이 중요하며, 기술 개발과 연결된 문제를 판단하고 대책을 결정할 사람들이 기술에 대해 잘 이해하는 것도 중요하다. 어느 기술이 얼마나 좋으며 어느 정도의 비용이 들고 얼마나 기후변화를 잘 막을 수 있는지 측정하고 판정할 수 있는 기술을 갖는 것 또한 마찬가지다.

동시에 여러 나라 사이에서 기술의 유행이 어떻게 흘러가는지를 파악하거나 그 흐름을 움직이기 위해 노력하는 것도 중요하다. 앞서 태양광발전소와 풍력발전소를 고장 나지 않게 유지하는 것이 지금 중요한 과제라고 했는데, 이런 문제에서 앞서갈 수 있는 각종 기술들은 주목받을 가치가 있다. 마찬가지로 재생에너지 설비에서 사고나 문제를 빨리 발견하고 수리할 수 있는 기술, 태양광발전소나 풍력발전소가 못 쓰게 될 때 잘 폐기하고 재활용하는 기술을 확보하는 것도 같은 흐름에서 중요한 과제다.

다른
재생에너지들

지열발전, 자연산 원자력

　해외에서 비교적 좋은 결과를 얻은 사례가 있는 다른 재생에너지로는 지열발전이 있다. 아이슬란드 같은 나라는 지열발전소를 꽤 큰 규모로 운용한다.

　기후변화의 주범 취급을 받는 석탄화력발전소의 경우, 석탄을 태우고 그 열기로 물을 끓여 증기를 만들면 그 증기가 뿜어져 나오는 힘을 이용해서 발전기를 돌리는 방식이다. 사실 가장 힘이 센 발전소라는 인상을 주는 원자력발전소조차도 전기가 만들어지는 기본 원리는 가장 원시적인 것처럼 보이는 석탄화력발전소와 별다를 바 없다. 원자력발전소에서는 석탄을 태우는 열기 대신 원자로에서 방사능 물질이

핵분열 반응을 일으킬 때 나오는 열기로 물을 끓인다. 석탄을 태우는 과정이 없기에 운영 중에 이산화탄소를 직접 배출하지 않을 뿐이다.

물을 끓여 증기로 발전기를 돌린다는 점에서는 둘 다 일종의 증기기관이다. 한국의 경우, 석탄화력발전소와 원자력발전소에서 만드는 전기의 양을 합하면, 많을 때는 전체 전기 생산량의 70퍼센트에 가깝다. 그러니까 스마트폰과 인터넷에서 가상현실을 즐기는 21세기의 첨단 문명을 사는 한국인이라고는 하지만, 그런 삶을 위해서 수백 년 전에 개발된 증기기관의 기술에 지금도 매달려 있다고 말해볼 수도 있겠다.

그렇다면 무슨 수로든 증기만 잘 만들어낼 수 있다면, 그 증기가 뿜어져 나오는 힘으로 발전기를 돌려서 전기를 만들 수 있지 않을까? 혹시 증기가 저절로 솟아 나오는 곳은 없을까?

그런 곳이 없지는 않다. 온천이나 화산에서는 별다른 노력을 하지 않아도 그 자체로 강한 열기를 내뿜는다. 운이 좋아서 저절로 물이 끓어오를 정도의 온도가 된다면 정말로 그 증기를 이용해서 발전기를 돌릴 수도 있을 것이다. 그 정도로 온도가 높지는 않은 온천이라도 장치를 꾸며서 그럭저럭 발전기를 돌릴 수 있는 설비를 고안할 수 있을지도 모른다. 이것이 바로 땅에서 나오는 열을 이용해 전기를 만드는 지열발전소의 원리다. 아이슬란드에서 지열발전이 잘되는 것은 그곳에 온천과 화산이 많기 때문이다.

한국에도 온천은 있다. 《삼국사기》를 보면 서기 286년에 고구려에서도 온천 목욕을 놀이 삼아 유유히 즐긴 기록이 있다. 그러니 한국에서도 지열발전에 도전해볼 수 있는 일이다. 더군다나 꼭 대단한 온천이 없다고 해도, 일단 어느 정도 깊이 이상으로 땅을 파면 지하는 온도가 높기 마련이다. 대체로 100미터당 평균 섭씨 2.5도 정도 온도가 올라간다고 하니, 일단 어디든 깊이 파기만 하면 뜨거운 열기를 얻을 수 있다.

바로 그 원리를 이용해서 땅을 깊이 파고 그 열기로 발전기를 돌리는 곳이 심부지열발전소다. 이 방식은 깊은 땅속의 열기를 그대로 이용하므로 연료를 태우는 것이 아니다. 이산화탄소 배출도 없다. 태양광발전소가 태양의 힘을 빌려 전기를 얻는다면, 심부지열발전소는 언제나 깊은 곳에서는 열을 내뿜는 우리 지구 자체의 힘을 이용한 방식이다. 여기에 더해, 땅속에서 열이 나는 것은 거슬러올라가면 지구 속 방사능물질 때문이라고 추정되므로 지열발전소는 실제로 방사능이 나오는 것은 아니지만 간접적으로 원자력을 활용하는 천연 원자력발전소, 자연산 원자력발전소 비슷한 것이라고 볼 수 있다.

심부지열발전소는 막연한 상상만은 아니다. 한국에서는 경상북도 포항 근처에 무려 4킬로미터에서 5킬로미터에 달하는 깊이의 구덩이를 파서 높은 열기를 얻는 데 성공한 실험 장소가 있다. 말이 4킬로미터지, 4킬로미터면 한반도 전체에서 가장 높은 산인 백두산 높이의 1.5배다. 그만큼의 길이를 기계로 땅을 파고 들어가는 방법으로 끝도 없이 뚫고 들어가 공사를 해냈다는 말이다. 그만큼 포항의 심부지열발전소 실험 장치는 잘 작동할 것이라는 희망이 있었다.

그렇지만 이 실험은 실패로 끝이 났다. 2017년 11월에 일어난 포항

지구는 괜찮아, 우리가 문제지

지진에서 피해가 컸던 것이 바로 이 공사에서 위험한 곳에 너무 깊이 구멍을 뚫었기 때문이라는 정부조사연구단의 연구 결과가 나온 것이다. 어디든 땅을 깊이 파기만 하면 저절로 뜨거워지니 그 열로 전기를 만든다는 꿈을 꾸었지만, 아무 데나 깊이 땅을 파면 지진의 위험성이 커지기 때문에 그 정도에서 멈출 수밖에 없었다.

조류발전, 달의 힘을 이용하다

한국에서 시도된 또 다른 재생에너지를 이용한 발전 방식으로는 조류발전소도 이야기해볼 만하다. 결국 수력발전소는 물이 흘러가는 힘으로 발전기를 돌리는 장치다. 그렇다면, 보통 수력발전소처럼 폭포가 떨어지는 곳이 아니라 어디든 물살이 있는 곳이면 물레방아 같은 장치를 놓고 그 힘으로 발전기를 돌린다는 생각을 해볼 수 있다. 바닷물도 어느 정도는 흘러 다니니 바닷물의 흐름으로 발전기를 돌린다는 계획도 그렇게 나왔다.

전라남도 진도 일대에는 울돌목이라고 하여 대단히 물살이 센 바다가 있다. 바닷물이 흘러가는 소리가 소리를 내서 우는 것 같다고 해서 그런 이름이 붙었다고 전한다. 한문으로 표기할 때에는 명량鳴梁이라고 하는데, 임진왜란 중에 이순신 장군이 아직 열두 척의 배가 남아 있다고 보고한 뒤에 수백 척의 일본군 배를 격침시킨 바로 그 명량해전이 벌어졌던 장소다. 대체로 너무나 격렬한 바닷물 물살에 일본군이 당황한 상황을 이용해서 이순신 장군의 함대가 공격에 성공했기 때문에 커다란 승리를 거두었다고들 말한다.

바닷가에서는 밀물과 썰물에 따라 자연히 바닷물이 몰려왔다가 몰려가는 현상이 생기는데, 울돌목은 물을 몰려들게 만드는 독특한 지형 때문에 유독 물살 속도가 빨라진다고 한다. 한반도의 서해안 지역도 밀물과 썰물의 차이가 커서 바닷물이 꽤 강한 물살을 일으키는 곳이 많다. 그렇다면 이런 물살의 힘으로 수력발전소의 발전기를 돌리듯이 발전기를 돌려서 전기를 만들어볼 수 있을 것이다.

그래서 다름 아닌 울돌목에도 이렇게 밀물과 썰물 때문에 생기는 바닷물의 흐름, 즉 조류의 힘을 이용한 조류발전소 실험장치가 건설되어 있다. 이것을 울돌목 조류발전소라고 한다. 현재 설치된 울돌목의 실험 장치가 만들어낼 수 있는 전기 양은 최대 1메가와트 정도다. 연료를 태우며 이산화탄소를 배출하는 과정 없이 그저 바닷물이 저절로 흘러가는 흐름에 따라 이 정도 전기가 만들어진다. 조류의 흐름은 가뭄이 든다고 해서 말라붙어서 없어지는 일도 걱정할 필요가 없고, 밤이나 낮이나 일정하게 밀물 썰물이 반복되면서 계속 물이 흐르므로 날씨나 시간에 따라 갑자기 약해지거나 사라질 걱정도 상대적으로 적다. 그러니 전기를 일정하게 생산하기 어렵다는 재생에너지의 약점을 어느 정도 극복할 수 있는 방식이다.

밀물과 썰물은 대체로 달이 지구를 당기는 힘 때문에 생겨난다. 그러니까 조류로 전기를 만든다면 그 전기는 결국 달이 지구를 당기는 힘에서 온 셈이다. 풍력발전소와 태양광발전소가 태양의 힘에 뿌리를 둔 태양 발전이라면, 조류발전소는 달 발전소라고 할 수도 있다. 태양에 반대되는 한자어를 사용한다면 태음 발전소라고 말을 만들어 볼 수 있음 직하다. 기술자들은 이산화탄소 배출 없이 전기를 만드는 방법을 찾기 위해, 태양의 힘을 이용하려고 하기도 하고 지구의 열기를 이용하려고도 하다가, 심지어 달의 힘을 이용하는 데에도 도전하고 있다는 뜻이다.

그런데 서울 시내에 있는 서울화력발전소 전력 생산 용량이 800메가와트이니, 울돌목의 실험장치가 만들어낼 수 있는 전기는 그 800분의 1밖에 되지 않는다. 울돌목 조류발전소 같은 것을 800개를 만들어도 서울 시내 화력발전소 하나가 만드는 정도밖에 전기를 못 만든다는 이야기다. 경기도 바닷가의 시화호에는 훨씬 더 큰 조력발전소가 건설되어 있기는 하다. 시화호 조력발전소는 세계 최대 용량이지만 만들 수 있는 전기는 254메가와트로 서울화력발전소의 3분의 1 정도다. 그나마 실제로 만들어지는 전기는 그보다도 적은 편이다. 아무래도 이리저리 오가며 흐르는 바닷물의 흐름 정도로는 발전기를 힘차게 잘 돌리기가 쉽지 않다. 그러니 아직까지는 기후변화 문제를 해결할 수 있는 굵직한 방법이라고 하기는 어려워 보인다.

조류발전소는 바다에 건설해야 하는 장치이니만큼 공사하기가 어렵고 그에 따라 비용이 많이 든다는 것도 단점이다. 건설하기는 힘든데 만들 수 있는 전력은 적다면 결국 전력을 만드는 데 그만큼 비용이 많이 든다는 뜻이다. 그렇기 때문에 지금까지는 대체로 조류발전소로 전기를 만드는 데 드는 비용은 태양광발전소보다도 비싼 것으로 평가된다.

앞으로 조류발전소를 건설하는 기술이 점점 더 발전한다면 태양광 발전소 기술이 최근에 빠르게 발전한 것처럼 조류발전소도 더 싸게 더 많은 전기를 만들 수 있을지도 모른다. 그렇지만 막연히 그런 기대를 품기에는 조류발전소를 만들 수 있는 지역이 세상에 그렇게 많지 않다는 점도 문제다. 한국에는 밀물과 썰물이 강한 물살로 휘몰아치는 울돌목이 있다지만, 이런 지역이 세계 어디에나 있는 것은 아니다. 그러니 일본군이 멋모르고 오다가 이순신 장군에게 대패한 것이다. 스코틀랜드의 일부 해안을 비롯해서 조류발전소가 유망해 보이는 곳은 한정되어 있다. 한국 같은 나라가 굳이 앞장서서 나선다면 모를까, 세계 많은 나라가 같이 관심을 갖고 맹렬히 기술 연구에 몰두하며 빠르게 발전할 가능성은 다른 기술에 비해서는 떨어진다. 한국에서는 도움이 되는 기술일 수 있겠지만, 기후변화 문제를 해결하기 위해 전 세계가 함께 활용하기는 어렵다는 어쩔 수 없는 한계도 있다.

조류발전소는 바다에 설치하기 때문에 소금기와 비바람은 물론이고 강력한 파도의 힘을 견뎌야 한다는 점도 고민거리다. 태풍 같은 강한 바람이 휘몰아칠 때 거대한 규모로 출렁이는 파도의 힘은 막강하다. 심지어 2018년 10월 30일에는 울돌목 조류발전소에 배가 부딪치는 바람에 기계가 망가져 발전이 중단된 적도 있다. 그 모든 것을 견딜 만큼 튼튼한 조류발전소를 만들어내야 한다는 점, 그런 충격에 부서지고 망가지는 부분이 있으면 바다로 나아가거나 바닷속으로 잠수하여 수리해야 한다는 점을 함께 감안하면, 그만큼 조류발전소를 운

지구는 괜찮아, 우리가 문제지

영하는 것은 어려워진다.

바이오연료, 이산화탄소 덧셈과 뺄셈

마지막으로 바이오연료에 대해서도 한번 이야기해보려고 한다. 바이오연료는 어찌되었든 연료이기 때문에 태우는 과정에서 이산화탄소가 나오기는 나온다. 그렇지만 바이오연료를 만드는 전체 과정으로 보면 이산화탄소를 흡수하기도 하기 때문에 이산화탄소 배출이 많지 않다고 볼 수 있어 주목받는 연료다.

바이오연료는 생물에서 만들어낸 연료다. 엔진에 석유 대신에 참깨를 심어서 기른 뒤에 짠 참기름을 넣고 그것을 태워 기계를 돌리는 식이다. 물론 값비싼 참기름을 기계 돌리는 목적으로 태워 없앨 수는 없으니 흔히 사용되는 것은 유채꽃에서 짠 기름이다. 그러니까 유채꽃을 많이 심어서 기른 뒤에, 유채꽃에서 기름을 짜서 연료를 만든다. 좀 더 복잡하지만 여러 농작물에서 더 싼값에 많은 기름을 짤 수 있는 방법이 적용되기도 한다. 또 농작물에서 기름을 짜내는 것 말고도, 농작물로 술을 담가 그렇게 만들어진 알코올을 뽑아서 사용하는 수도 있다. 알코올도 불에 태우기 좋은 연료이다. 조금 다른 방식으로는 메탄가스를 만들어내는 방법도 유망하다.

일단 연료를 만들어내면, 자동차 엔진이나 기계를 돌리는 데 쓸 수도 있고 그것을 태워서 발전기를 돌리면 전기를 만들어낼 수도 있다.

농작물에서 짜내어 버스나 트럭의 디젤엔진 연료로 사용하는 기름을 흔히 바이오디젤이라고 부르는데, 바이오디젤은 한국을 비롯해서 세계 각국에 이미 널리 사용되어 상당히 정착되었다. 2021년에는 법규가 바뀌어서, 아예 한국에서 디젤엔진을 가동할 때는 연료의 3.5퍼센트는 바이오디젤을 써야 한다는 제도가 시작되었다. 이 규정대로라면, 디젤엔진으로 움직이는 버스 100대가 있으면 그중에서 대략 세 대에서 네 대 정도는 석유가 아니라 식물에서 짠 기름, 바이오연료로 움직이는 셈이다.

이와 같이 바이오연료는 석유를 태워서 돌리는 많은 기계에 큰 변화 없이 그대로 활용할 수 있다는 큰 장점을 갖고 있다. 엔진을 돌리는 용도뿐만 아니라, 불을 지펴서 집 안을 따뜻하게 하는 난방용으로도 사용할 수 있고, 잘만 하면 비행기나 로켓을 날리는 데 사용할 수도 있다. 실제로 아마존 창립자 제프 베이조스Jeff Bezos가 만든 것으로 유명한 미국의 우주로켓 개발 회사 블루오리진은 메탄가스를 이용해서 우주로 날아가는 것을 목표로 로켓을 개발하기도 했다. 그만큼 바이오연료는 세계 곳곳에서 쉽고 빠르게 활용할 수 있고, 기후변화 문제에 급하게 적용해볼 수단으로 유용할 수도 있다.

그런데 바이오연료가 이산화탄소 배출을 줄일 수 있다고 하는 것은 생산 과정에서 농사를 짓고, 식물을 키우기 때문이다. 식물은 자라면서 광합성을 통해 공기 중의 이산화탄소를 빨아들인다. 그러므로 나중에 그 식물에서 뽑아낸 기름, 알코올, 메탄가스 등을 태울 때에 설령 이산화탄소 배출이 좀 생기더라도 전체를 합하면 이산화탄소

지구는 괜찮아, 우리가 문제지

배출이 0이 되거나 적을 거라고 예상해볼 수 있다.

이 예상대로 흘러가려면 농사를 짓는 과정에서 충분히 이산화탄소를 많이 빨아들여야 한다. 그렇지만 농사라는 것이 그저 식물이 햇빛을 받고 광합성을 하면서 쑥쑥 자라기만 하면 끝나는 과정은 아니다. 농사를 짓기 위해서는 연료를 태워서 움직이는 농기계를 사용해야 하고, 연료를 태워서 엔진을 돌리는 공장에서 생산된 비료를 뿌려주어야 한다. 그때마다 이산화탄소는 배출된다. 농약을 뿌릴 때에도 뿌리는 과정에서 기계를 이용해야 하고, 농약 공장에서도 기계를 돌리며 연료를 태운다. 그러면 그만큼 이산화탄소가 배출된다. 농사에 필요한 비료를 만드는 비료 공장에서도 기계를 돌리며 이산화탄소를 뿜어낼 것이고, 자칫 잘못하면, 비료 그 자체에서 아산화질소가 발생할 수도 있다. 아산화질소 역시 기후변화에 나쁜 영향을 미치는 온실기체다.

게다가 농사를 지을 땅을 얻기 위해서는 그곳에서 원래 자라던 울창한 나무들을 베어버리는 일이 생길 수 있다. 그러면 그곳 나무들이 자라나면서 흡수하던 이산화탄소 양만큼 손해를 보게 된다. 바이오 연료를 얻는 과정에서 이산화탄소를 흡수하겠답시고, 가만히 놓아두어도 이산화탄소를 잘 흡수하던 숲을 너무 많이 파괴해버린다면, 지구 전체의 상황을 따질 때에는 실제로 이산화탄소를 흡수하기는커녕 이산화탄소를 뿜어낸 것이 된다.

만약 그런 일이 벌어진다면 농사를 짓는 만큼 계속해서 새로운 연료를 얻을 수 있다는 점에서 재생에너지라고 할 수는 있겠지만, 그 재생에너지가 기후변화 문제에 큰 도움이 되었다고 보기는 힘들다. 조금 다른 문제로, 바이오연료를 만드는 데 너무 농작물을 많이 사용하는 바람에, 가난한 나라에서 저렴하게 사 먹을 수 있는 식량이 없어져 사람들의 굶주림이 심해질 수 있다는 점도 걱정거리로 자주 언급된다.

그러므로 바이오연료를 이용해서 이산화탄소 배출을 줄이려면, 그냥 농사를 짓는 것이 아니라 이산화탄소 배출과 흡수를 계속해서 따져 계산해보고, 이산화탄소를 확실히 빨아들일 수 있는 기술을 개발해서 농사를 지어야 한다. 때문에 많은 업체가 보다 쉽게, 주변을 훼손하지 않고 농사를 지을 수 있는 기술을 개발하기 위해 애쓰고 있다. 밭에서 정성스럽게 키워야 하는 농작물이 아니라 잡초나 갈대에서 바이오연료를 뽑아내는 소위 2세대 바이오연료나, 아예 잘 자라나는 세균 같은 미생물을 잔뜩 길러서 거기에서 바이오연료를 뽑아낸다는 3세대 바이오연료 기술이 여기에 해당한다. 이런 연구는 꽤 예전부터 시작되어 긴 세월에 걸쳐 이어지고 있다.

복잡하고 때때로 놀라운 답

재생에너지는 다양한 기술이 얽혀 있는 분야이고 그런 기술들을 개발하고 활용하는 여러 나라의 다양한 회사가 갖가지 방법으로 서로 다투는 과정에서 발전해나가고 있다. 지구 전체의 기후변화 대응

지구는 괜찮아, 우리가 문제지

을 위한 노력이라고 주장하는 바가 알고 보면 이권 다툼인가 하면, 그런 이권 다툼 때문에 정말로 기후변화 대응에 어떤 기술이 더 가치 있고 시급한 것인지가 헷갈려 보이는 일도 생긴다. 나는 정부 당국이 진지한 노력을 기울여 연구하고 평가하는 과정을 통해 그런 혼란스러운 상황을 차근차근 잘 분석해야만 기후변화 문제를 잘 풀어나갈 길을 찾을 수 있다고 본다.

기술의 혼란 속에서 재생에너지가 발전해오는 동안 별로 주목을 받지 못했던 특이한 기술이 핵심으로 갑자기 중요해질 때도 있고, 얼핏 중요해 보이지 않았던 문제 때문에 막대한 노력을 기울였던 기술이 갑자기 쓸모없어지기도 한다. 한 예로 나는 일전에 전선을 만드는 한 회사의 홍보 작업에 참여한 적이 있다. 깊이 생각해보지 않으면 전선을 잘 만드는 기술과 재생에너지 기술은 그렇게 큰 관련이 없어 보일 것이다. 그러나 그 회사는 그런 막연한 느낌보다는 훨씬 진지하게 재생에너지에 관한 연구를 진행하고 있었다. 그 이유는 바다 때문이었다.

태양광발전소와 풍력발전소를 바다 한가운데에 만드는 해상태양광발전, 해상풍력발전이 늘어나고, 바다에서 발전이 이루어지는 조류발전소를 건설한다면 결국 바다에서 만든 전기를 육지로 끌고 오기 위해 바닷속에 길게 전선을 연결해야 한다. 이런 전선은 해저케이블에 속하는데, 손실 없이 전기를 전달할 수 있는 금속을 골라 튼튼하게 가공해서 깊은 바닷속에서도 긴 세월 손상받지 않고 견딜 수 있도록 설치해두어야 한다. 만약 그런 전선이 없다면 재생에너지를 이용하는 거대한 발전소를 바다에 건설하고도, 바닷속에 묻어둔 전선이 자꾸 망가지는 바람에 전기를 날리게 될 것이다.

즉, 일이 돌아가기에 따라서는 특수한 용도로 사용되는 전선을 잘 만드는 기술이 재생에너지의 미래를 좌우할 수도 있다. 그만큼 여러 기술의 연결 관계는 다양하다. 이런 엮인 관계 역시 진지하게 기후변화 문제와 재생에너지 기술을 따져볼 때는 대충 넘어가지 말아야 하는 문제다.

6장

많은 것을 전기로

움직일 수 있다면

왜 전기화가
중요할까

전기로 가는 자동차는 배터리에 충전된 전기의 힘으로 전동기를 돌려서 바퀴를 굴린다. 차 안에 연료를 태우는 장치가 없다. 따라서 움직이면서 이산화탄소를 배출하지 않는다. 이미 이 정도로도 이산화탄소를 줄여 기후변화에 대응하자는 입장에서는 관심을 가져볼 만한 소식이다.

그런데 조금만 더 생각해보면 그렇게 간단한 문제는 아니다. 배터리에 충전하는 전기는 공짜로 얻는 것이 아니다. 그 전기를 만드는 데에도 어떤 작업이 필요하고 기계가 필요하다. 전기는 발전소에서 만들어내고, 발전소의 기계에서는 이산화탄소가 배출된다. 만약 화력발전소에서 석탄을 태워서 전기를 만든다면, 전기차가 움직이는 중에 이산화탄소를 뿜지 않는다고 해도 그 차에 충전될 전기를 제공하는 화력발전소에서 이산화탄소를 뿜는다. 이런 식이라면 전기차가 이산화탄소 배출과 상관이 없다고 잘라 말할 수는 없다.

혹시라도 태양광, 풍력 같은 재생에너지나 이산화탄소를 배출하지 않는 방식의 발전 방법을 쓴다면, 전기를 만드는 과정에서도 이산화탄소를 배출하지 않을 수 있다. 그런 전기로 충전한 차라면 정말로 배출되는 이산화탄소 양이 아주 적을 것이다. 그러나 아직까지 세계 대부분의 지역에서 이산화탄소를 배출하지 않는 발전 방법은 주류가 아니다. 현재의 세상에서는 전기차를 많이 만들고 많이 타고 다니는 것만으로 모든 문제가 해결된다고 말하는 것은 과장이다.

그렇지만 전기를 만드는 방법의 문제를 인정하더라도 여전히 휘발유가 아니라 전기로 자동차를 움직인다는 것은 혹할 만한 일이다. 전기를 사용하는 기계는 휘발유 같은 연료로 동작하는 기계가 흉내 낼 수 없는 몇 가지 다른 중요한 장점을 갖추고 있기 때문이다.

연자방아 대신 블렌더를 쓰면서 달라진 것들

전기를 사용하지 않던 고려시대로 거슬러 올라가보자. 《고려사》 기록에 따르면 당시 궁중에서 연자방아를 설치해 사용했다고 한다. 연자방아는 소가 커다란 돌로 만든 장치를 돌리게 만들어놓은 기구다. 돌 아래에 빻고 싶은 물건을 넣고 소를 움직여 그 돌 장치를 돌리면 물건이 산산조각으로 빻아진다. 고려시대 궁중에서는 연자방아를 건

지구는 괜찮아, 우리가 문제지

설 자재를 손질하는 목적으로 사용했던 듯싶은데, 요리 재료를 손질하는 용도로도 널리 쓰인 기계다. 실제로 현재 남아 있는 연자방아들을 보면 대부분 농작물을 가공하고 곡식을 빻는 용도다. 제주도에는 말로 돌리는 연자방아도 꽤 있었다고 한다.

조선시대 궁중에서 주목을 받은 기계 장치로는 장영실이 만든 물시계 자격루가 유명하다. 장영실의 물시계는 단순히 시간만 알려주는 것이 아니라, 시각에 따라 자동으로 인형들이 움직이게 만든 신기한 시계였다. 요즘도 유럽 관광지에 가면 한 시간마다 시계탑에서 자동으로 움직이는 인형들이 나와서 춤을 추고 들어가는 유명한 장소들이 있는데, 장영실도 그런 기계를 대단히 정교하고 화려하게 만들었던 것이다. 한편 장영실의 물시계는 이름에서 알 수 있듯 물을 퍼부어야 했고, 물이 높은 곳에서 낮은 곳으로 흐르는 힘을 이용해서 작동하도록 고안되었다.

그러다 조선시대 말에는 개항으로 외국의 기술이 본격적으로 유입되면서 조선에도 증기기관이 하나둘 나타났다. 증기기관은 연료를 불에 태우면서 그 불로 물을 끓이고 그때 물에서 수증기가 뿜어져 나오는 힘을 이용해 기계를 돌리는 장치를 말한다. 19세기에 영국의 찰스 배비지Charles Babbage 와 에이다 러브레이스Ada Lovelace 는 해석기관analytical engine 이라는 기계를 고안했는데, 이 장치는 증기기관에 연결해서 작동시키면 내부의 교묘하고 복잡한 톱니바퀴 장치들이 움직이면서 지금의 컴퓨터와 비슷하게 복잡한 계산 작업을 수행하는 기계였다.

배비지와 러브레이스는 이 기계를 실제로 제작해서 작동시키는 데는 실패했다. 하지만 비슷하면서 기능이 떨어지는 장치는 세상에 몇 나와 있었다. 조선에서도 후기에 혼천시계 같은 기계가 있었는데, 나무 부품이 이리저리 맞물린 정교한 장치로 시각에 따라 하늘에 어떤 별이 보이는지를 계산해서 표시해주었다. 혼천시계는 증기기관으로 동작하지 않는다. 하지만 이런 장치에 증기기관을 연결했더라면, 사람에게 유용한 계산을 해주며 스스로 움직이는 기계를 만들 수 있었을지도 모른다.

현대 사회의 우리는 고려시대의 연자방아, 조선 초의 물시계, 19세기의 해석기관과 같은 장치를 일상생활에서 흔히 사용한다. 주방에서는 흔히 믹서라고 부르는 블렌더로 간편하게 요리 재료를 간다. 주머니 속에서 전화기만 꺼내면 언제든지 시간을 확인할 수 있다. 무언가를 계산해야 할 때에는 컴퓨터를 켜서 사용하면 되고 간단한 문제라면 스마트폰 계산기로도 충분하다.

이 모든 장치의 공통점은 전기를 이용해서 작동시킨다는 것이다. 감자나 당근 같은 것을 갈아야 할 때마다 고려시대에 연자방아를 돌릴 때처럼 소를 데려와서 블렌더에 연결해야 한다면 얼마나 귀찮겠는가? 그 와중에 시계를 동작시키기 위해서는 꾸준히 물을 길어 와서 시계에 넣어주어야 하고, 그러다가 무엇인가 계산하려면 석탄을 구해서 증기기관에 퍼 넣어야 한다면, 생활은 대단히 불편해질 것이다. 비단 기계를 작동시키는 과정이 불편한 것만이 아니라, 소를 키우고, 물을 길어다 붓고, 석탄을 저장해두는 작업을 하려면 넓은 공간도 필요하다. 게다가 그 넓은 공간을 유지하고 저장한 물건들을 관리하기 위해서는 사람의 노력이 필요하다. 더 많은 힘이 소모될 수밖에 없다.

그에 비해 전기는 여러 가지 다양한 목적의 기계를 전기라는 한 가지 힘으로 움직일 수 있다는 장점을 가졌다. 전기는 연자방아를 돌리는 소의 힘을 대신하고, 물시계를 움직이는 물의 힘, 증기기관을 움직이는 석탄의 힘을 대신한다. 전기 한 가지만 집 안에 잘 들어오면, 여러 가지 목적에 맞게 바꾸어 쓸 수 있다. 만약 전기로 등을 켤 수 없다면, 집집마다 불을 밝히기 위해 등불용 기름도 따로 준비해두어야 했을 것이다. 밤에 책을 읽다가 기름이 떨어지기라도 하면 급하게 기름을 구하기 위해 이곳저곳을 찾아다녀야 한다. 그러나 전기를 이용하는 세상에서는 시계를 작동시키고 블렌더를 돌리는 그 전기를 그대로 등불을 켜서 빛을 밝히는 데에 사용할 수도 있다.

이렇게 어떤 물건을 전기를 연결해서 사용하도록 하는 것을 전기화electrification라고 한다. 현대 사회는 많은 기계가 전기화되어 전기만 있으면 다양한 용도의 장비를 돌릴 수 있다. 전기화는 쓰는 입장에서 편리하고 효율적일 뿐만 아니라 전기를 만들고 유통하는 입장에서도 대단히 편리하다. 모든 작업이 전기화되어 있다면, 여러 가지 물자를 보낼 필요 없이 전기 하나만 보내면 된다. 집집마다 한 마리씩 소도 주고 물을 담을 수조도 마련해주고 석탄도 날라다 주고 등불을 밝힐 기름도 갖다주어야 한다면, 각각의 물자를 일일이 구해서 때맞춰 보충해주어야 하니 무척 골치 아픈 작업이다. 게다가 이런 물자를 싣고 옮기는 운반 작업도 다 힘이 드는 일이다.

그러나 전기화가 잘 이루어져 있다면, 다양한 물자를 보낼 필요 없이 전기 한 가지만 쓸 만큼 보내주면 된다. 일단 전기만 공급되면, 각각의 집에서 필요한 용도의 전기 기구를 연결해서 사용할 것이다. 어떻게든 전기만 공급하면 되므로 전기를 만드는 입장에서도 무엇인가 부족해져도 대안을 만들거나 대책을 세우기에 유리하다. 예를 들어, 화력발전소에서 전기를 만들어서 집집마다 보내는데 발전소를 돌릴 연료가 갑자기 부족해졌다면, 잠깐 화력발전소 대신 수력발전소로 전기를 만들어서 보내도 상관없다. 쓰는 입장에서는 같은 전기가 들어오는 것이다. 전기화가 되어 있지 않다면 문제는 심각해진다. 연자방아를 돌릴 소를 아무리 많이 거느린 집이라고 해도, 등잔불 밝힐 기름이 떨어지면 소로 불을 밝힐 수는 없다. 이에 더해서 전기를 보내는 데 대체로 힘이 덜 든다는 것도 큰 장점이다. 전기는 석탄처럼 트럭에 싣고 가서 일일이 퍼 담을 필요도 없다. 전깃줄만 연결하면, 1년 365일 24시간 언제나 전기는 빛의 속도로 전깃줄을 타고 날아가 집집마다 퍼져나간다.

복잡한 기후 문제의 간단한 해법을 상상하다

전기화의 장점은 이산화탄소 배출을 따질 때에도 그대로 살아 있다.
전기는 발전소에서 만들어서 전국에 공급된다. 유럽이나 북아메리카 지역에서는 서로 다른 나라끼리도 전기를 주고받는다. 그렇기 때문에 모든 것이 전기화되어 있다면, 발전소만 이산화탄소를 덜 배출하도록 개선하면 모두가 이산화탄소를 덜 배출하게 되는 셈이다. 모든 것이 전기로 동작한다면 문제의 해결책을 찾기가 수월해진다. 해결책이 개발되었을 때 실행하기도 간단해진다.

예를 들어, 미래의 어느 날 기술의 발전으로 연료를 태울 때 연료가 나오는 곳에 붙여놓으면 이산화탄소 배출량을 절반으로 줄여주는 환상의 거름막 장치가 개발되었다고 해보자.

천만 명의 사람이 모두 휘발유를 태우는 자동차를 타고 다닌다면, 그 환상의 거름막을 천만 명이 타는 천만 대의 자동차에게 일일이 달아주어야 한다. 그래야만 이산화탄소 배출량을 절반으로 줄일 수 있다. 천만 명의 사람이 모두 전기로 움직이는 자동차를 타고 다닌다면, 그 전기를 만드는 발전소들에만 환상의 거름막을 달아주면 끝이다. 굴뚝에서 뿜어져 나오는 이산화탄소를 도로 빨아들이는 기계가 개발된다고 해도 상황은 비슷하다. 전기차를 타면 자동차마다 그 기계를 설치할 필요 없이 발전소에 기계를 설치하면 된다. 실제로 현재 이산화탄소를 도로 빨아들이는 장치가 몇 종류 개발되어 있는데, 이런 장치는 자동차보다 발전소 같은 큰 설비에 설치하기가 더 유리하다.

이산화탄소 배출을 줄이는 방법은 지금도 꾸준히 개발되고 발전하고 있다. 또한 여러 발전소에서 과거와 같은 양의 연료를 태우면서도 더 많은 전기를 만들어내는 효율적인 설비를 꾸준히 도입하고 있다. 때문에 과거에 비해 더 많은 전기를 만들면서 더 적은 이산화탄소를 배출하는 변화가 어느 정도는 이루어진 상태다. 이렇게 발전하는 전기 만드는 기술로부터 덕을 보기 위해서는 기술의 적용이 편리하도록 세상이 많이 전기화되어 있는 편이 좋다. 만약 가정에서 전기를 별로 쓰지 않고 기름으로 등을 밝히고, 컴퓨터를 작동시킬 때마다 석탄을 태운다면, 발전소에서 설비를 개량해 이산화탄소 배출을 줄인다고 해도 그 효과를 제대로 볼 수 없다.

기술이 계속 발전해서, 언제인가 이산화탄소를 내뿜지 않고 전기를 만드는 방법이 주류가 된다고 상상해보자. 그렇게 만든 전기만을 사용해서 모든 작업을 한다면 이산화탄소 배출 문제는 정말로 사라지게 될 것이다.

그 밖의 장점들

그 외에도 전기화에는 몇 가지 장점이 있다. 연료를 태워서 엔진을 돌리면, 산소 기체를 소모하고 연기가 나오며 강한 열이 발생하기 마련인데, 이런 현상들은 간혹 안전 문제에 영향을 끼친다. 전기를 사용해서 일을 하면 그럴 가능성이 더 적다. 어린이가 있는 집에서 가스레인지보다는 전기레인지를 더 자주 사용하는 경향이 있는 것도 같은 이유다. 19세기 런던의 지하철은 증기기관으로 움직였는데, 지하에 온통 연기에서 나온 검댕이 가득해서 열차도 더러워지기 일쑤였다. 전기를 이용하는 현대의 지하철에는 그런 문제도 없다.

전기를 이용해서 움직이도록 장치를 꾸미면 조작, 조절, 운전, 수리가 더 간편한 경우도 많다. 이 때문에 이산화탄소 문제나 기후변화와 상관없이 그저 내부 구조의 유리함 때문에 기계를 전기로 작동시키는 경우도 종종 있다.

대표적인 예로 과거 한국의 기차 중에 디젤기관차라고 하면 가장 자주 눈에 뜨이던 EMD 16-645E3 기관차를 꼽을 수 있다. 이 기관차는 수십 년 전부터 널리 사용된 전형적인 디젤기관차다. 그런데 디젤기관차라는 이름과 달리 이 기관차는 석유로 작동시킨 디젤엔진이 바로 기차 바퀴를 돌리는 방식이 아니었다. 이 기관차는 석유를 태워서 디젤엔진을 돌리면 그 디젤엔진이 발전기를 돌리고, 그 발전기에서 나오는 전기로 다시 전동기를 돌려서 기관차 바퀴를 움직이는 구조다.

만약 디젤엔진의 도는 힘을 톱니바퀴로 연결해서 바로 기차 바퀴를 돌리는 구조였다면, 복잡한 톱니바퀴 장치를 기차의 움직임을 견딜 수 있을 정도로 대단히 튼튼하게 만들어야 했을 것이다. 게다가 그렇게 만든 장치의 속력과 움직임을 조절하기 위해서는 거기에 맞물려 움직이는 또 다른 톱니바퀴 장치가 있어야 하고 그 장치도 강한 힘을 견뎌야 한다. 그러나 디젤엔진으로 바로 바퀴를 돌리는 대신 전기를 만들고, 전기 장치로 바퀴를 돌린다면 그 움직임을 전기회로로 조절할 수 있다. 대체로 전기회로로 장치를 움직이는 것은 훨씬 간단하다. 그 때문에 한국의 디젤기관차들은 내부에서 전기를 이용한다.

꼭 자동차가 아니라도 공장에서 사용하는 설비도 전기를 이용해 작동하는 것으로 굳이 바꿀 때가 있다. 더 편한 설비 조작이나 수리를 위해 공장 설비를 전기화하는 것이다. 전기화는 기계를 개선하는 여러 가지 방법 중에 쉽게 떠올릴 수 있는 한 가지 방법이다.

만약 세상이 완전히 전기화되어 교통수단을 움직이는 것은 물론이고 요리와 난방까지도 모두 전기로 해결한다면, 도시를 건설하는 일도 훨씬 간편해질 것이다. 그만큼 새 도시를 짓는 데 드는 노력과 장비가 줄고, 그것만으로도 이산화탄소 배출이 줄어든다.

지금은 새로 도시를 건설할 때, 그 도시 사람들이 차를 타고 다니면서 이용할 주유소를 곳곳에 지어주고, 사람들이 요리하는 데 사용할 도시가스도 배관을 깔아 공급해준다. 휘발유나 도시가스는 불이 붙으면 폭발할 수 있으므로 그 모든 설비가 안전하게 유지되도록 고민하며, 꾸준히 관리하기 위해서도 따로 돈을 들인다. 그러나 만약 사람들이 전부 전기차를 타고 요리에도 전부 전기를 쓴다면 다른 설비는 필요하지 않으며 그냥 전기만 연결해놓으면 된다. 휘발유나 도시가스를 계속해서 공급해주는 고민을 할 필요 없이 전선을 따라 전기만 꾸준히 보내주면 되니 유지하기에도 훨씬 간편하다.

시작은 전기차로

현재 상황에서 전기차는 세상을 전기화해서 더 편리하게 만드는 단초가 될 수 있다. 사람들이 전기차를 널리 사용하면 일상생활에 전기를 더 널리, 더 많이 사용하는 문화가 정착하게 될 것이다. 그러면 그 후에는 점점 더 많은 영역에서 전기를 사용하는 것이 유리해진다. 전기를 사용하는 기계는 항상 충전하는 것이 번거롭기 마련인데, 전기차가 널리 퍼진 덕분에 쉽게 전기를 빨리 충전하는 장치가 곳곳에 설치된다면, 차 말고도 더 많은 기기를 편리하게 충전할 수 있을 것이다. 그러면 기계를 전기로 돌리는 것이 더더욱 유리해질 것이다.

전기차를 동시에 많이 충전하려면, 그만큼 강한 전기를 견딜 수 있는 전선, 전압 관리 설비, 전기 조절 설비도 더 필요하다. 전기차 때문에 전국 곳곳에 그런 설비가 더 많이 설치되면 이 역시 전기를 이용해서 다른 커다란 기계를 돌리는 데 도움이 된다. 자동차를 전기화한 전기차가 퍼지면 퍼질수록 다른 모든 일의 전기화도 더 수월해진다. 그렇게 전기화가 더 촉진된다.

미래가 되어, 농기계에서부터 각종 공장 설비까지 세상을 움직이는 모든 것을 다 전기로 작동시킬 수 있는 완전한 전기화가 이루어졌다고 상상해보자. 그런 세상에서는 기계 하나하나에 대해 고민할 필요 없이, 그 모든 것에 공급할 전기를 잘 만드는 방법만 고민하면 된다. 그런 세상에서는 발전소만 이산화탄소를 배출하지 않는 방법으로 개량하고 교체하면, 사람의 활동에서 이산화탄소 배출이 대폭 줄어든다. 전기차를 퍼뜨리는 것은 그런 세상으로 나아가기 위해 필요한 기본 시설을 보급하는 작업이 될 수 있다.

전기화의 장점은 좀 더 먼 미래를 생각해보면 훨씬 크게 다가온다. 만약 달이나 화성에 사람이 살 수 있는 기지를 건설한다고 해보자. 이런 곳에는 산소 기체가 없기 때문에 아무리 연료가 있어도 불을 붙일 수 없다. 그러니 휘발유 자동차는 애초에 달이나 화성에서는 움직일 수가 없다.

어떻게든 불을 붙인들, 달이나 화성에서 무슨 수로 휘발유를 구한단 말인가? 로켓에 휘발유를 실어서 지구에서부터 달이나 화성까지 배달한 다음 자동차를 움직이는 데 사용하고, 도시가스를 실어 와 가스레인지로 요리를 하는 데 사용한다면, 그 비용이 너무나 막대해서 도저히 기지를 유지할 수 없다. 지금 인공위성이 날아다니는 높이까지 로켓으로 1킬로그램을 배달하는 데 500만 원 이상의 비용이 소요되는데, 달까지의 거리는 그 백 배 이상이며 화성까지의 거리는 그 만 배, 10만 배 이상으로 보아야 한다. 도저히 지구에서 다양한 연료나 자원을 배달해서 달이나 화성에서 사용할 수 없다.

그렇지만 달과 화성에 건설한 도시가 전기화되어 있다면, 어떻게든 전기만 만들어내면 그 전기로 전기차도 타고 다니고, 전기레인지로 요리도 하고, 전기로 등불을 밝히고, 전기로 선풍기나 에어컨을 돌리고 컴퓨터를 작동시키고 지구와 통신하기 위한 장비도 작동시킬 수 있다. 외계 행성에서 휘발유를 구하는 것에 비하면 전기를 얻는 것은 훨씬 쉬운 문제다. 우주에서 태양광을 이용해서 전기를 만드는 방식은 이미 수십 년 전부터 보편화되었고, 달과 화성에 전기를 만들 수 있는 다른 유용한 자원이 있다면 그것을 활용하는 새로운 기술을 고안해볼 수도 있을 것이다. 지구에 비해 방사능이나 안전문제를 좀 덜 신경 써도 되는 상황이라면 원자력을 이용하기에 편리한 점도 있다.

지구 바깥에서 건설할 미래의 우주 도시는 모든 것이 전기로 움직이는 전기 세상이 될 것이라는 점은 당연하다. 그 미래를 조금 가깝게 당겨와서 지구에서 활용한다면 현재의 문제를 해결하는 데 큰 도움이 될 것이다.

200년을 기다려온
전기차의 시대

　사람의 활동이 뿜어내는 온실기체 배출의 약 20퍼센트 정도는 교통수단에서 발생한다. 모든 사람이 이제부터 전철과 전동스쿠터, 전기차만 타고 다니고 그 교통수단들을 움직이는 전기를 모두 이산화탄소를 뿜지 않는 방식의 발전소에서 만든다면, 그것만으로 기후변화 문제를 20퍼센트나 줄일 수 있다는 뜻으로 이 통계를 해석해보자. 전 세계에서 20퍼센트 감축이라면 대단히 큰 변화이며, 미래가 훨씬 밝아진다고 할 정도로 큰 희망이다.

　따지고 보면 전기차라는 것의 전체 구조는 그렇게 복잡하지 않다. 전기차는 생산하기에 간단하고 조종하기에도 간단하다. 자동차가 개발되기 전에, 과학기술의 힘으로 말 없이 저절로 움직이는 마차 같은 기계를 만들겠다고 도전한 사람들이 있었을 때, 그때부터 전기차 기술은 관심을 끌었다. 실제로 19세기에 다양한 방식의 자동차들이 개발되던 시기에 전기차도 등장했다. 전기를 이용해서 전화, 전구, 음반, 영화 등등 갖가지를 만드는 사업을 펼쳤던 미국의 발명가 토머스 에디슨 역시 전기로 자동차를 움직이는 데 꽤나 관심이 있었다.

한국의 서울 시내에서 가장 먼저 정기 운행한 기계 교통수단도 전기차였다. 정확히 말하면 배터리에 전기를 저장해서 움직이는 전기차라기보다는 전깃줄에서 전기를 받아 전철처럼 움직이는 전차였지만 말이다. 한국에서 최초로 증기기관차가 운행한 것은 1899년 하반기였는데, 서울 시내에서 전차가 다닌 것은 1899년 5월이니 증기기관차의 운행보다도 조금 더 빠르다. 전차는 이후에 꾸준히 운행되어 1968년까지 도시를 누볐다.

왜 전기차보다 휘발유차가 대세가 되었을까

그런데 휘발유나 경유를 이용해서 움직이는 자동차가 퍼지면서 전기차에 대한 관심은 점차 사그라들었다. 전기차는 휘발유차나 경유차에 비해서는 오래 움직이기에 불리했다. 그 말은 같은 거리를 움직인다고 할 때 전기차가 짐을 많이 싣기에 불리하다는 뜻이기도 했다. 자동차가 등장하던 시기에는 지금처럼 전기가 널리 퍼져 있지 않았다. 전기를 공급하려면 전봇대를 세우고 전깃줄을 연결해가야 하는데, 이런 작업의 기초를 다지는 것은 꽤 번거로운 일이다. 그나마 한국처럼 넓지 않은 땅에 많은 사람이 사는 곳이라면 모를까, 러시아, 캐나다, 미국처럼 땅이 넓은 나라에서는 땅을 가로질러 전선을 곳곳에 연결한다는 것은 엄두 내기 어려운 일이었다. 차라리 군데군데 주유소를 세워두고 휘발유를 담은 통을 배달해서 쌓아놓는 편이 일단은 더 간편했을 것이다.

따지고 보면 이 문제는 다시 전기는 저장해두기가 어렵다는 단점으로 연결된다. 자동차가 마음대로 돌아다니려면 그 속에 전기를 저장하는 배터리가 있어야 한다. 그런데 휘발유 저장 무게만큼 가볍지만 전기를 많이, 오래 저장하는 배터리를 만드는 것이 쉽지 않았다.

만약 그런 배터리를 옛날부터 쉽게 만들 수 있었다면, 전기를 저장하기 어려워 생기는 재생에너지 문제도 없었을 것이다. 수력발전소에서 흘러간 물을 전기를 써가면서 도로 높은 산 위로 퍼 올리는 어마어마한 짓을 하는 대신에, 좋은 배터리에 남는 전기를 그냥 차곡차곡 저장해놓았을 것이다.

그러나 그런 배터리를 만들기는 어려웠다. 전기를 많이 담을 수가 없어서 과거의 전기차는 휘발유 자동차보다 훨씬 짧은 거리밖에 가지 못했다. 조금 갈 때마다 전기를 다시 충전하고, 또 충전하기를 반복해야 했다는 뜻이다.

이것은 치명적인 문제다. 사람들이 자동차를 타는 이유는 먼 거리를 짧은 시간에 이동하기 위해서다. 충전하는 데 시간이 소요된다면 전체 이동 시간도 늘어난다. 따지고 보면 속도가 줄어드는 일이나 다름없다. 500킬로미터 떨어진 목적지까지 가는데, 휘발유 자동차와 전기차 모두 시속 100킬로미터로 움직일 수 있다고 가정해보자. 차가 달리는 시간만 보면 둘 다 다섯 시간이 걸린다. 그런데, 휘발유 자동차는 그 거리를 한 번에 이동할 수 있지만 전기차는 중간에 멈춰 한 시간 동안 충전을 해야 한다면 어떤가? 결국 전기차는 충전 시간을 포함해 목적지까지 가는 데 여섯 시간이 걸린다. 기계의 속력은 시속 100킬로미터로 같다고 해도, 충전 시간 때문에 한 시간이 더 걸린다. 충전소에 갔는데 빈자리가 없어 기다려야 한다면 그보다 시간이 더 걸릴 수도 있다. 충전소의 충전기가 고장 나 있으면 아예 차가 오도 가도 못하게 될 수도 있다.

때문에 초창기 전기차와 휘발유차의 대결에서는 휘발유차가 승리를 거두었다. 처음으로 소품종 대량생산되어 자동차를 대중화시킨 미국의 모델 T 자동차가 바로 휘발유 자동차였는데, 이 차는 1908년부터 1927년까지 생산되면서 전 세계에 자동차 문화를 정착시켰다. 그로부터 대략 28년이 지난 1955년에 한국에서도 시발이라는 이름의 자체 제작 휘발유 자동차가 생산되었다. 그러니 휘발유 자동차가 세상을 지배했다고 할 수도 있겠다.

중동전쟁이 불러온 변화

전기차가 다시 사람들의 관심을 얻은 것은 1960년대와 1970년대 무렵이었다. 결정적인 계기는 1973년 제4차 중동전쟁을 꼽을 수 있다.

당시 중동 지역에서는 다양한 원인으로 여러 국가가 충돌하고 있었다. 그중에서도 이집트를 중심으로 한 아랍 연합군과 이스라엘이 맞서 싸운 전쟁이 규모가 컸다. 1967년에는 제3차 중동전쟁이 일어났는데, 이 전쟁에서 인구도 많고 병력도 풍부했던 아랍 연합군이 작은 나라인 줄로만 알았던 이스라엘에게 대패했다. 이집트군 입장에서는 이 일이 대단히 수치스러웠을 것이다.

　제4차 중동전쟁이 일어나자, 과거의 치욕을 갚아주기 위해 철저히 준비했던 이집트군은 제3차 전쟁 때와는 다른 모습을 보여주었다. 이스라엘군에 막대한 피해를 안긴 이 전쟁은 그 전까지의 전쟁과는 다른 결과를 가져왔다. 중동 지역 국가들이 뭉쳐서 다른 나라들에게 석유를 수출하지 않겠다는 조치를 취한 것이다. 그러자 전 세계의 모든 나라가 갑작스러운 석유 부족에 시달리게 되었다. 이것이 1973년 오일쇼크라고 하는 사건이었다.

　오일쇼크가 발생하자, 자본주의의 풍요를 즐기던 선진국 국민들은 갑자기 주유소 앞에 늘어서서 기름을 구하려고 발을 구르는 처지가 되었다. 한국에서도 갑자기 물가가 20퍼센트 오르는 경제 혼란이 발생했다. 당시 한국에서는 정부의 막강한 힘과 대통령의 방대한 권한을 보장하는 유신헌법이 시행 중이었다. 그 강력한 유신헌법 시행 중에도 꾸준히 정부에 대한 불만과 민주주의에 대한 요구가 나왔던 데에는 오일쇼크로 인한 경제적 불안도 영향을 끼쳤을 것이다.

　그 정도로 오일쇼크는 세계 경제에 큰 충격을 주었다. 몇몇 나라가 석유를 파느냐 마느냐 하는 문제로 이렇게까지 세상이 큰 영향을 받는다니 놀라운 일이었다. 이런 상황은 새로운 문제에도 눈뜨게 했다. 석유는 어차피 땅속에 고인 지하자원으로 그 양이 한정되어 있다. 언제인가는 다 소모되어 더 이상 쓸 수 없는 날이 올 것이다. 굳이 전쟁 때문에 어떤 나라들이 석유를 안 팔겠다고 하지 않더라도, 석유가 정말로 다 떨어져서 못 팔게 되는 날이 온다. 오일쇼크를 계기로 사람들은 이 사실을 진지하게 되새겼다.

이로써 1970년대를 지나면서 선진국을 중심으로 석유를 사용하지 않고 각종 기계를 움직이는 방법이 주목을 받게 되었다. 마찬가지로 20세기에 이루어진 전기 자동차 연구는 기후변화 문제보다는 주로 석유가 바닥난 이후를 대처하는 문제에 초점을 맞추었다. 1970년대에는 이산화탄소 배출량이 지금만큼 크게 주목받는 문제가 아니기도 했다.

석탄은 석유보다 훨씬 넉넉하다. 그러므로 석탄화력발전소를 이용해서라도 전기를 많이 만들기만 하면 그 전기로 전기차를 움직일 수 있다. 만약 다들 전기차를 타고 다니는 세상이라면, 혹시 미래에 또 한 번의 오일쇼크가 오더라도 대처하기 좋다. 심지어 석유가 완전히 바닥나는 날이 오더라도 대처할 수 있다. 태양광, 풍력, 조류, 지열, 바이오연료 같은 재생에너지들에 대한 연구도 이 시기에는 대개 이산화탄소 배출을 줄이는 것보다는, 석유가 없을 때에 어떻게든 기계를 돌리는 방안을 찾는 것이 주된 목적이었던 것 같다.

전기차가 넘지 못한 장애물

그렇지만 당시에 등장한 전기차는 지금처럼 크게 주목받지 못했다.

일단 오일쇼크가 영원히 계속되지 않았다. 중동 지역 국가들도 세계 경제가 순조롭게 성장해야 잘살 수 있는 나라들이다. 결국 다시 세상 어디에서나 석유를 편하게 쓸 수 있게 되었다. 게다가 기존의 석유 수출 지역 외에서도 석유가 추가로 발견되었다. 대표적으로 영국, 노르웨이 같은 나라들은 북해의 바다에서 막대한 양의 석유를 발견해 전 세계에 판매하는 데 성공하면서, 엄청난 돈을 벌어들였다. 21세기 들어서는 미국과 캐나다가 셰일가스를 활용하는 방법을 개발하면서 막대한 연료를 판매해 돈을 벌기도 했다. 그러면서 전기차를 만들어야 하는 절박함도 줄어들었다.

기술적인 문제에서도 넘기 어려운 큰 장애물이 있었다. 역시 전기는 저장하기 어렵다는 것이 가장 큰 문제였다. 전기차를 유용하게 사용하려면 충전을 빨리하고 한 번 충전해서 오랫동안 달릴 수 있어야 한다. 그런데 그렇게 전기를 많이 충전할 수 있는 배터리를 좀처럼 개발하기가 어려웠다. 전기가 잘 충전된다 싶으면 가격이 너무 비쌌고, 가격이 괜찮다 싶으면 무게가 너무 많이 나갔다. 배터리가 무거우면 설령 전기를 많이 저장해놓은들, 자동차 전체가 무거워진다. 그러면 그 무게를 움직이느라 전기를 더 많이 소모하게 되어 어차피 자동차를 움직일 수 있는 거리가 별로 늘어나지 않는다.

이 문제를 해결하기 위해서 많은 사람이 노력했지만 뚜렷한 돌파구는 몇십 년째 보이지 않았다. 오일쇼크가 끝나자 별로 주목받는 문제도 아니었다. 석유가 흔해진 세상에서 그 문제를 풀기 위해 큰돈을 투자하겠다는 사람들도 없었다. 그러니 배터리 문제가 풀릴 가망은 없어 보였다.

그러다 이상한 방향에서 빛이 보이기 시작했다. 빛이 비치는 방향은 로큰롤과 컴퓨터 게임 쪽이었다.

배터리는 어떻게
세상을 바꿨나

20세기 후반 동아시아의 전자 회사들은 휴대용 전자제품을 판매해서 수입을 올렸다. 선두는 단연 일본의 주요 대기업들이었고, 한국 회사들도 괜찮은 성과를 올리고 있었다. 처음 인기를 끈 제품은 들고 다니면서 음악을 들을 수 있는 작은 기계였다. 음악을 녹음해놓은 카세트 테이프를 재생해서 이어폰으로 듣는 장치를 손바닥만 하게 만든 제품이 큰 인기를 끌었는데, 한국에서도 흔히 "카세트"라는 이름으로 여러 제품이 나왔다. 1980년대와 1990년대 초까지만 해도 이런 휴대용 제품 중에서도 기술을 이끌어나가는 일본 회사들의 제품이 전 세계에 걸쳐 대단한 인기를 누렸다.

지금은 사용되지 않는 말이라서 요즘 세대는 거의 아무도 알지 못하지만 당시 젊은 세대였던 사람들이라면 다 알 만한 단어 중에 "오

지구는 괜찮아, 우리가 문제지

토리버스auto reverse"라는 말이 있다. 이 시기 카세트 테이프는 앞면과 뒷면에 음악을 기록할 수 있었고, 앞면의 음악을 다 듣고 나면 꺼내서 뒤집어 넣어주어야 뒷면의 음악을 이어서 들을 수 있었다. 오토리버스는 기계가 자동으로 카세트 테이프를 뒤집어준다는 뜻이다. 이 기능이 생기자 기계에 손을 대지 않아도 무한반복으로 음악을 들을 수 있게 되었다. 이런 용어가 유행할 정도로 젊은이들 사이에서 돌아다니며 음악을 듣는 문화와 그런 문화를 반영한 휴대용 전자제품이 크게 인기를 끌던 시절이었다.

록에서 랩까지 대중음악의 인기가 더해갈수록 소형 전자제품은 많이 팔려 나갔다. 비슷한 휴대용 전자제품도 계속해서 등장했다. 다들 어느 정도 이상은 인기를 모았다. 카세트 테이프 대신에 음악을 기록해놓은 CD를 재생하는 휴대용 CD 플레이어가 인기를 끈 것은 당연한 수순이었고, 들고 다니면서 컴퓨터 게임을 할 수 있게 해주는 기기도 꽤 큰 인기를 끌었다. 그런 분위기를 타고 휴대용 소형 컴퓨터도 점차 발전했다. 1980년대 초만 해도 휴대용 컴퓨터가 커다란 짐가방만 했는데, 이후 기술이 발전하면서 지금의 휴대용 컴퓨터와 비슷하게 접으면 책 정도의 크기가 되는 제품에 이르렀다.

더 간편하게 더 오래 쓰고자 하는 열망

그런 유행 속에서 전자제품 회사들은 기계를 들고 다니면서 과연 얼마나 오래 쓸 수 있는지를 두고 경쟁하기 시작했다. 만약 중국 회사의 제품은 두 시간만 음악을 들어도 배터리가 다하는데, 일본 회사의 제품으로는 네 시간 동안 음악을 들을 수 있다면, 당연히 일본 회사 제품이 더 잘 팔릴 터였다.

그냥 지속 시간 싸움이었다면 커다란 배터리를 덕지덕지 달아서 어떻게든 더 오래 쓰게끔 했을지도 모른다. 그러나 휴대용 제품에 무작정 배터리를 크게 달면 너무 무거워져서 들고 다니기가 불편해진다. 애초에 젊은이들을 겨냥하는 상품들이니만큼, 겉모양이 날렵하고 멋져야 한다는 점도 매우 중요했다. 오래 쓰는 것이 중요하다고 해서 겉모양이 투박해지면 곤란했다.

그래서 전자 회사들은 오래가면서도 가볍고 작은 배터리를 만들기 위해 공을 들였다. 이런 경쟁은 1990년대 중반, 휴대전화가 본격적으로 보급되면서 극에 달했다. 휴대전화는 일단 오랫동안 켜 있어야 했고, 오래 통화를 나눌 수 있어야 했다. 문자메시지를 주고받고, 전화기로 음악 감상이나 게임을 하는 문화가 퍼져나가자, 전화기에 전기를 많이 담는 배터리가 달려 있어야 한다는 점은 기능의 핵심으로 자리 잡았다. 동시에 휴대전화는 가볍고 작고 멋진 모양이어야만 팔릴 수 있는 제품이므로 결코 배터리가 커서는 안 되었다.

마침 이 시기 세계의 전자 회사들 사이에는 첨단기술 개발에 투자하고 새로운 기술을 도입하는 데 거침 없는 분위기가 형성되어 있었다.

기술을 대하는 분위기는 산업계마다 시대마다 다르다. 어떤 업계는 굳이 새로운 시도를 하려고 애쓰지 않는다. 생소한 첨단기술을 꺼

지구는 괜찮아, 우리가 문제지

리는 분위기가 짙은 업계도 있다. 그렇지만 1990년대의 전자 업계는 정반대였다. 뭐가 되었든 새로운 기술, 신기한 기술, 놀라운 기술을 애타게 찾고 그런 기술 자체를 선전하고자 했다. 지금도 비슷한 분위기는 남아 있지만, 1990년대 전자 회사들의 TV 광고를 보면, 로봇이 미래 세계로 사람들을 이끌고 가고, 우주를 향해서 빛나는 전자기기가 날아가는 식의 장면들이 잔뜩 나왔다. 더 새롭고 더 미래에 가까운 기술을 과시하려고 하는 흐름이 있었다.

리튬이온배터리, 판을 뒤집다

그런 열기 속에서 1990년대 초 일본의 한 전자 회사에서 리튬이온배터리라는 개선된 방식의 충전이 가능한 배터리를 생산해서 제품에 사용하기 시작했다. 한국의 한 화학 회사는 1990년대 말, 일본 회사들 이외의 회사 중에 최초로 대량생산에 성공했다. 리튬이온배터리는 종래의 배터리보다 더 작고 가벼우면서도 더 많은 전기를 효율적으로 저장할 수 있었다. 리튬이온배터리를 장착한 전화기는 더 얇아도 더 오래갔고, 컴퓨터도 더 가벼워지고 들고 다니기 편해졌다.

21세기에 접어들어 휴대전화가 매년 전 세계에 수억 대씩 팔리는 시대가 찾아오고, MP3 재생기, 디지털카메라, 휴대용 컴퓨터의 수요도 놀라운 속도로 증가하면서 휴대용 전자제품에 필요한 배터리는 더욱 중요해졌다. 리튬이온배터리를 생산하는 기술은 더 발전했다.

뛰어난 기술로 더 많은 양의 배터리를 빠르게 생산하게 되자 배터리의 가격은 점점 떨어졌다. 결국 리튬이온배터리는 지금까지 사람들이 개발한 전기 저장 방식 중에 가장 싸고 용량이 크고 쓸모 많은 방식이 되었다. 리튬이온배터리를 개발하는 데 결정적인 공을 세운 과학자 세 사람은 2019년에 노벨상을 받았다.

리튬이온배터리는 세상을 바꾸었다. 하늘을 나는 드론이 갑자기 유행한 것은 새롭고 신기한 비행술이 개발되었기 때문이라기보다는, 전기로 바람개비 모양을 돌려서 하늘을 나는 장치를 리튬이온배터리 덕택에 더 오래 작동시킬 수 있었기 때문이다. 스마트폰도 리튬이온배터리가 없었다면, 다양한 기능을 사용하면서 지금처럼 오래 쓸 수 없었을 것이다. 그렇다면 이토록 널리 퍼지며 실용화될 수도 없었을 것이다. 인터넷이나 동영상을 즐기는 문화도 지금과는 완전히 달랐을 것이고, 배달 음식에서 중고 물품 거래까지 생활도 크게 달랐을 것이다. 미래에는 로봇이 더 발전할 것이라고들 말하는데, 성능이 뛰어난 리튬이온배터리가 없다면 지금처럼 유망하지는 못할 것이다.

카세트가 열어준 전기차의 시대

그리고 리튬이온배터리는 전기차를 되살아나게 했다.

1990년대만 하더라도, 여러 회사가 전기로 움직이는 자동차를 위해서는 무엇인가 특수한 자동차 전용 배터리를 개발해야 할 거라는 생각을 품었다. 그러다 휴대용 전자제품에 많이 쓰이던 리튬이온배터리 기술이 계속 발전하자, 자동차에도 리튬이온배터리를 이용하면 쓸 만할 거라는 생각이 자리 잡게 되었다. 반대로 생각하면, 휴대용 전자제품 산업에서 리튬이온배터리가 발전하지 못했다면 지금의 전기차는 탄생하지 못했을지도 모른다. 옛날 신나는 음악을 듣기 위해 전자제품을 사던 아이들이 자기도 모르게 기후변화를 막는 산업에 투자한 셈이다.

실제로 미국의 한 전기차 회사는 초창기 인기 제품을 출시하면서, 자동차에 휴대용 전자제품에 사용하는 18650 배터리를 잔뜩 집어넣었다. 18650 배터리는 지름 18밀리미터 길이 65밀리미터의 원통형 모양 배터리를 말한다. 크기는 보통 건전지보다 조금 크다. 이 회사는 이런 배터리를 7000개 이상 자동차 밑바닥에 깔았다. 성능은 다른 배터리들 못지않게 훌륭했고, 전용 배터리가 아니라 기존에 많이 쓰이던 제품을 그대로 사용했기 때문에 가격이 저렴하면서 품질도 훌륭했다.

지금은 대부분의 자동차 회사들이 당연하게도 리튬이온배터리를 이용해 전기차를 생산한다. 배터리 기술에 관한 보도를 보다 보면, 하이니켈배터리나 NCA배터리, NCM배터리 같은 말들이 자주 나오는데, 모두 리튬이온배터리의 변형이다.

지금은 기후변화를 심각한 문제로 받아들이면서, 전기화를 통해서 이산화탄소 배출을 줄인다는 발상 때문에 전기차가 더 주목받고 있다. 한국 자동차 회사들을 비롯해서 세계의 주요 자동차 회사들이 전기차를 내어놓고 있고, 전기차를 만드는 기술이 뛰어난 회사와 배터리 회사에 투자하는 투자가들도 많아지고 있다. 덕택에 현재는 주식으로 돈을 벌어보려는 사람들부터, 아파트를 지을 때 전기차 충전 장치를 몇 군데나 두는 것이 적당한지 고민하는 부동산 투자가까지 대단히 많은 사람이 전기차에 관심을 갖는 시대가 되었다.

그러고 보면, 배터리 기술에는 18650 배터리의 사례처럼 미국인들이 많이 사용하는 인치 단위 대신에 밀리미터 단위가 사용되고, 관련 용어도 영어보다는 양극재, 음극재, 분리막, 전해액 같은 한자어가 많다. 이것은 컴퓨터 칩 용어가 CPU, AP, 코어, 팹리스 등과 같이 영어 일색인 것과 뚜렷이 대조된다. 나는 이런 차이가 배터리 기술을 초창기에 일본 회사들이 주도했기 때문인 것으로 보고 있다.

리튬이온배터리가 개발되고 발전해온 과정은 기술의 발전과 혁신의 전파에 관한 좋은 예시이다. 리튬이온배터리 기술이 발전해서 전기차라는 거대한 산업을 이끌어낸 것은, 기후변화가 문제라는 사명감을 가진 한 정치인이 과학자들에게 기후변화로부터 세상을 구할 방법을 개발하라고 지시했기 때문이 아니다. 그런 지령을 받은 학자들이 처절하고 거창하게 노력했기 때문에 전기차 시대가 시작된 것이 아니다.

그보다는 그냥 더 오래 작동하는 휴대전화나 더 오래 음악을 들을 수 있는 휴대용 전자제품을 만들고자 사람들이 이것저것 새로운 기술들을 자유롭게 개발했는데, 그런 기술을 자동차에도 이용할 수 있

지구는 괜찮아, 우리가 문제지

다고 생각했고, 그 생각을 실행에 옮길 수 있었기 때문이다. 만약 기후변화가 가장 중요한 문제이니 한가하게 음악이나 듣는 전자제품 기술은 개발하지 말라고 누가 금지시켰다면 오히려 전기차는 없었다. 만약 전자제품 부서에서 개발한 배터리는 자동차 부서 소관이 아니기 때문에 사용하지 말아야 한다는 제도가 있었다면, 역시 전기차의 발전은 한참 더 미루어졌을 것이다.

나는 기후변화 문제를 해결해나가는 다른 기술 분야의 발전에도 비슷한 방향의 전략을 기대할 필요가 있다고 생각한다. 계획대로 가두어놓고, 틀에 맞추어 제약하는 방식이 아니라 여러 가지 기술을 좀 더 자유롭게 시도해보게 하는 제도가 꼭 필요할 때가 있다. 다양한 분야의 기술이 자유롭게 발전하고, 새로운 기술이 다양하게 활용되고 시도될 수 있는 상황이 주어질 때, 의외로 문제를 해결할 수 있는 새로운 생각이 등장할 가능성이 더 높아질 것이다.

전기차의
오늘과 내일

전기차 시장이 바뀐 결정적 순간

21세기 초에 전기차가 서서히 인기를 모을 때만 해도, 전기차 회사들은 대개 전기차로 기후변화 문제에 대응할 수 있다는 점을 자랑했고, 한편으로는 전기차는 더 싼값에 움직일 수 있다는 점을 자랑했다. 말하자면 이 무렵의 전기차는 돈을 아끼려는 사람들이나 착한 일을 하고자 하는 사람들이 선택하는 푸근하고 따뜻하고 선량한 차라는 느낌이었다. 당시도 꽤 인기를 많이 끌기는 했다. 하지만 그런 식이기만 했다면 지금처럼 빠른 속도로 전기차가 퍼져나가기는 어려웠을 것이다.

그러던 중에 한 미국 전기차 회사에서 스포츠카로 활용할 수 있는 전기차를 만들어 판매하기 시작했다. 이 회사에서 파는 전기 스포츠카는 돈을 아끼기 위해 선택하는 차가 아니었다. 오히려 화려하고 멋진 차였다.

이 전기차는 이산화탄소를 줄일 수 있다는 점보다는 전기화의 다른 장점을 더 중요하게 여긴 차였다. 이 제품은 전기를 이용하면 힘조절이 쉬워질 수 있다는 점을 활용했다. 전기의 힘을 이용해 자동차를 움직이면 내부 부품의 조종이 훨씬 간편해지고, 그렇다면 단숨에 엄청난 힘으로 자동차 속도를 높인다든가 반대로 빠르게 속도를 줄이는 것이 가능하다. 동시에 빠르게 바퀴를 돌리면서도 거의 진동이 일어나지 않게 하는 것도 훨씬 쉬워지기 때문에, 자동차를 급하게 움직이거나 단숨에 초고속으로 달리게 하기도 좋다. 다시 말해서, 이 전기 스포츠카는 푸근하고 따뜻하고 선량한 차가 아니라 날렵하고 힘이 넘치는 무서운 차였다.

지금도 대체로 전기차는 휘발유차보다는 비싸다. 하지만 당시에는 더 비쌌다. 당연하게도 비싼 가격은 전기차를 휘발유차보다 많이 파는 데 큰 장애가 되는 문제였다. 다들 무슨 수를 써서든 전기찻값을 낮춰서 다른 차 못지않게 저렴해 보이게 하기 위해 애를 쓰던 시절이었다. 그런데 이 미국 전기차 회사는 찻값이 비쌀 수밖에 없다는 단점을 역이용했다. 찻값이 비싸다면, 오히려 비싸고 멋진 차를 사고 싶어하는 사람들의 심리를 이용해서 값지고 좋은 차로 꾸며서 팔면 괜찮지 않겠냐는 방향을 잡은 것이다.

내가 생각한 이런 이유가 전부라고 할 수는 없겠지만, 시간이 흐르면서 이 전기차가 대단한 성공을 거둔 것은 분명한 사실이다. 차를 많이 판매했을 뿐만 아니라, 세상 사람들이 전기차를 갖고 싶어 하게 만들었고 전기차에 대한 관심이 커지도록 업계를 이끌었다. 그렇게 다른 회사들과 돈을 가진 사람들이 전기차에 투자하도록 세상이 바뀌어갔다.

이산화탄소 감축이 돈이 된다

세월이 흐른 지금은 대단히 많은 돈이 전기차에 투자된다. 단지 자동차 회사에만 돈이 투자되는 것이 아니라, 자동차 회사에 배터리를 파는 회사와 배터리를 만드는 회사에 배터리 재료를 파는 회사에도 막대한 돈이 투자되는 상태다. 그 모든 산업이 전기차가 더 많이 팔리도록 다 같이 움직이고 있다. 세상 전체가 빠른 속도로 곳곳에서 크게 변화해가고 있다.

기술을 가진 회사들이 서로 손을 잡고 움직이며 세상을 바꾸어가는 모습은 체험해보지 못하면 얼른 이해하기 힘들 정도로 놀랍다.

예를 들어, 리튬이온배터리의 핵심 재료라고 할 수 있는 리튬이나 코발트 같은 금속을 한번 살펴보자. 리튬은 남아메리카의 칠레와 아르헨티나 같은 나라에, 코발트는 중앙아프리카 지역의 나라들에 많이 묻혀 있다. 남아메리카 사람들이 땅에서 리튬을 캐내고 중앙아프리카 사람들이 땅에서 코발트를 캐내면 그것이 배에 실려서 각각 태평양과 인도양을 건너 동아시아의 한국, 일본, 중국 같은 나라의 공장에 도착한다. 그러면 그 나라에 있는 배터리 공장에서 배터리를 만든다. 그 배터리는 다시 태평양을 건너 미국의 전기 자동차 회사에 팔린다. 미국 전기 자동차 회사가 배터리를 달아서 자동차를 만들면, 전기차를 사고자 하는 고객이 많은 유럽에 판매하기 위해 이번에는 자동차가 대서양을 건넌다.

전기차를 만들기 위한 사업은 전 세계에 걸쳐 있고, 돈을 벌기 위해 온 세계를 빙빙 돌며 물건을 싣고 내리는 가운데 제품이 만들어진다. 어느 지역에 어떤 기술을 가진 사람들이 모여서 일하고 있느냐에 따라 터무니없을 정도의 규모로 물자가 움직인다. 인도양과 태평양을 건너온 물자가 가공되고 조립되어 다시 태평양을 건너가고 그것이 또 가공되어 대서양을 건너가며 전 세계를 돌아다닌다. 과거의 사람들이 가졌던 산업에 대한 막연한 상상의 규모와는 전혀 다르다. 옛날 사람들은 산등성이 이쪽 편 땅에 그늘이 많이 지니까 밤나무를 심기에 좋고, 저쪽 편은 햇빛이 많이 드니까 상추를 많이 심어야 돈을 벌기에 유리하다는 정도의 감각을 갖고 있었다. 이런 정도의 생각으로는 현대 산업의 양상을 도저히 따라갈 수 없다.

그런 만큼 전기차나 배터리에 관한 다양한 문제는 여러 나라와 여러 지역의 경제 성장 계획, 주식 투자자들과 은행들의 계획과도 치밀하게 연결되어 있다. 지금 휴대폰 화면에 절박한 홍보영상 하나가 재생된다고 상상해보자. 영상에서는 기후변화가 너무나 심각한 문제이므로 당장 정부는 전기차를 사는 사람에게 수천만 원씩 돈을 주는 제도를 실시해야 한다고 말한다. 그 영상을 만든 사람은 기후변화 문제에 희생될 사람들을 안타까워하는 사람일 수도 있지만, 전기차 회사주식을 산 사람일 수도 있다. 혹은 배터리 회사 관계자나 리튬 광산에 투자한 사람일지도 모른다.

현실을 보면, 전기차 회사 주식을 산 사람부터 리튬 광산 주인까지 그 모든 사람이 다 같이 기후변화 문제에 주목하라고 주장한다. 그 사람들 모두 전기차를 지금보다 더 널리 보급해야만 기후변화를 막을 수 있다고 이야기한다.

나는 그런 태도가 잘못된 것이라고 생각하지 않는다. 자신이 일하는 분야의 사업과 자신이 가치 있다고 생각해서 투자한 산업이 중요하다고 주장하는 것은 당연하다. 그리고 기후변화 문제는 객관적으로 증명된 사실인데 비해, 사회의 관심은 여전히 충분하지 않다. 그러므로 리튬이나 코발트나 배터리나 전기차로 돈을 벌어보려는 사람들이 홍보에 같이 나서는 것에도 긍정적인 점이 있다. 나는 신산업이라는 전기차와 배터리에 투자한 사람들이 돈을 벌기 위해 외친 목소리가 실제로 기후변화 문제가 더 많은 관심을 받게 하는 데 꽤 많이 공헌했다고 생각한다.

그러나 지나친 점도 있지 않을까 점검해볼 필요성은 있다. 기후변화 문제를 해결하기 위해 쏟아지는 그 모든 주장이 과연 얼마나 실행에 옮길 가치가 있는지는 한발 물러서서 다시 계산해보아야 한다.

지구는 괜찮아, 우리가 문제지

전기차 보조금의 값어치를 따져보기

한국을 포함한 전 세계 많은 나라가 전기차가 보급되던 초기에 더 빨리 퍼뜨리기 위해 정부에서 전기차를 사는 사람들에게 돈을 주었다. 이를 전기차 보조금이라고 한다.

대체로 기후변화를 막기 위해서는 전기차를 빨리 퍼뜨려야 하니 정부에서 전기차 보조금을 많이 주자고들 하지만, 어떤 나라에서는 그 액수가 오히려 너무 크다고 비판하는 목소리도 있었다. 전기차 보급 초기에 전기차는 사용하기 불편한 점이 많으면서도 가격이 너무 비쌌다. 그렇기 때문에 삶이 바쁜 가난한 사람들이 전기차를 사서 쓰기에는 어려움이 많았고 주로 부유한 사람들이 전기차에 관심을 갖는 지역도 있었다. 이런 상황에서는 모든 사람에게 걷은 세금을 그런 차를 사라고 준다는 데 불만이 생길 수 있었다. 트럭에 채소를 싣고 하루 종일 돌아다니며 힘겹게 돈을 버는 사람으로부터 세금을 걷어서, 부자들이 전기 스포츠카를 사는 데 보탬을 주는 꼴이라고 비판했다는 이야기다.

그렇다면 과연 전기차를 사면 돈을 얼마나 주는 것이 맞을까?

만약 어떤 사람이 휘발유차를 타고 출퇴근하다가 주머니 사정이 어려워져서 아예 차를 타지 않고 전철을 타고 출퇴근하기로 결심했다고 생각해보자. 이 사람은 이산화탄소 배출을 많이 줄이게 된다. 전기 스포츠카를 타고 다니는 사람보다 전철을 타기로 한 사람이 이산화탄소 배출을 많이 줄였을 가능성이 높다. 그렇지만 전철을 타기로 했다고, 정부에서 그 사람에게 현금을 뭉텅이로 얹어주지는 않는다.

그에 비해 여유가 있는 사람이 전기차를 사면 정부에서는 전철을 타고 다니는 사람들로부터 걷은 세금도 포함되어 있을 돈을 준다. 그러면 전기차를 산 사람에게 이득이고, 그 덕택에 전기차를 한 대 더 파는 데 성공한 자동차 회사도 이득이다. 물론 그 자동차 회사에 배터리를 판 회사나 리튬을 판 사람도 이득을 본다.

정부에서 이런 식으로 돈을 쓰는 이유는 전기차를 많이 판매해서 전기화 기술을 발전시키고 그 규모를 넓혀가는 것이 장기적으로 온 세상에 큰 이익이 될 거라고 계산했기 때문이다. 이 나라의 자동차 회사나 배터리 회사가 다른 나라의 회사들보다 빨리 발전하면 그만큼 돈을 더 벌어올 것이라는 구상도 그런 계산에 포함된다. 반대로 기후 변화 문제 때문에 세계에서 점차로 휘발유차를 줄여나가려고 하는 상황에서, 전기차 기술이나 배터리 기술을 충분히 키워놓지 않으면 다른 나라 회사에 따라잡힐 수 있다는 점도 염두에 둔다. 그에 따라 전기차가 잘 팔려서 전기차 기술을 쌓을 수 있도록 세금을 들여서라도 도와주어야 한다고 판단하는 것이다.

그러나 여기에 더해서, 전기차가 정말로 얼마나 이산화탄소 배출을 줄이는 데 도움이 되는지, 그 가치는 어느 정도인지도 계산에 포함되어야 한다. 그런 계산 없이, 그냥 대충 적당한 액수의 돈을 전기차에 대어주면 기분이 좋으니까 그렇게 돈을 대기로 했다는 결정을 내렸다면, 그런 결정은 문제가 있다는 비난을 받을 것이다.

지구는 괜찮아, 우리가 문제지

앞으로 해결해야 할 문제들

전기차 배터리 기술에 관한 문제를 좀 더 따져보자면, 배터리 수명과 배터리 재활용 기술 연구는 지금보다 좀 더 주목받을 필요가 있다.

휴대전화를 오래 써본 사람이라면 알겠지만, 배터리에는 수명이 있다. 그래서 어느 기간 동안 사용하고 나면 버려야 한다. 배터리는 그냥 땅속에 묻어두면 세균과 곰팡이에 의해 분해되어 거름이 되는 물질이 아니다. 썩지 않는다는 뜻이다. 배터리를 버릴 때는 따로 폐기를 위한 처리에 돈을 들여야 한다. 가능하다면, 폐차되는 전기차의 배터리를 재활용해 다시 새로운 배터리를 만들 수 있다면 가장 좋을 것이다.

여기서 전생애주기 분석life cycle analysis, LCA 을 해볼 필요가 있다. 전기차라는 기계가 태어나는 과정에서부터 세상을 떠나는 과정까지, 그 삶 전체를 놓고 분석해보자는 말이다.

처음 배터리가 태어날 때를 생각해보자. 전 세계에서 모아 온 재료로 전기를 저장하는 배터리가 생산된다. 그 과정에는 그만큼 힘이 든다. 그 배터리를 이용해서 자동차를 만드는 과정에도 무엇인가 노력이 들어간다. 자연히 그 모든 과정에서 여러 기계를 가동하면서 연료를 태우고 이산화탄소가 배출된다. 그리고 일정한 기간 차를 사용하고 나면, 폐차하게 된다. 그러면 전기차 부품들과 배터리를 해가 없는 상태로 묻어두거나 재활용해야 한다. 버린 배터리를 처리하는 과정에서도 여러 기계를 사용하고 그 기계를 돌리기 위해 연료를 태운다. 이 과정에서도 이산화탄소가 배출된다는 뜻이다. 전기차가 움직이는 동안 차 자체에서는 이산화탄소가 나오지 않는다고 해도, 전기차를 만들고 폐차하거나 재활용하면서는 온실기체가 항상 발생한다. 이 모든 문제를 같이 헤아릴 필요가 있다.

만약 전기차 배터리의 수명이 너무 짧고 재활용이 까다롭다면, 설령 전기차를 타고 다니는 덕분에 이산화탄소 배출을 어느 정도 줄인다고 해도, 배터리를 버리고 처리하는 데 너무 많은 기계를 돌리느라 이산화탄소 배출이 제법 발생할 위험이 있다. 그만큼 전기차가 사용된 전체 과정에서 이산화탄소 배출이 줄어드는 효과는 약해진다. 게다가 전기차에 사용하는 다양한 금속 성분은 잘못 다루면 위험한 물질이 될 가능성도 없지 않으며, 땅에서 캐서 쓰는 데 한계가 있는 자원이기 때문에, 폐기하거나 재활용하는 기술이 미래에는 점차 더 큰 문제가 될 것으로 보인다.

이런 문제는 기후변화 문제나 배터리에 관심이 높은 사람들 사이에서는 꽤 알려져 있다. 다만 전기차의 발전과 전기차 산업의 성장에 대한 최근의 열정적인 기대 때문에 이런 문제에 대한 고민이 상대적으로는 덜 조명을 받을 뿐이다. 정말로 많은 사람의 기대대로 전기차가 세계를 지배하고, 태양광과 풍력 등에서 얻은 이산화탄소를 배출하지 않는 전기가 온 세상을 움직이는 시대가 된다면, 그때에는 이런 고민이 크게 따져봐야 할 문제가 될 것이다. 그런 시대에는 배터리 생산이나 전기차 재활용 과정에서 어떤 문제가 발생하는지 정확히 파악하고 그 문제를 해결할 기술을 마련하는 쪽이 큰 역할을 하게 될 것이다.

지구는 괜찮아, 우리가 문제지

낮은 곳을 위한 높은 수준의 기술로

　전기차가 세상에 널리 퍼져 휘발유차가 거의 팔리지 않으면, 차를 타고 다니는 사람들뿐만 아니라, 차를 만드는 사람들 입장에서도 변화의 충격이 클 것이다.

　전기화하면 조절이 간단해진다는 점은 휘발유차에 비해 전기차는 그만큼 내부 구조가 단순해진다는 뜻이기도 하다. 지금 휘발유차를 만들기 위해서 필요한 다양한 부품이 전기차를 만들 때는 필요 없어진다. 그러면 그 부품을 만들고 조립하는 일을 하는 사람들은 일거리를 잃는다. 혹은, 전기차가 만들기 쉽다는 점을 노려서, 지금껏 자동차를 만드는 데 큰 성공을 거두지 못했던 나라의 회사들이 전기차에서는 대성공을 거둘지도 모른다. 거기에 밀려서 예전에 자동차를 잘 만들던 나라의 자동차 산업이 망해갈 가능성도 무시할 수 없다.

　드론 산업이 비슷한 예시가 될 수 있다. 원래 하늘을 날아다니는 비행기나 헬리콥터를 만드는 데에는 미국 회사들이 압도적인 기술을 갖고 있었고, 프랑스를 중심으로 유럽 회사들이 그 뒤를 쫓았다. 사람들이 타는 여객기는 대부분 미국 회사 아니면 프랑스 회사 제품이다. 그런데, 전기를 이용해 무선 조종으로 사람 없이 하늘을 날아다니는 드론의 경우, 그 90퍼센트를 중국 회사가 장악하고 있다. 드론이 비행기나 헬리콥터보다 만들기 쉽기 때문이다. 기존의 사업을 하던 나라들이 장점을 발휘하기 전에, 더 쉬운 기술에서 앞서 나간 새로운 나라가 그 기회를 차지해버린 것이다.

비슷한 일이 자동차 산업에서 일어난다면, 최소한 일시적으로는 많은 사람이 일자리를 잃을 것이다.

특히 자동차 산업은 여러 가지 다른 산업과 연결 관계를 많이 맺고 있다. 그래서 자동차를 생산하기 위해 수많은 작은 회사가 힘을 모은다는 특징이 있다. 만약 미래에 전기차 때문에 산업의 판이 바뀌면 거기에 영향을 받는 회사들과 사람들은 다른 분야에 비해 무척 많을 것이다.

그렇다면, 이런 변화가 그저 어쩔 수 없는 일이라고 손을 놓고 있기보다는 여기에 대해서도 어느 정도는 미리 고민해두는 것이 옳다고 생각한다. 많은 사람이 인공지능이 발전해서 인공지능이 사람의 일을 대신하기 때문에 일자리를 잃을 것을 걱정하는데, 나는 그보다는 자칫 잘못하면 전기차와 기후변화 때문에 일자리를 잃을 사람이 늘어날 가능성이 더 크다고 생각한다.

또 한편으로, 전기차 기술이 발전하는 과정에서, 더 넓은 관점에서 세상을 바꿀 수 있는 기회를 생각할 필요도 있다.

과거의 전기차는 아무래도 부유한 사람들의 장난감에 가까운 성격이 있었다. 그러나 앞으로 꾸준히 발전해나가면 전기차는 누구나 살 수 있는 평범한 제품이 될 것이다. 전기차의 구조가 간단하고 만들기 쉽다는 점과 배터리의 가격은 떨어지고 용량이 늘어난다는 점을 생각해봤을 때, 언제인가는 지금의 자동차보다 훨씬 더 값이 싼 차를 많이 만들 수 있는 기술도 개발될 것이다.

그런 기술은 더 많은 사람의 생활을 높는다. 물론 고성능 전기모터로 기막히게 빨리 움직이는 자동차를 만든다거나 탑승자가 누워 있어도 저절로 움직이는 기술 등을 추가하는 데 막대한 돈을 투자할 수도 있다. 그러나 그 못지않게, 전기차 기술로 50만 원짜리 차, 30만 원짜리 오토바이를 만들어서, 마땅한 교통수단이 없어서 학교 다니길 포기해야 하는 어느 개발도상국 어린이들을 태우고 다니는 데에도 도전할 필요가 있다고 나는 생각한다.

그렇게 되면, 전기화 기술은 물을 길어 올릴 장비가 없어서 농사를 짓지 못하고 굶주리는 곳에서 태양광으로 얻은 전기를 배터리에 저장해서 싼값에 물을 퍼 올리는 전기 펌프를 설치하는 데 사용될 것이다. 전기차 배터리가 계속해서 발전하면, 그 강한 전기로 부유한 사람들의 고성능 자동차가 하늘을 날 수 있게 하는 기술도 개발할 수 있을 것이다. 하지만 나는 전기화의 성과가 세상 곳곳에서 고생하고 있는 더 많은 사람을 돕는 데 활용되는 것도 가치 있는 발전 방향이라고 생각한다. 하늘을 나는 자동차가 사고로 부상 당한 사람을 교통체증 속에서 빨리 구하는 데 사용되는 것도 거기에 속할 것이다.

7장

수소를 연료로
사용할 수 있다면

수소차는 전기차를
따라잡을 수 있을까

차를 타는 입장에서 보면 수소차는 전기차의 일종이다.

다만 보통 전기차처럼 전기선을 연결해서 충전하는 것이 아니라, 수소 기체를 집어넣어 전기를 충전하는 식이다. 수소차에는 수소연료전지라는 부품이 달려 있다. 수소 기체가 화학반응을 일으켜 전기를 만들어내는 장치다. 그러므로 정확히 말하자면 우리가 요즘 보통 말하는 수소차는 수소연료전지자동차를 말한다. 수소 기체는 좋은 연료로 불에 깨끗하게 잘 타는 물질이긴 하다. 하지만 수소연료전지자동차는 휘발유 대신 수소 기체를 넣어 태워서 움직이는 방식이 아니다. 수소차 역시 무엇인가를 불에 태우는 일 없이 수소로 전기를 만들어 전동기를 돌려서 전기차처럼 움직인다. 전기가 리튬이온배터리에서 나오면 전기차, 수소연료전지에서 나오면 수소차라고 봐도 좋다.

수소차도 타고 다니는 도중에 이산화탄소를 뿜어내지 않는다. 수소 기체에는 애초에 탄소 원자가 없기 때문에 아무리 태워도 물이 생길 뿐, 이산화탄소가 나올 수가 없다. 설령 수소를 태운 힘으로 물을 끓여 증기를 만들어서 증기기관 바퀴를 돌리는 방식으로 차를 달리게 한다고 해도 이산화탄소는 나오지 않는다. 그러니 어떤 방식이든 사람들이 모두 수소차를 탄다면, 자동차 자체에서 나오는 이산화탄소를 줄일 수 있다. 그렇다면 기후변화를 막는 데도 도움이 될 수 있을 거라는 생각을 해볼 수 있다.

전기차보다 수소차가 더 좋은 점

수소차는 전기의 힘으로 움직이기 때문에 전기차의 몇 가지 장점을 그대로 갖고 있다. 예를 들어, 전기를 이용하기 때문에 조작, 조정이 쉽다는 장점은 수소차에도 그대로 적용된다. 가속페달을 밟으면 전기모터가 돌면서 단숨에 속력을 올려 질주하는 전기 스포츠카의 재주를 수소차로 보여주는 것도 큰 무리는 없다. 요즘 전기차에는 그 조작 계통을 컴퓨터와 연결해서 운전자 대신 컴퓨터가 조작하도록 하는 기능들이 계속 추가되는데, 이런 기능을 갖다 붙이기에도 딱히 수소차가 전기차에 비해 불리한 점은 없다.

그러면서도 수소차는 전기차의 가장 큰 문제로 지적되는 단점 두 가지를 해결할 수 있다.

지구는 괜찮아, 우리가 문제지

첫 번째는 전기차 충전에 시간이 오래 걸리고 귀찮다는 문제다. 요즘은 전기차를 빨리 충전하는 기술이 계속 개발되고 있기는 하다. 미래에 세상이 지금보다 훨씬 더 전기화되어 더 많은 지역에서 전기를 다양한 용도로 사용하게 된다면 전기차를 충전할 수 있는 곳도 지금보다 훨씬 늘어나리라고 전망해볼 수 있다. 그렇게 충분히 전기화된 세상이라면, 굳이 충전소를 찾아다닐 필요 없이 어디에서든 주차와 함께 충전할 수 있게 될 것이다. 그러면 충전하기 귀찮다는 문제도 사라진다.

그렇지만 아직까지는 그런 세상이 아니다. 전기차를 타고 다닐 때는 언제 어디에서 차를 충전하면 좋을지 생각하며 움직여야 하고, 한 번 차를 충전할 때에는 꽤 긴 시간 기다려야 한다. 그나마 미국이나 호주에서는 사람들이 주로 단독주택에 살기 때문에 저마다 집 차고에 전기차 충전하는 설비를 갖추어둘 수 있다. 하지만 한국처럼 전 국민의 절반쯤이 아파트에서 사는 곳에서는 아파트 주차장에 충전 설비를 넉넉히 갖춰두는 것도 간단한 문제가 아니다.

그런데 수소차는 전선을 꽂아 전기 충전을 할 필요가 없다. 차에 수소 기체를 넣는 관을 꽂고 휘발유를 집어넣듯이 수소를 채워 넣으면 끝이다. 차마다 차이가 있고, 넣는 방식에 따라 걸리는 시간의 차이가 있기는 하다. 하지만 원리상으로 전기를 충전하는 것보다는 훨씬 짧은 시간이 걸린다. 실제로 현재 판매되는 수소차에 수소충전소에서 수소를 넣어보면, 일반 전기차 충전에 소요되는 시간보다 시간이 덜 걸린다.

전기차의 두 번째 단점은 배터리 용량의 한계 때문에 멀리 가기가 어렵다는 문제다. 이는 같은 거리를 갈 때 무거운 무게를 싣고 센 힘을 내며 움직이기가 어렵다는 뜻이기도 하다. 리튬이온배터리 기술이 상당히 발전한 지금은 어느 정도 타고 다닐 수 있을 정도로 멀리 가는 전기차들이 판매되고 있지만 여전히 휘발유차보다는 전기차가 뒤진다. 그래서 지금도 전기차를 만드는 회사들은 항상 차에 전기를 완전히 충전하면 주행거리가 몇 킬로미터나 나오는지를 중요한 특징으로 발표하곤 한다. 그만큼 전기차로 오래 달리기가 어렵다는 뜻이다. 따지고 보면, 여기서도 다시 전기는 저장하기가 어렵다는 문제로 돌아간다.

그런데 수소차는 수소 기체를 수소연료전지를 이용해서 전기로 바꾸는 방식을 쓴다. 그렇기 때문에 수소만 많이 들고 다니면 얼마든지 전기를 계속해서 만들 수 있다.

수소는 실체가 분명한 물질이므로 그냥 밀봉한 통에 꾹꾹 눌러 담아두면 된다. 더군다나 대단히 가벼운 물질이기 때문에 많이 담아놓아도 무게 부담이 적다. 수소차는 커다란 수소통만 붙이고 있다면, 한꺼번에 수소를 많이 담아놓고 얼마든지 오래 달릴 수 있다. 무거운 짐을 싣고 힘을 많이 쓰며 움직이느라 전기를 심하게 소모한다고 하더라도, 수소통에 수소만 많이 담아놓으면 끈질기게 갈 수 있다.

이런 이유로 한번 출발해서 긴 시간 달려야 하거나, 무거운 무게를 버텨야 하는 대형 장비를 사용할 때에는 수소차에 유리한 점이 있다. 수소차는 전기차가 도저히 할 수 없는 일을 해낼 수 있다는 이야기다.

많은 짐을 싣고 긴 도로를 꾸준히 달려야 하는 대형 덤프트럭이나 컨테이너 트럭이라면 수소차가 전기차보다 유리하다.

만약 막대한 짐을 싣고 오래 달리는 대형 트럭을 그냥 전기차로 만들려면 그 정도 힘을 내기 위해 매우 큰 배터리를 사용해야 한다. 그 배터리 역시 차가 지고 다녀야 하니 효율은 더 떨어질 수밖에 없다. 때문에 어지간히 전기차가 발달하기 전에는 이런 대형 트럭은 석유를 태워서 움직일 수밖에 없을 것처럼 보였다. 수소차는 그 대안이 된다. 수소차는 가볍디가벼운 수소만 충분히 달고 다니면 얼마든지 강한 힘을 내며 오래 움직일 수 있다. 그래서 수소차를 개발하는 회사에서는 개발 중인 대형 트럭의 모습을 광고에서 과시할 때가 많다.

그런데 왜 전기차만큼 인기가 없을까

여기까지만 보면 수소차가 전기차에 비해 장점이 많은 것 같다. 물론 전기차는 배터리만 있으면 되는 간단한 구조인데 비해, 수소차는 수소연료전지라는 특수한 부품을 장치해야 되고, 수소통까지 달아야 하니 구조는 좀 더 복잡하다. 그렇지만 휘발유차보다도 복잡하다고 할 정도는 아니다.

다른 문제로, 전기차는 한국 같은 나라라면 어디에서나 쉽게 전기를 얻을 수 있기에 충전소를 새로 짓기가 어렵지 않지만, 수소차는 수소를 넣는 곳, 말하자면 주유소가 아닌 주수소라고 할 만한 곳을 처음부터 만들어야 한다는 단점도 있기는 하다. 그렇지만 과거에 휘발유 차를 타고 다니기 시작했을 때에도 휘발유 주유소를 맨땅에 처음부터 건설해두는 수밖에 없었다. 그런 과거의 경험에 비추어보면 수소차를 본격적으로 널리 쓰게 됐을 때, 수소충전소를 여기저기에 만드는 것도 그렇게 어려운 일만은 아니다.

그렇지만 수소차에는 한 가지 근본적인 숙제가 있다.

이 문제를 해결하지 못하면 결국 수소차는 무용지물이 된다. 다른 방향에서 생각해보자면 이 문제를 해결하는 방법에서 무엇인가 큰 변화를 만들어내야만 수소차는 지금보다 더 인기를 얻을 수 있을 것이다.

그것은 바로 도대체 수소차에 넣을 수소를 과연 어디에서 만드느냐 하는 문제다.

지구는 괜찮아, 우리가 문제지

친근하지만 까다로운 친구, 수소를 소개합니다

수소차에서 '수소'는 수소 기체를 뜻한다. 말하자면 순수한 수소 덩어리다. 수소 기체를 확대해 보면 수소 원자라고 하는 아주 작은 알갱이가 모여 있는 것이 보인다. 수소 원자의 크기는 1000만 분의 1밀리미터 단위로 따져봐야 하는 정도다. 그렇게 작은 수소 원자 알갱이가 둘씩 붙어 있는 것이 수소 기체다. 그러니까 수소 기체를 한 움큼 손에 쥐었다면, 손 안에는 수소 원자가 둘씩 붙은 조그만 덩어리가 수없이 많이 모여 있을 것이다.

수소 기체를 이루는 수소 원자는 희귀한 것이 아니다. 희귀하기는 커녕 세상에 널려 있다. 우주 전체로 보면 우리가 흔히 물질이라고 하는 것들 중에서는 가장 흔하다.

우주가 생겨난 것은 대략 130억 년 전에서 140억 년 전이라고 하는

데, 이때 세상에 어마어마한 양의 수소 원자가 생겨났다. 그래서 지금까지도 우주의 모든 물질 중에 70퍼센트 이상이 수소 원자다. 태양을 이루고 있는 원자들도 그 70퍼센트 이상이 수소 원자다.

지구에도 수소 원자는 전혀 드물지 않다. 화학에 대해 별 관심이 없는 사람이라도 물을 H_2O라고 표시한다는 말은 친숙할 것이다. 이 화학식은 물이 H로 표시하는 수소 원자 두 개와 O로 표시하는 산소 원자 하나가 붙어서 생긴 물질이라는 것을 보여준다. 그러니까 물 한 바가지를 퍼 오면 그 안에 산소 원자와 붙은 수소 원자가 잔뜩 들어 있다. 대양에 끝없이 출렁이는 바닷물에도 어마어마한 양의 수소 원자가 들어 있다. 사람의 몸도 60퍼센트 이상이 수분이라고 하니, 당장 우리 몸속에도 수소 원자는 매우 많다.

얼마나 수소 원자가 흔한지, 화학에서 물질의 화학구조를 표시할 때에는 수소 표시를 생략할 때가 많다. 아무것도 안 표시해도, 수소 원자는 어디에나 널려 있으니 그 주위에 적당히 수소 원자가 있는 것으로 간주하는 것이다. 그런 만큼, 수소 원자를 찾는 데에는 큰 어려움이 없다. 금, 은처럼 원자 그 자체가 희귀한 물질에 비하면 수소 원자는 굳이 따로 찾아다닐 필요가 없다고 할 정도로 어디에나 있는 물질이다. 원자로 따져본다면, 요즘 리튬이온배터리에 조금씩 들어가는 코발트 원자가 수소 원자와 비할 바 없을 정도로 귀하다.

지구는 괜찮아, 우리가 문제지

화학반응을 잘한다는 장점

그런데 수소 원자는 화학반응을 상당히 잘 일으킨다는 특징이 있다. 수소 원자가 모인 덩어리인 수소 기체도 당연히 화학반응을 잘 일으킨다. 이런 특징 때문에 한국의 화학 공장에서도 여러 가지 다른 물질과 화학반응을 일으켜 이런저런 물질을 만드는 용도로 많이 사용되고 있다.

가장 쉽게 생각해볼 수 있는 것은 석유를 정유하는 회사에서 수소 기체를 이용해 탈황 공정을 가동하는 사례다. 석유에는 황 성분이 들어 있는 경우가 많은데, 이것을 그대로 태우면 공기오염 원인이 된다. 때문에 정유 공장에서는 기름을 판매하기 전에 석유에 화학반응을 일으켜 황 성분을 제거하는데, 이 과정에서 수소 기체가 쓰인다. 그 외에도 수소 기체는 다양한 화학반응에 자주 사용된다. 최근에는 제철소에서 철광석으로부터 철을 뽑아내기 위해 수소 기체를 사용하는 수소환원제철법도 많은 관심을 끌고 있다.

따지고 보면 수소연료전지 역시 수소 기체가 화학반응을 잘 일으킨다는 성질을 이용한 것이다. 화학반응이 잘 일어난다는 것은 수소를 그냥 태워보기만 해도 알 수 있다. 수소 기체는 아주 잘 탄다. 무엇인가 불탄다는 것은 그 물질이 빠른 속도로 공기 중의 산소 기체와 화학반응을 일으킨다는 말이다. 수소 기체가 산소 기체와 화학반응을 일으키는 속도는 무척 빠르다. 많은 수소 기체를 빨리 태우면 폭발하는 것처럼 보일 때도 있다.

단, 수소 기체에 불이 붙어 폭발하는 것은 통상 말하는 수소폭탄과는 전혀 다르다. 둘을 혼동하는 것은 어이없는 착각이다. 수소폭탄의 폭발은 화학반응이 아니라 핵반응이다. 핵반응은 불타는 것도 아니고 산소 기체와 화학반응을 일으키는 현상도 아니다. 훨씬 더 엄청난 위력을 가진 폭발로 단순히 수소 기체에 불을 붙여 터뜨리는 것보다 극히 일으키기 어려운 굉장히 복잡한 현상이다. 만약 수소 기체에 불을 붙이는 정도로 수소폭탄을 만들 수 있다면, 한국은 이미 오래전에 세계 평화를 위협하는 무시무시한 핵무기 보유국이 되었을 것이다. 화학 산업이 발달한 한국은 불을 붙일 수 있는 수소 기체가 세계적으로 많이 생산되는 편이기 때문이다. 그러나 그렇게 생산하는 수소 기체는 불이 잘 붙기는 해도 수소폭탄과는 아무런 상관이 없다. 수소 기체에 불을 붙여 폭발시키는 것과 수소폭탄을 헷갈리는 것은, 우라늄 덩어리 두 개를 부딪쳐서 부싯돌처럼 불꽃을 튀기는 것과 우라늄으로 만든 원자폭탄을 헷갈리는 것과 다름없다.

수소 원자는 널려 있고, 수소 원자만 모여 있는 덩어리인 수소 기체는 화학반응을 잘 일으킨다. 여기까지는 그런가 보다 싶다. 그 널려 있는 수소 원자를 어떻게 잘 모아서, 수소 기체 형태로 수소차에 넣어서 차를 움직이면 될 일이다. 수소 원자가 우주에서 가장 흔한 물질이라면, 수소 원자가 뭉쳐 있는 수소 기체도 지구 어디인가에 많이 묻혀 있을지도 모르겠다고 잠깐은 생각해봄 직하다.

그런데 세상 일이 그렇게 쉽지가 않다.

지구는 괜찮아, 우리가 문제지

화학반응을 너무 잘한다는 단점

수소 기체는 화학반응을 잘 일으키기 때문에, 대개 이미 화학반응을 일으켜서 다른 물질로 변해 있는 경우가 많다. 지구가 생긴 지는 46억 년의 세월이 흘렀다. 설령 먼 옛날 지구에 수소 기체가 덩어리로 있었다고 해도, 이미 긴 세월이 흐르는 동안 화학반응을 일으켜 대부분의 수소 기체는 다른 물질로 변해버렸다. 대표적으로 수소 기체가 공기 중의 산소 기체와 화학반응을 일으키면, 수소 원자와 산소 원자가 달라붙어 물로 변한다. 그러니까, 화학반응을 잘 일으키기 때문에 사용하기에 요긴한 수소 기체 상태는 화학반응을 잘 일으키기 때문에 쉽게 깨어져 산소 원자와 수소 원자가 엉겨 붙은 맹물로 변해버린다는 것이다.

공기 중에 남아 있는 수소 기체는 0.0001퍼센트 정도다. 이렇게나 적은 수소 기체를 사람이 활용할 수 있을 정도로 모으는 것은 대단히 어려운 일이다. 그렇기 때문에 수소 기체를 얻기 위해서는 무엇인가 기계를 돌리고 화학반응을 일으켜서 억지로 다시 수소 기체를 만들어내야 한다. 예를 들어, 물에 적당한 물질을 집어넣고 전기를 걸어주면, 물을 이루는 수소 원자와 산소 원자가 역으로 분해되어 수소 기체를 만들어낼 수 있다.

그러므로 수소차에 넣어주는 수소 기체는 결국 어디에서인가 이렇게 고생해서 인공적으로 만들어낸 수소 기체일 수밖에 없다.

처음 이런 이야기를 들으면 이 모든 과정이 지나치게 번거로워 보일지도 모른다. 공장에서 수소를 만들기 위해 연료를 태워 기계를 돌린다면 어차피 그 과정에서 이산화탄소는 발생한다. 그 이산화탄소도 기후변화를 일으키기는 매한가지다. 그렇다면 군이 연료를 태워 복잡하게 수소 기체를 만들어서 자동차에 집어넣을 필요가 있는가? 어차피 수소 기체를 얻느라 이산화탄소가 생긴다면, 그냥 휘발유로 움직이는 자동차를 타고 다니는 것과 다를 바가 있는가? 괜히 수소를 만들고 자동차에 집어넣느라 한 단계 더 거치는 것이 더 수고스럽기만 하고, 잡다한 장비들을 만들고 움직이느라 오히려 이산화탄소가 더 많이 나올 위험이 있지 않겠는가?

그런데 만약 연료를 태워 엔진을 돌리는 공장이 아니라 전기로 수소 기체를 만드는 공장을 운영한다고 해보자. 그리고 그 전기가 태양광, 풍력과 같은 이산화탄소 배출을 하지 않는 발전소에서 만들어낸 것이라면, 이산화탄소 배출을 거의 하지 않고 수소 기체를 만드는 것이 가능해진다.

전기를 사용한다고? 그러면 보통의 전기차와 수소차를 비교하게 된다. 역시 수소차는 너무 번거로워 보인다.

재생에너지 같은 기후변화에 대응할 수 있는 방식으로 전기를 만들었다고 치자. 그 전기를 바로 전기차에 충전해서 차를 움직이면 단순하고 간편하다. 그런데 수소차는 우선 전기를 만들어서 그 전기로 수소 기체를 만들고 그 수소 기체를 다시 수소차가 있는 곳까지 싣고 와서 주입해주어야 한다. 그리고 수소차가 움직일 때에는 다시 수소 연료전지가 수소 기체로부터 전기를 만들어 자동차를 움직인다. 전기차는 전기 생산─전기 자동차 작동이라는 간단한 과정으로 움직이지만, 수소차는 전기 생산─수소 생산─수소 운반─수소연료전지로 전기 생산─자동차 작동이라는 훨씬 복잡해 보이는 과정을 밟아야만 한다. 이런 방식은 아무래도 이상한 것 같다. 단계마다 비효율적이고 힘을 낭비하는 과정이 생겨서 기후변화 대응에 별로 도움이 안 될 거라고 생각할 수도 있다.

그런데도 왜 수소에 기대가 높을까

그런데도 수소도 생각해볼 만한 방법이라고 여기는 것은 수소 기체는 전기가 아니라 기체 형태의 실제 물질이기 때문이다. 여기에서, 다시 전기는 저장하기 어렵다는 문제가 또 등장한다.

그러니까, 전기는 워낙 저장하기 어려우므로, 전기를 저장해야 될 때가 오면, 그 전기를 수소 기체라는 사용하기 좋은 물질을 만드는 데 써버리자는 것이다. 수소 기체라는 쓰기 좋은 물질이 쌓이니까 전기 대신 수소를 저장한 셈 치자는 이야기다. 곡식은 공간도 많이 차지하고 오래 두면 곰팡이가 생기고 썩어버릴 위험도 있으니, 곡식을 많이 추수한 사람이 곡식을 팔아 금을 산 뒤에 쟁여두는 것과 비슷하다. 여기서 전기가 곡식이고 수소가 금이다.

풍력발전소를 운영하다 보면, 바람이 많이 불 때는 전기가 많이 생산되어 남아돌다가도 바람이 잘 안 불 때는 갑자기 전기가 없어 고생하는 문제가 생길 수밖에 없다. 그렇기 때문에 전기가 많이 생산되어 남아돌 때, 그 전기를 그냥 버릴 것이 아니라 어디인가에 저장해둘 필요가 있다. 당장 생각할 수 있는 전기 저장 방법은 배터리이고, 실제로 현재 ESS, 에너지저장장치라고 하는 제품이 태양광발전 장치나 풍력발전 장치와 연결되어 꽤 유용하게 사용되고 있기도 하다. 미래에는 ESS가 더 발전할 수도 있다.

하지만 어찌되었든 배터리는 값이 나가는 장치이고 그 용량에도 한계가 있다. 준비해놓은 ESS의 배터리가 꽉 찼는데도 계속 바람이 불어 또 전기가 생산된다면 갑자기 없던 배터리가 생겨나지는 않는다.

만약 전기가 남아돌 때마다 그 전기로 바닷물에서 수소 기체를 뽑아낼 방법이 있다면, 수소 기체가 나오는 대로 그냥 수소통에 담아두면 된다. 계속 그렇게 수소 기체를 보관해놓았다가 여러 가지 목적으로 차차 사용하면 된다. 수소차를 움직이는 용도로 쓸 수도 있고, 화학 공장에 보내서 수소 기체를 사용하는 여러 가지 공정에 활용할 수도 있다.

수소 기체는 불을 붙이면 열을 내면서 타오르는 물질이므로 그냥 연료로 써도 된다. 여차하면 화력발전소에 보내서 연료로 태워서 전기를 만드는 데 쓸 수도 있다. 수소 기체는 수소 원자 덩어리일 뿐이므로 처음부터 탄소 원자가 없다. 그래서 설령 화력발전소에서 아무렇게나 수소를 태운다고 해도 이산화탄소 배출은 없다.

이런 시각으로 보면 수소 기체는 어디에서인가 캐내어 쓰는 자원이 아니라 전기를 저장해두는 수단에 가깝다. 말을 만들어보자면, 수

지구는 괜찮아, 우리가 문제지

소 기체는 에너지 자원이 아니라 에너지 저장 수단이다. 혹은 에너지 저장 매체라고 부를 수도 있겠다. 수소 기체를 만들 수 있는 주원료는 어디에나 있는 물이다. 그러므로 전기가 남아돌 때, 전기로 물을 바꾸어 불태울 수 있는 연료를 만든다고 생각해도 좋다. 그렇게 만든 연료, 즉 수소 기체는 사용하기에 편리하고 가볍고 깨끗하며 이산화탄소 배출도 없고 수소연료전지를 이용하면 전기를 얻기에도 유리하다.

어떤 사람들은 전기만 있으면 어디서든 쉽게 만들 수 있는 다른 유용한 물질을 대신 만들어서 그 물질을 저장하고 사용하면 수소 기체 못지않은 효과가 날 거라고 생각하기도 한다. 예를 들어, 전기로 암모니아를 많이 만들어서 저장해놓자는 생각을 하는 사람들이 있다. 전기만 많다면, 원칙적으로는 물과 공기 중의 질소 기체를 원료로 암모니아를 만들어낼 수 있다. 암모니아를 한번 만들어놓으면 태워서 연료로 사용할 수 있고, 화학 공장에서 다양한 물질을 만드는 원료로 쓸 수도 있다. 암모니아 역시 태워도 이산화탄소가 나오지 않는다. 수소 기체 대신 암모니아를 에너지 저장 수단으로 활용하자는 발상이다.

수소 기체를 만드는 작업은 전기의 저장과 연결되어 있기 때문에, 수소 기체에 관한 기술과 수소차에 대해서 이야기할 때에는 재생에너지가 같이 발전해야 한다는 이야기도 따라붙는다. 만약 수소차가 지금의 휘발유 자동차처럼 널리 사용되는 미래가 온다면, 수소는 모든 것을 전기로 할 수는 없다는 한계를 채워주는 역할을 할 것이다. 재생에너지로 아무리 전기를 쉽게 생산할 수 있다고 하더라도 전기만으로는 하기 어려운 일을 해야 할 때, 바로 전기를 이용해 어디서나 구할 수 있는 맹물에서 수소를 만들고 그 수소를 쓰면 된다는 이야기다.

가장 떠올리기 쉬운 예를 들자면, 전기로 전자레인지를 돌려서 음식을 요리할 수도 있고, 전기레인지를 켜서 물을 끓일 수도 있다. 그렇지만 전기를 이용해서 불꽃이 일어나는 진짜 불을 만들기는 어렵다. 그런데 전기로 수소 기체를 만들어놓으면 그 수소 기체에는 진짜 불을 붙일 수 있다. 수소 기체는 활활 잘 타오르면서도 이산화탄소는 나오지 않는다.

일단 이론은 그렇다. 실제로 벌어지는 일은 좀 더 복잡하다.

지구는 괜찮아, 우리가 문제지

수소 생산 기술
어디까지 왔나

녹색 수소, 높은 비용의 딜레마

현실 문제로 넘어오면 수소 기체를 만드는 것이 말처럼 쉽지는 않다. 작은 규모로 실험을 해보아도 어려운 점들이 바로 눈에 뜨인다.

물을 전기로 분해하면 수소 기체를 만들 수 있다고 이야기했지만, 그냥 물에 전기선만 담가놓으면 수소차에 집어넣을 수소 기체가 물 위로 보글보글 쓰기 좋게 끓어오르는 것은 아니다. 전기로 물을 분해할 수 있는 장치를 튼튼하게 준비해야 하고, 화학반응이 순조롭게 일어날 수 있게 해주는 촉매라는 물질을 개발해서 집어넣어야 한다. 이 모든 작업에는 비용이 든다.

막상 큰 규모로 장치를 만들어보면 처음에는 자잘해 보였던 일이 큰 걸림돌이 되는 경우도 있다.

재생에너지로 만든 전기로 수소 기체를 만드는 까닭은, 전기가 어떤 때에는 많이 생기고 어떤 때에는 적게 생기기 때문에 전기를 수소 기체 형태로 저장하기 위해서다. 그런데 아무 고려 없이 그냥 물에서 수소 기체를 뽑아내는 장치를 만들어 전기에 연결해놓으면 고장이 날 가능성이 있다. 전기가 많이 생산되어 강한 전기가 걸릴 때와 그렇지 않아서 약한 전기가 걸릴 때, 그 차이에서 오는 충격 때문에 장치가 상할 위험이 생긴다. 이런 문제들이 모두 해결되지 않으면, 재생에너지를 이용해 산뜻하게 수소 기체를 만들어 저장해놓는다는 계획이 꿈꾸어온 대로 원활하게 이루어질 수 없다.

이런저런 이유로, 지금까지는 재생에너지를 이용해서 물로 수소 기체를 만드는 비용이 꽤 높다. 재생에너지를 이용해 만든 전기 자체도 비쌀 때가 있는데, 수소 기체를 만드는 과정에는 그 비싼 전기가 많이 필요하다. 게다가 수소 기체를 만드는 여러 작업을 관리하면서 고장 나고 망가지지 않도록 장비를 준비하여 운영하는 데에도 돈이 든다. 그것이 모두 더해지면 물에서 재생에너지 전기로 뽑아낸 수소 기체의 판매 가격은 오르게 된다.

이런 식으로 전기를 이용해서 물에서 뽑아낸 수소 기체를 줄여서 수전해 수소라고 한다. 수소 기체를 얻는 가장 기본 방식이 되어야 할 수전해 수소의 가격이 높다는 문제는 수소차를 널리 퍼뜨리기 위해 넘어서야 할 첫 번째 큰 고비다.

그냥 전기를 바로 충전하는 전기차가 수소차보다 타고 다니는 비용이 덜 든다면 사람들은 수소차 대신에 전기차를 살 것이다. 그러면 수소차를 만들어 얻는 수입이 줄어든다. 그러면 수소차에 대한 투자도 줄어들 것이고 수소차 기술 발전도 더뎌진다. 동시에 수소차가 많아지지 않으면 수소 기체를 만들 이유도 줄어드니 물에서 수소를 뽑아내는 기술의 발전도 같이 더뎌질 것이다. 결국 수전해 수소를 값싸게 만드는 기술이 개발될 가능성은 더 줄어들고, 수소차는 더 인기가 없어질 것이다.

이 상황을 들여다보면, 어떤 것이 먼저 해결해야 할 문제이고, 어떤 것이 나중에 해결해야 할 문제인지 풀기 어렵게 꼬여 있다는 점을 알 수 있다. 일단 수소차가 많이 퍼져야 사람들이 수소 기체를 많이 사다 쓸 것이고 그래야 수전해 수소를 팔 곳이 많아지며, 수전해 수소를 만들어 팔 기술을 개발할 수 있다. 반대로 보면, 수전해 수소를 만드는 기술이 발전해야 더 저렴하게 수전해 수소를 만들 수 있고 그래야 수소값이 싸져서 사람들이 즐거운 마음으로 수소차를 살 수 있게 되어 수소차도 많이 팔릴 것이다.

얽힌 문제 중에 적어도 한 가지는 먼저 풀려야 다른 문제도 같이 풀릴 수 있을텐데, 그것이 쉽지 않다.

사실 전기차에도 비슷한 문제가 있었다. 그렇지만 전자제품을 개발하는 회사들 때문에 배터리 기술이 발전했고, 전기차가 비싸더라도 멋진 스포츠카로 치장해서 판매하는 사업 수완이 있었기 때문에 상황이 좀 더 쉽게 풀릴 기회가 생겼다. 수소차 역시 그 비슷한 계기가 있어야만 잘 팔릴 수 있는 길이 뚫릴 거라는 느낌은 든다.

한국 정부에서 눈독을 들이는 임시 해결책은 부생 수소와 개질 수소다.

회색 수소, 긁어모은 대안

부생 수소와 개질 수소는 지금껏 이야기한 것처럼 평범하게 물에서 전기로 뽑아내는 수소가 아니다. 부생 수소, 개질 수소는 물이 아닌 다른 곳에서 좀 복잡하게 얻은 수소를 긁어모아서 쓰자는 생각이다. 이것은 화학반응을 잘 일으키는 수소가 수소차 용도가 아니라도 원래 화학 산업에서 다른 용도로 쓸모가 많았기 때문에 가능한 방법이다. 다시 말해서, 화학 공장에서 다른 용도로 만들고 사용하던 수소를 수소차를 움직이는 용도로 쓸 수도 있지 않겠냐고 본 것이다.

먼저 부생 수소는 화학반응을 일으키는 공장의 여러 공정 중에서 부산물로 생겨나는 수소 기체를 말한다. 말하자면 다른 작업을 하다가 옆에서 공짜로 얻어지는 수소 기체가 부생 수소다. 한국 속담 중에 도랑 치고 가재 잡는다는 말이 있는데, 열심히 도랑을 치는 와중에 가재가 잡히면 옆에 있는 아이가 받아서 구워 먹을 수도 있다. 여기서 도랑을 치는 건 공장의 작업이고 가재가 부생 수소다. 가재를 구워 먹는 아이는 수소차다.

화학반응 와중에 수소 기체가 발생하는 경우는 꽤 많다. 제철 공장에서는 철광석에서 철을 뽑아낼 때 특정한 석탄을 가공한 코크스_{cokes}

라고 하는 물질을 같이 집어넣어야만 좋은 품질의 철을 얻을 수 있다. 코크스를 만들기 위해서는 석탄을 섭씨 1000도의 뜨거운 온도로 구워야 하는데, 이 과정에서 석탄으로부터 잡다한 기체가 발생한다. 그리고 그 기체 중에 수소 기체가 포함되어 있다. 바로 부생 수소가 생긴다는 뜻이다. 그러니 그 수소 기체만 걸러내서 모아놓으면, 수소차를 움직이는 용도로 활용할 수 있다. 그 외에도 현재 가동되는 이런저런 공장에서 부생 수소가 나온다. 이렇게 생기는 수소 기체를 모아서 수소 기체가 필요한 다른 화학 공장에 판매하는 작업은 이미 오래전부터 화학 업계에서 이루어져왔다.

개질 수소는 화학 공장에 필요한 수소 기체를 만들기 위해서 천연가스를 이용하는 방식을 말한다. 이 과정을 개질이라고 불러서 개질 수소라는 이름이 붙었다.

이 방법은 천연가스를 소모해가며 수소 기체를 얻는 방법이고, 또한 이렇게 수소 기체를 얻는 과정 자체에서 이산화탄소가 나오므로 기후변화 문제를 해결하는 데 큰 도움이 되는 방법이라고 할 수 없다. 그렇지만 수소 기체가 꼭 필요한 공장에서는 지금껏 개질 수소를 만드는 방법을 이용해서 대량의 수소 기체를 만들어왔다. 그렇기 때문에 개질 수소도 가격만 따지자면 의외로 값싸게 수소를 만들어낼 수 있는 방법이다.

예를 들어, 농사 짓는 데 필요한 비료를 만드는 공장에서 하버-보슈 공정을 운영하기 위해서도 개질 수소를 만드는 것과 크게 다르지 않은 화학반응이 이루어진다. 전 세계의 농사 짓는 땅에 뿌려야 하는 비료의 양은 대단히 많기 때문에, 비료 원료를 만들기 위한 화학반응은 굉장히 많이 일으켜야 한다. 그렇다면, 그 비슷한 과정에서 얻은 수소 기체를 사다가 수소차를 움직이는 등의 용도로 활용한다는 발상도 해볼 수 있다.

부생 수소와 개질 수소는 수소 기체를 얻는 과정에서 이산화탄소 배출이 일어난다는 점에서 그레이 수소gray hydrogen, 그러니까 회색 수소라는 별명으로 부르기도 한다. 재생에너지로 물에서 뽑아낸 수전해 수소를 그린 수소green hydrogen, 즉 녹색 수소라는 별명으로 부르는 것과 비교해서 그런 이름을 붙인 것이다.

설령 지금 당장은 회색 수소로 분류된다고 하더라도 개선의 여지가 없는 것은 아니다. 부생 수소와 개질 수소를 만드는 공장을 전기로 가동하고 그 전기를 이산화탄소를 뿜지 않는 방법으로 만든다면 부생 수소와 개질 수소를 만드는 과정에서도 이산화탄소 배출은 줄일 수 있다. 이산화탄소를 최대한 회수하는 장치를 만들어 공장 굴뚝에 덧붙이는 식으로 이산화탄소를 줄여볼 수도 있다. 그런 노력을 덧붙인다면 부생 수소와 개질 수소라고 하더라도 어느 수준까지는 이산화탄소 배출을 줄일 수 있다.

그러나 부생 수소와 개질 수소는 일정 선까지만 역할을 할 수 있는 방법이다. 어디까지나 다른 목적으로 만들던 수소 기체를 돌려서 쓰는 것이다. 만들어내는 양도 무한하지 않고, 만드는 동안 줄일 수 있는 이산화탄소의 양도 충분치 않다.

개질 수소를 만드는 방법이 미래에 많이 발전한다면 상황이 바뀔

지구는 괜찮아, 우리가 문제지

수도 있다. 그러면 언제인가는 천연가스를 사용해야 했던 여러 상황에 천연가스를 그대로 사용하지 않고 거기서 만든 수소 기체를 사용하는 시대가 온다는 상상도 해볼 수 있다. 하지만 현재로서는 부생 수소, 개질 수소는 그냥 공장이 잘 가동될 때 덤으로 좀 생기는 정도로 받아들이는 것이 실제에 더 가깝다. 그렇게 생각하면, 부생 수소, 개질 수소만으로 세상을 움직이는 데 필요한 연료가 다 충당되기를 기대하기는 어렵다. 언젠가는 본격적으로 맹물에서 수소를 뽑아내는 수전해 수소를 많이 만들어야 한다. 가재를 많이 잡고 싶다면 도랑을 칠 것이 아니라 가재를 잡으러 나서거나 양식해서 기를 생각을 해야 한다.

임기응변이 아닌 디딤돌로

한계는 있다는 얘기다. 하지만 그래도 좋은 쪽으로 생각해보자면, 이렇게 얻은 부생 수소와 개질 수소도 같은 수소 기체인 것은 매한가지다. 이것들로도 당장 수소차를 움직이는 데는 문제가 없다.

그러므로 일단은 여러 가지 다른 방식으로 만든 수소 기체를 이용해서 사람들이 수소 기체를 사서 쓸 수 있게 해주고, 그렇게 수소차를 세상에 퍼뜨린다면 어떨까? 수소차가 퍼져나가면서 자리 잡으면, 점점 더 사람들이 수소 기체를 사용하는 데 친숙해지고 수소 기체를 사용하는 곳이 늘어날 것이다. 그러면 점차 수전해 수소에 대한 투자도 늘고, 재생에너지를 이용한 수전해 수소 기술도 더 발전하게 될 것이다. 그러다 보면 부생 수소, 개질 수소 같은 회색 수소뿐만 아니라, 재생에너지로 물에서 뽑아내는 녹색 수소도 싼값에 많이 생산되어 널리 사용되는 날이 올 수 있지 않을까? 이런 희망을 갖고 보면, 부생 수소와 개질 수소는 수소 기체를 많이 쓰고 수소 기술을 발전시켜서 녹색 수소, 수전해 수소를 잘 쓰는 미래로 가기 위한 디딤돌이다.

그런 미래가 찾아온다면, 싼값에 수소 기체를 사서 수소차뿐만 아니라, 전기나 연료가 필요한 이곳저곳에 두루두루 사용할 수 있다. 수소 기체를 온갖 곳에서 사용하게 되어 온갖 활동에서 이산화탄소 배출이 없어지는 시대가 올 것이라고 상상해볼 수 있다.

요즘 한국 정부에서 힘을 기울여 홍보하고 있는 수소 경제hydrogen economy라고 하는 구상이 바로 이런 것이다.

수소 경제를
상상하다

　수소 경제의 시대는 다들 수소 기체를 만들어내고 수소 기체를 소비하면서 경제활동을 하는 시대다.

　수소 경제의 시대가 온다면, 화학 공장에서 남아도는 부생 수소든, 공장에서 다른 목적으로 생산한 개질 수소든, 아니면 태양광발전이나 풍력발전 등 재생에너지로 만든 수전해 수소든 모두 수소 기체라는 이름으로 활발히 거래될 것이다. 전기선이 연결되지 않은 외딴 섬이나 바다 한가운데에 수소 기체를 얻을 수 있는 곳이 있더라도 별 문제는 없다. 거기서 만든 수소 기체를 통에 담아 싣고 와서 수소 기체를 모아두는 곳에 팔면 된다. 수소 기체가 여기저기에서 너무 많이 만들어져서 남아돌면, 통에 담아 쌓아두면 된다. 그러다 수소 기체가 부족할 때 모아둔 것들을 하나씩 쓰면 된다.

이런 세상에서는, 어디에서든 어떤 일을 할 힘이 필요하면 일단 수소 기체를 사서 쓸 것이다. 어디인가로 이동하고 싶을 때에는 수소차에 수소 기체를 넣어 타고 가고, 전기가 필요하면 수소연료전지나 다른 방식으로 수소 기체를 이용해 전기를 만들어서 쓸 것이다.

수소 경제가 발전하면 지금 수도꼭지만 열면 수돗물을 어디서든 연결해 쉽게 쓰는 것처럼, 수소꼭지만 열면 수소 기체를 어디서든 쉽게 쓸 수 있게 될지도 모른다. 먼 미래의 일 같겠지만, 도시가스를 쓰듯이 수소 기체를 쓰는 세상을 만드는 것은 기술적으로 크게 어렵지 않다. 지금 가스레인지에 연결된 가스 밸브를 열면 수도꼭지에서 물이 나오듯이 도시가스가 나오는데, 태우면 이산화탄소를 내뿜는 도시가스 대신 태워도 이산화탄소가 나오지 않는 수소가 나온다고 생각해보면 된다. 전국에 퍼져 있는 주요소에서 휘발유를 구해 쓰는 것처럼 수소 기체를 구해 쓰는 세상은 투자만 충분하다면 이루어질 수 있다.

그렇게 되면, 화학 공장이나 다른 공장에서 작업에 필요한 수소 기체도 마찬가지로 쉽게 구할 수 있다. 수소 기체에는 불을 붙일 수 있으니, 쓰레기를 태워서 없애야 할 때 불을 지피는 용도로 수소 기체를 활용하는 것도 가능하다. 전기로 쓰레기를 태우기는 어려워도, 수소 기체로는 어렵지 않다. 수소 기체로 불꽃을 피워 난방을 할 수도 있고 요리를 할 수도 있다. 나는 수소 기체를 태워 만든 불꽃으로 직화구이 요리를 하면 시간이 얼마나 걸릴지, 어떤 맛이 날지 궁금하다. 아무래도 탄소가 없으니까 훨씬 더 산뜻한 맛이 나지 않을까?

지구는 괜찮아, 우리가 문제지

수소로 항해하기

이렇게 여러 분야에 널리 수소 기체를 쓰는 시대가 되면, 배나 비행기를 움직이는 연료로도 수소 기체를 사용할 수 있다. 커다란 트럭으로는 전기차보다 수소차가 유리한 것처럼, 수소 기체는 대형 화물선, 대형 항공기, 힘을 오래 많이 쓰는 기계에 사용하기에 전기 배터리보다 훨씬 유리하다.

커다란 기계를 돌리거나 특별히 강력한 화학반응이 필요한 몇몇 공장에서도 전기로 할 수 없는 일을 수소 기체로 해볼 수 있다. 수소 기체를 통에 꽉꽉 채워놓으면 같은 무게의 전기 배터리보다 더 많은 일을 할 수 있기 때문이다. 이것을 두고 수소는 "에너지 밀도가 높다"라고 이야기한다.

2020년 4월 23일 거제도에서는 거대한 배에 HMM 알헤시라스HMM Algeciras라는 이름을 붙이는 행사가 열렸다. 이 배는 길이 400미터에 달하는 엄청난 크기의 쇳덩어리로, 산더미처럼 많은 컨테이너를 싣고 먼바다를 항해하는 화물선이다.

가끔 컨테이너 하나를 개조해서 임시 숙소나 가건물로 사용하는 경우가 있는데, 이 배 한 척에 그렇게 사람이 집처럼 쓸 수 있는 컨테이너를 2만 3964개 실을 수 있다. 배의 길이는 에펠탑보다도 훨씬 길고, 컨테이너들에 초코파이를 가득 채우면 70억 개를 실을 수 있는데, 이는 거의 전 세계 인구가 하나씩 먹을 수 있는 양에 가깝다. 이렇게 무시무시하게 큰데도 최고 속력이 시속 40킬로미터에 달한다.

만약 전기를 이용해서 이런 산더미를 움직이려면 터무니없는 크기의 배터리가 있어야 한다. 그러면 배터리의 무게가 너무 많이 나가서 배에 화물을 실을 공간이 줄어든다. 뿐만 아니라 전기차는 대개 한나절이나 하루, 길어야 이틀 정도 계속 타고 다니면 다시 충전해야 하는데, 이런 거대한 배는 태평양이나 대서양 같은 거대한 바다를 몇 날 며칠이고 계속 항해해야 한다. 그렇다면 말도 안 될 정도로 커다란 배터리가 있어야 한다. 태평양 한가운데에서 이런 배에 충전을 해줄 만큼 거대한 전기 콘센트를 찾을 수는 없기 때문이다.

그래서 이런 큰 배는 어쩔 수 없이 석유 연료를 태워 엔진을 돌리는 방식으로 움직여야 한다. 그러면 그만큼 많은 이산화탄소를 배출한다. 화물선까지 내가 신경 쓸 필요가 있을까? 내가 이런 배를 타고 다니는 것도 아니고, 화물선 관련 회사에서 일하는 것도 아닌데, 큰 상관 없는 문제라고 여길지도 모르겠다. 그러나 사실 화물선이 배출하는 온실기체는 모든 사람과 상관이 있다.

우리가 사용하는 모든 물건과 장비 중에 먼 곳에서 실어 오는 것이 있으면, 그 과정에서 화물선을 이용하게 되기 때문이다. 그런 물건과 장비는 대단히 많다. 예를 들어, 온실기체 배출을 줄이기 위해서 누군가 종이컵 대신 알루미늄 컵을 사용하기로 했다고 생각해보자. 그 알루미늄 컵이 중국에서 만든 것이라면, 컵은 온실기체를 내뿜으며 중국에서 바다를 건너오는 배에 실려 도착한다. 만약 한국인이 한국에서 만든 알루미늄 컵을 산다고 해도, 알루미늄 원료는 호주 같은 곳에서 배에 실어 온 것이다. 알루미늄 덩어리를 싣고 배가 바다를 건너

오는 동안 온실기체를 내뿜는다면, 결국 그 제품을 사용하기 위해 그만큼의 온실기체가 지구에 배출된 셈이다. 종이컵 대신 알루미늄 컵을 써서 기후변화를 줄이려는 노력을 알루미늄 컵을 싣고 오는 배가 방해할 수 있다는 뜻이다. 그러므로, 물건을 싣고 다니는 배와 비행기 문제를 해결하지 않으면 일상생활에 항상 상당한 양의 이산화탄소 배출이 따라오게 된다.

쉽게 생각해볼 수 있는 방법은 석유 대신에 석유와 비슷한 바이오연료를 사용하는 것이다. 농작물, 식물, 쓰레기에서 뽑아낸 기름 성분을 태워 엔진을 돌리자는 이야기다. 사실 이렇게 바이오연료를 쓴다고 해도 배가 움직이는 과정에서 온실기체가 발생하는 것은 별다를 바가 없다. 그러나 만약 그 바이오연료가 그냥 아무 농작물에서 가져온 것이 아니라, 황무지에 심어 기른 식물에서 얻은 것이라고 해보자. 그렇다면 원래는 식물이 자라지 않던 땅에서 식물이 자라나며 광합성을 통해 꽤나 이산화탄소를 흡수했을 것이다. 그 과정에서 없앤 이산화탄소를 고려하면 전체적으로는 이산화탄소를 덜 배출한 것이 된다. 바이오연료를 만들기 위해 황무지를 개척한 만큼은 기후변화를 줄이게 된다는 이야기다. 전생애주기 분석 결과로는 그냥 석유를 태우는 것보다는 낫다.

그러나 이 정도로는 불안하다. 아예 처음부터 연료를 태워도 이산화탄소가 배출되지 않는 방식으로 배를 움직이는 편이 더 깔끔하다.

그런 연료라면 역시 수소 기체다. 수소차처럼 수소 기체로 전기를 만들어 차를 움직이는 방식이 아니라, 수소 기체를 직접 불에 태워서 바로 거대한 엔진을 돌리는 방식을 구상해볼 수도 있다. 수소 경제가 충분히 발전해서, 이산화탄소를 배출하지 않고 만드는 수소 기체, 즉 녹색 수소를 이곳저곳에서 많이 구할 수 있게 된다면, 그 수소 기체를 배에 집어넣고 엔진을 돌려 막대한 무게의 화물을 싣고 긴 시간 세계를 돌아다닌다는 계획을 짜보는 것이 가능하다.

수소로 비행하기

바다뿐만 아니라, 하늘에서도 수소 기체가 유리한 점이 있다.

요즘 리튬이온배터리 기술이 워낙 빠르게 발전했기 때문에, 전기 배터리의 힘으로 날아다니는 드론은 대단히 널리 퍼져 있다. 드론 중에는 꽤 무거운 무게를 싣고 다니는 것도 있다. 사람을 태우고 나는 드론 택시라는 것도 나와 있다. 한국에서도 2020년에 한 자동차 회사에서 비슷한 것을 곧 개발하겠다고 모형을 공개 발표하기도 했고, 2021년 9월에는 국토교통부에서 "한국형 도심항공교통 운용개념서"라는 자료를 발표하며 2025년부터 도시를 날아다니는 교통수단을 실용화할 수 있다는 구상을 알리기도 했다. 국토교통부 자료에서는 하늘을 나는 교통수단은 전기 배터리의 힘으로 나는 기계라고 전제한다. 이렇게만 보면, 굳이 수소를 쓰지 않아도 전기 배터리 힘으로 날아다닐 수 있을 것 같다.

하지만, 많은 사람을 싣고 대륙과 대륙을 초고속으로 이동하는 대형 항공기는 전기 배터리로 움직이는 것이 불가능하다. 적어도 지금 실용화된 기술로는 안 된다.

우선은 전기로 프로펠러를 돌려서 움직이는 방식은 제트엔진으로 움직이는 것보다 느릴 수밖에 없다. 그뿐 아니라, 비행기가 커지고 한 번에 오래 이동해야 할수록 배터리가 무거워지므로 그 무게만큼 날아오르는 것도 더 어려워진다. 미국의 한 전기차 회사는 자신들의 신형 전기차가 한 번 충전으로 600킬로미터 이상을 달릴 수 있다고 자랑하는데, 인천국제공항에서 뉴욕JFK국제공항까지 가려면 한 번에 1만 1000킬로미터를 날아가야 한다. 공중에 비행기를 충전할 콘센트가 있는 것도 아니다. 게다가 전기차는 한두 명의 사람이 타고 가는 상황을 전제로 최대 주행거리를 계산하지만, 점보제트기는 400명에 가까운 승객을 싣고 태평양을 건넌다. 이 정도로 엄청난 힘을 낼 만큼 전기를 많이 담아두려면 무지막지하게 커다란 배터리를 설치해야 한다.

그에 비해 수소 기체를 빠르게 태워서 하늘을 날아다니는 것은 충분히 가능하다.

수소로 우주 가기

사실 수소 기체를 이용하면 하늘이 아니라 우주까지 갈 수도 있다. 유럽에서 이미 자주 사용하고 있는 아리안5 로켓은 수소 기체를 연료로 쓰도록 설계되었다. 2020년 초 우주로 발사된 한국의 천리안2B는 지상 3만 6000킬로미터 높이의 우주에서 항상 한반도를 내려다보고 있는 인공위성인데, 바로 이 인공위성을 우주에 보낼 때 아리안5 로켓을 빌려서 사용했다. 천리안2B의 무게는 3.5톤가량으로 자동차 세 대 정도의 무게다. 아리안5 로켓은 이런 인공위성을 가뿐히 우주로 날려 보낸다. 아리안5 로켓 그 자체의 무게는 777톤이나 되는데, 이런 막대한 무게가 수소의 힘 덕택에 어마어마한 속력으로 우주까지 치솟는다.

아리안5 로켓은 경제성을 위해서 수소 기체 외에도 다른 방식의 연료를 같이 이용한다. 그중에 전기는 없다. 전기를 이용해서 지구에서 우주로 나가는 방법은 상상하기조차 쉽지 않다. 전기 배터리를 쓰는 드론은 헬리콥터처럼 날개를 돌려서 공기를 휘저어 날아오르지만, 우주에는 공기가 없다. 그러니 이산화탄소를 배출하지 않고 우주로 날아가는 방법은 수소 기체가 제격이다.

앞으로 기술이 발전하고 유행이 바뀌어 우주 개발이 다시 본격적으로 진행된다면, 우주로켓이 기후변화에 어느 정도 악영향을 끼치는지도 더 화제가 될 것이다. 요즘 민간 우주로켓 경쟁이 한창인 미국의 우주로켓 회사들 중에는 일부러 이에 대한 논란을 일으키려고 하는 회사들이 있는 것 같다.

이런 논란을 회사가 돈을 모으고 버는 데 활용할 수 있기 때문이다. 예컨대 어느 회사의 로켓은 석유에서 뽑아낸 연료를 태우기 때문에 온실기체 배출이 많은데, 자기 회사의 로켓은 메탄가스라는 바이오연료를 쓰기 때문에 온실기체 배출을 줄일 수 있다고 선전하는 식이다. 그런 선전으로 분위기를 잘 이끌어가면, 회사의 주가를 높이고 더 많은 투자를 받을 수 있다. 같은 맥락에서 2021년 하반기에 보도된 국내의 한 우주로켓 스타트업에 대한 기사에서도 메탄가스를 이용한 소형 로켓을 개발 중이라는 점을 장점으로 내세우기도 했다.

먼 미래를 보면 수소 기체를 이용한 우주로켓은 지구 바깥에서 연료를 구하기가 쉽다는 장점도 있다. 이것은 다른 방식의 로켓이 도저히 따라잡을 수 없는 최대의 장점이다.

지구에서는 석유든 메탄가스든 구해서 로켓에 집어넣어 하늘로 띄울 수 있겠지만, 일단 지구 바깥에 이르면 그 모든 연료는 대단히 희귀하다. 화성 같은 다른 행성에 석유가 있을 가능성도 없고, 설령 석유 비슷한 것이 있다고 해도 그것을 캐내고 가공하기 위한 설비를 다른 행성에 건설하는 것은 대단히 힘든 일이다. 바이오연료를 얻으려면 식물을 키워야 하는데, 화성이나 달에서 지구에서와 같은 방식으로 농사를 짓는 것도 대단히 어렵다.

그렇지만 수소라면 가능성이 있다. 우주에서 가장 흔한 수소는 분명히 다른 어느 물질보다 훨씬 구하기 쉬울 것이다. 토성이나 목성은 수소 덩어리라고 해도 될 정도고, 화성이나 달에 물이 있다는 조사 결과도 점점 더 믿을 만해지고 있다. 물만 있다면, 태양광이나 원자력 같은 우주에 어울리는 방법으로 전기를 만든 뒤에 그 전기로 물에서 수소를 뽑아낼 수 있다. 수전해 수소를 만드는 데 전기가 많이 든다지만, 아무런 물자를 구할 수 없는 우주에서는 전기가 많이 든다는 정도는 문제가 아니다. 그렇게 수소 기체를 구할 수 있다면, 지구 밖에서도 로켓에 연료를 채울 수 있다.

그 때문에 예로부터 SF에서는 이런 방식을 이용하면, 달을 기지 삼아 우주의 먼 곳으로 손쉽게 갈 수 있을 거라는 구상을 자주 이야기해 왔다.

로켓이 우주로 나가기가 어려운 것은 연료가 너무 무겁기 때문이다. 토성이나 목성 같은 먼 곳까지 갈 만큼 많은 연료와 물자를 싣고 지구에서 출발한다면 그 무게가 너무 무거워서 로켓이 뜰 수 없을 정도가 될지도 모른다. 일단 달에 간신히 갈 수 있을 정도의 작은 로켓을 만들어 달까지만 간다고 생각해보자. 그리고 달에 있는 물에서 수소를 뽑아내서 연료를 잔뜩 충전하는 것이다. 달은 중력이 지구의 6분의 1밖에 안 되기 때문에, 달에서는 로켓이 훨씬 더 부담 없이 날아오를 수 있다. 달이 넉넉한 연료 공급처이자, 우주로 쉽게 튀어 나갈 수 있는 발판이 되어주면 먼 우주로 가는 것을 노려볼 수 있다. 달의 수소 기체는 우주의 다른 행성으로 우리를 데려다주는 천사의 날개와도 같다.

이렇게 생각해보면, 수소 연료로 움직이는 제트엔진이 달린 대형 여객기 정도는 현실에 가까운 문제다. 비행기를 타고 먼 곳으로 해외여행을 가는 행동이 뿜어내는 온실기체의 양은 대단히 많다. 한 개인이 그냥 놀이 삼아 하는 행위 중에 그 정도로 온실기체를 많이 뿜는 일을 찾기 어려울 정도로 비행기 여행은 많은 온실기체를 뿜어낸다. 이 때문에 기후변화에 대해 강한 주장을 하는 사람들 중에는 자신은

지구는 괜찮아, 우리가 문제지

비행기를 타는 여행은 하지 않겠다고 선언하는 사람들도 종종 있다. 정세랑 작가님 같은 분도, 자신은 지금까지 여행을 충분히 많이 한 것 같으니 앞으로는 여행의 기회를 다른 분들께 양보하겠다고 말씀하신 적이 있다.

수소 기체를 연료로 쓰는 여객기가 생긴다면 온실기체 배출 없이 장거리 비행을 하는 것이 가능해진다. 아직 실용화까지는 약간 거리가 있는 기술이기는 하다. 현재의 항공기 제조사들도 수소 기체로 움직이는 완전히 구조가 다른 항공기보다는 바이오연료를 이용하는 항공기 정도를 현실적인 대책으로 보고 있지만, 수소 여객기는 여전히 생각해볼 만한 구상이라고 나는 생각한다.

당장은 수소 여객기 같은 것은 없기 때문에, 비행기 여행에서 온실기체 문제를 해결할 후련한 대책이 별로 없다. 그렇다고 모든 사람에게 비행기 여행을 무조건 하지 말라고 하기에는, 관광산업으로 생계를 유지하는 사람들의 삶이 연결되어 있다. 이런저런 이유로 비행기 문제는 눈길을 덜 받는 경향이 있다. 그러나 앞으로 기후변화의 무게를 좀 더 무겁게 따지는 세상으로 변화해간다면, 결국 수소 여객기에도 점점 더 관심이 모일 것이다.

한국이 수소 경제를
이끌 수 있을까

고구마를 구워 먹는 것에서부터 우주로켓 발사까지 모든 것을 수소 기체로 할 수 있다는 수소 경제 구상은 듣기에 아름답다. 그 모든 것을 현실로 이루기에는 갈 길이 멀다고는 하지만 아주 불가능해 보이지는 않는다. 지금부터 하나씩 실천에 옮기면서 도전하고 실험해나가면 점차 실현할 수 있는 생각이다. 게다가 2020년대 시점에서 보면 한국 정부는 유독 다른 나라 정부에 비해 수소 경제에 관심이 많다.

K-수소가 유리한 이유

아닌 게 아니라 한국은 수소 경제를 실험해보기에 유리한 여건을 갖고 있다. 우선 한국은 애초에 석유나 천연가스가 거의 나지 않는 나라이기 때문에, 석유나 천연가스 사용을 줄이고 수소 기체 같은 다른 연료를 널리 도입하자고 해서 애달파할 사람이 적다. 동시에, 수소 기체를 만들고 활용하는 여러 기술에서도 다른 나라에 비해 앞서 있다. 수소차의 핵심부품인 수소연료전지를 예로 들어보자. 이런 부품을 대량생산할 수 있는 공장은 세상에 몇 군데 없다. 한국에서는 지금 충청북도 충주에 수소연료전지 공장이 가동 중이고, 앞으로 더 늘어날 예정이다.

화학 산업이 발달한 나라라는 점도 한국이 수소 경제에서 앞서나 갈 수 있는 이점이다. 한국은 이미 화학 공장들끼리 수소 기체를 만들고, 팔고, 사고, 태워 없애는 이런저런 사업을 오랫동안 해온 경험이 있다. 수소 기체를 다루는 기술을 아는 사람도 많다.

한 공장에서 작업을 하다가 나온 수소 기체를 모아서 쇠로 된 관을 통해 수소가 필요한 옆 공장으로 전달하면 얼마나 받아 갔는지를 계량기로 측정해서 값을 치르는 것과 같은 일은 한국의 공장 지대에서는 오랜 기간 해왔다. 수소 기체를 쇠로 만든 길쭉한 통에 담아 트럭에 싣고 다니면서 여기저기에 배달해주는 일도 한국의 공장들 사이에서는 이미 이루어지고 있다. 그러니, 그 경험을 이용해서 전기로 수소 기체를 만들고 수소 기체로 전기를 만드는 등, 좀 더 여러 분야에 폭넓게 수소 기체를 사용하게끔 일을 키우면 수소 경제와 비슷하게 갈 수 있을 듯 보인다. 수소 기체가 많이 생기면 그 수소 기체를 화학 공장, 제철 공장에서 이런저런 용도로 활용할 수 있는 상황이라는 자체가 그대로 장점이 된다는 이야기다.

　무엇보다, 한국에서는 한국 자동차 회사가 긴 시간 수소차 개발에 꾸준히 막대한 자금을 투자하며 기술을 개발해놓았다.

　이것이 특히 결정적이다. 한국 자동차 회사는 수소차를 팔아야 하니 여기저기서 수소 기체를 만들고 사용할 수 있는 세상이 되도록 노력할 것이고, 반대로 수소 경제가 발전해나갈수록 한국 자동차 회사와 그 자동차 회사에 물건을 파는 중소기업들이 같이 돈을 벌 수 있다. 그러니 한국 정부도 이 모든 사람의 이익을 위해서 수소차와 수소 기체를 이용하는 기술을 지원하고 부추길 만하다.

　한국 자동차 회사는 벌써 오래전인 2013년에 이미 수소차를 대량 생산해 판매하면서 세계 최초의 양산 수소차라고 광고했다. 이보다 먼저 나온 수소차가 없었던 것도 아니고, 이것만으로 한국이 세계 최고의 수소차 기술과 수소 경제 기술을 가졌다고 장담할 수 있는 것도 아니지만, 한국 업체들이 수소 기술에서 상당히 앞서나가는 것은 사실이다. 2020년대 시점에서도 대량생산이 가능한 수소차를 만들 수 있는 회사는 한국과 일본 회사 몇 군데밖에 없다.

강점이 약점이 되지 않으려면

그런데 엉뚱하게도 세계 1위라는 점이 오히려 약점이 될 수 있다.

　한국이 수소차와 수소 경제에서 세계 최초로 앞서나가니까 뭔가 좋을 것 같은데, 의외로 그것만으로 한국인들에게 좋은 소식이 되지는 않는다. 기후변화 문제는 다른 산업 관련 문제와는 괴상할 정도로 다른 방향으로 풀리는 경우가 흔하다. 예를 들어, 한국 회사가 성능이 뛰어나고 유용한 새로운 방식의 반도체 칩을 개발하면 상식적으로 그것은 한국에 좋은 소식이다. 만약 세계 최초로 그 반도체 칩을 개발했다면 더 좋은 소식이다. 그런데, 기후변화 문제와 관련된 기술에서는 그런 상식이 통하지 않을 때가 많다.

기후변화 문제는 세계가 함께 풀어야 하며, 그러지 않으면 안 풀리는 문제이기 때문이다. 예를 들어, 한국에서 수소차 기술을 더욱더 훌륭하게 개발하고, 한국 안에서 수소 경제가 활발하게 돌아가도록 애를 쓴다고 한들, 다른 나라들이 동참해주지 않으면 기후변화 문제는 해결되지 않는다. 한국인들의 인구는 전 세계 인구의 100분의 1이 채 되지 않는다. 한국이 세계 최초로 앞서나가는 것에서 그치지 않고, 다른 나라들이 같이 움직이며 따라와주어야 기후변화 문제는 풀리기 시작한다. 만약 세계에 수소차와 수소 기술을 널리 퍼뜨리는 데 실패하면 한국 혼자서 괜찮은 기술을 개발하는 것만으로는 기후변화 문제를 해결할 만큼의 수소 경제를 만들어낼 수 없다.

수소 기체와 수소 기체를 이용하는 수소차, 수소연료전지, 여러 가지 기계, 배, 비행기, 로켓도 따지고 보면 다 거래되는 상품이고, 산업을 통해 생산되는 제품이라는 점을 생각해보면 이 문제는 더 심각해진다.

미국은 인기 좋은 전기차 회사를 갖고 있고, 중국은 그 전기차에 들어가는 리튬이온배터리 공장을 많이 갖고 있다. 그렇다면 미국과 중국, 두 나라 정치인들이 수소차를 좋아할까, 아니면 리튬이온배터리로 움직이는 전기차를 좋아할까? 두 강대국 정치인들은 수소차보다는 배터리로 움직이는 전기차가 많아지는 것이 자기 나라 회사들과 국민들에게 더 도움이 된다고 판단할 수 있다. 수소차가 많이 팔려봐야 수소 기술이 최고인 한국 회사만 돈을 번다고 생각한다면, 세계의 강대국들과 선진국들은 수소 기술 대신에 다른 기술로 자기 나라 회사들이 돈을 벌 방법이 없을지 궁리하기 십상이다. 만약 강대국들이 자기들 나라의 회사가 돈을 벌 수 있는 기술을 찾아, 수소 경제 기술이 아닌 기술에 집중하기로 서로 손을 잡는다고 생각해보자. 그러면 수소 경제가 전 세계에 퍼지는 것은 그만큼 더 어려워진다.

한국이 제품을 수출해서 경제를 유지하는 무역 국가라는 점을 생각하면 고민은 더 무거워진다.

현재 수소차를 사서 사용하는 입장에서 가장 불편한 문제는 수소 기체를 넣을 충전소가 흔치 않다는 점이다. 휘발유차를 타고 가다가 주유소에서 휘발유를 넣듯 아무데서나 수소 기체를 넣을 수 있을 정도가 되어야 하는데, 수소충전소가 너무 드물다. 2021년 초 시점에서 한국에 설치된 수소충전소 숫자는 50개가 좀 넘는다. 그에 비해 전국에 설치된 주유소 숫자는 1만 개가 넘는다. 비싼 돈을 들여 수소차를 샀는데, 차에 수소 기체를 넣기 위해서 충전소까지 먼 길을 다녀와야 한다면, 전기차에 비해 빨리 충전할 수 있다는 수소차의 장점은 사라지는 셈이다. 게다가 수소충전소가 부족하면, 다른 수소차들이 충전

지구는 괜찮아, 우리가 문제지

을 마치는 동안 기다리느라 시간을 더 낭비해야 하는 문제가 발생할 수도 있다.

그러므로 수소차가 널리 퍼지고, 수소 경제가 활성화되기 위해서는 수소충전소를 곳곳에 많이 지어야 한다. 그런데 수소충전소를 짓기는 어렵다. 전기선이 어디에나 깔려 있기에 전기차 충전소를 빨리 하나 더 짓는 것은 비교적 쉬운 문제다. 그러나 수소충전소 설비는 아예 처음부터 새로 만들어야 한다. 어쩔 수 없이 정부나 지방자치단체가 나서야 일이 잘 진행될 텐데, 한국이 아닌 다른 나라 정부에서 수소충전소에 적극적으로 나서기를 기대하는 것은 더 어렵다. 선진국과 강대국은 수소차는 한국에 유리한 기술이라고 생각하고 있기 때문이다. 미국은 한국보다 훨씬 더 땅이 넓고 자동차 숫자도 더 많지만, 2020년 하반기 기준으로 미국의 수소충전소 숫자는 오히려 한국보다도 더 적다.

미국 정부가 적극적으로 수소충전소를 짓는 데 나선다고 한들, 분명히 거기에 항의하는 미국 사람들이 있을 것이다. 수소충전소가 많이 생겨봐야, 수소차를 만들어 파는 한국 회사들에게만 이익인데 그보다는 미국 회사들이 잘 만드는 전기차나 다른 차를 위한 장치에 정부가 투자해야 하지 않느냐고 주장하는 사람들이 나타날 수 있다.

이런 식으로 수소 경제가 퍼져나가는 것이 더뎌지면, 결국 한국 정부와 한국 회사도 힘에 부치게 된다. 한국 혼자서만 노력해서는 한국 회사들이 수소차나 수소와 관련된 제품을 만들어서 다른 나라에 수출할 수가 없다. 전 세계에 제품을 수출할 수 있을 만큼 수소 경제가 세상에 같이 퍼져나가지 않으면, 수소로 기후변화 문제를 해결하는 것도 어려워지고, 동시에 한국 회사들이 그 사업으로 먹고사는 것도 어려워진다.

그렇기 때문에 수소 경제의 미래를 위해서는 한 나라 안에서 일을 벌이고 다양한 행사를 개최하는 것도 좋지만, 강대국들을 끌어들여 그들을 포함한 세계 여러 나라와 함께 수소차, 수소 경제에 관한 기술 개발과 사업을 해나가기 위해서 애쓰는 것이 무척 중요하다. 그래야 수소차를 팔 곳이 생기고, 수소 관련 기술이 세계에 함께 퍼져나가면서, 수소 경제가 전 세계에 같이 자리 잡을 수 있다.

이런 문제는 단순히 더 좋은 수소 기술을 개발하라고 다그치면 해결되는 문제도 아니고, 자연을 사랑하는 마음이 더 간절해진다고 해결되는 문제도 아니다. 기술에 대해 이해하고 상상하면서 동시에 외교, 경제, 사업에 노력을 기울여서 다른 나라와 함께 구체적으로 일을 만들어가야만 길을 찾을 수 있다. 어쩌면, 수소 경제는 전기만으로는 운영할 수 없는 특정한 공장 설비를 가동하는 일이라든가, 이산화탄소 배출 없이 거대한 배와 비행기를 움직이는 문제 등의 몇몇 특수한 분야에서 돌파구가 나올지도 모른다.

지구는 괜찮아, 우리가 문제지

8장

이산화탄소를
없앨 수 있다면

최선의 방어는
공격이다

기후변화 대응 기술로 가장 많이 언급되는 것들은 뿜어져 나오는 온실기체 양을 줄이는 기술, 이산화탄소 감축 기술, 탄소 저감 기술이다. 전기를 만들면서 온실기체를 내뿜지 않기 위해 재생에너지를 많이 도입하고, 그 밖의 다른 과정에서도 온실기체가 나오는 것을 줄이기 위해 전기차를 늘리거나 수소 기체를 이용하는 방법을 사용한다고 해보자. 이 모든 방법은 결국 추가로 생겨나는 온실기체를 줄이기 위한 것이다. 그러므로 온실기체가 생기는 속도가 줄어들 뿐이지 온실기체가 아예 늘어나지 않는 것은 아니다.

일이 잘 풀려서, 미래에 온실기체 감축 기술이 대단히 발전하여 더이상 추가로 이산화탄소를 내뿜지 않고도 전기를 만들며, 사회에 필요한 모든 제품을 생산할 수 있게 된다면 어떤가? 대부분의 활동에서 거의 0이라고 할 수 있을 만큼 적은 이산화탄소가 발생하는 세상이 될 것이다.

그렇다고 하더라도 무엇인가 새로운 일을 조금만 더 하려다 보면 다시 어디선가 온실기체가 발생할 가능성은 있다. 예를 들어, 우연히 천연가스가 묻혀 있는 땅이 무너지는 바람에 천연가스가 바깥으로 나오게 되었다고 해보자. 천연가스의 주성분은 메탄가스이고, 메탄가스는 강력한 온실기체다. 그것 말고도 사람이 살면서 새롭게 어디에선가 온실기체가 더 나오는 일을 벌일 가능성은 얼마든지 있다. 우연히 산불이 일어나면 나무가 타면서 이산화탄소가 배출될 것이고, 농사 지을 때 사용하는 비료의 양 조절을 실수하면 아산화질소가 생기거나 비료가 썩으며 메탄가스가 나올 수도 있다. 조심조심해서 온실기체를 덜 뿜는 기술을 많이 개발해놓아도 이런 식으로 온실기체는 조금이라도 늘어날 수밖에 없다.

게다가, 이미 사람들이 과거에 한참 뿜어놓은 이산화탄소가 저절로 줄어들기란 어렵다. 그렇다면 이산화탄소를 더 배출하지 않으려고 애쓰기만 할 것이 아니라 무슨 수로든 공기 중에 이미 있는 이산화탄소를 줄일 수 있는 방법을 마련해야 하지 않을까?

그런 이유로, 사람들은 이산화탄소를 빨아들이는 장비를 개발하는 데에도 관심을 갖게 되었다. 이런 기술을 이산화탄소 흡수 기술, 줄여서 탄소 흡수carbon capture 혹은 탄소 포집 기술이라고 한다.

지구는 괜찮아, 우리가 문제지

기후변화 대응 공식을 뒤집는 놀라운 발상

고려시대에는 북쪽의 이민족인 여진족이 고려로 자주 침공해온다는 점 때문에 걱정이 많았다. 그래서 고려 덕종 때에는 북쪽 국경 지방에 거대한 성벽을 쌓아 여진족을 막아내고자 했다. 그러다가 고려 예종 때에는 발상을 바꾸어, 윤관과 척준경을 비롯한 장군들을 북쪽의 여진족 지대로 보내서 공격을 통해 세력을 무너뜨리려고 했다. 성벽을 쌓아 방어만 하는 것이 아니라, 아예 적을 공격해서 우리를 지키고자 한 것이다. 탄소 흡수 기술은 이산화탄소라는 적을 공격해서 우리를 지키려고 하는 발상에 가깝다.

탄소 흡수 기술은 잘 실현된다면 온실효과 문제를 바닥부터 뒤집을 수 있는 놀라운 발상이다. 전기차든 수소차든 예전부터 사용해온 방식을 그만두고 새로운 방식으로 바꾸는 것은 어렵고 힘들다. 잘 돌아가고 있는 화력발전소를 중단시키고 새로 태양광발전소나 풍력발전소를 짓는 데는 시간이 걸린다. 세계에는 값싼 석탄화력발전소가 아니면 당장 전기를 쓸 수 없을 정도로 경제 사정이 넉넉하지 못한 지역도 있다. 그런데, 일부 지역에서 그렇게 나오는 이산화탄소는 적당히 내버려두더라도, 다른 지역에서 이산화탄소를 훅훅 빨아들이는 장치를 대량으로 건설해서 이산화탄소를 없앨 수 있다면? 그러면 문제를 풀 수 있을지도 모른다.

원칙적으로는 충분히 현실에서 구상해볼 만하다. 애초에 이산화탄소 때문에 일어나는 기후변화가 문제가 된 것은 사람이 기계를 돌리면서 만들어내는 이산화탄소가 너무 많기 때문이다. 이렇게까지 많은 이산화탄소를 뿜어내는 기계는 18세기 산업혁명 시기에 탄생한 기술의 결과다. 그렇다면, 21세기의 첨단기술을 이용해 반대 역할을 하는 기계를 만들어 이산화탄소를 도로 흡수하는 것도 생각해볼 수 있지 않겠는가?

이런 기술 중에 몇 가지는 이미 기계를 고안해 가동하고 있다. 커다란 환풍기나 에어컨 실외기 같이 생긴 것이 층층이 여럿 쌓인 형태도 있고, 커다란 굴뚝을 휘감은 탑 모양의 설비도 있다. 2021년 시점의 한국에서도 이산화탄소 흡수 장치를 여러 곳에서 개발하고 있다. 제법 큰 규모로 현장에서 작동 중인 것도 있다.

그런데 이산화탄소를 기계로 도로 빨아들여서 기후변화를 막는다는 작전에는 피해 갈 수 없는 한 가지 문제가 엮여 있다. 당장은 이산화탄소를 빨아들이는 기계 자체를 만드는 것이 어려워서 눈에 잘 뜨이지 않는 문제다. 그러나 이 문제가 해결되지 않으면 이산화탄소를 빨아들이는 기계가 아무리 좋아도 무한정 설치할 수가 없다.

그 피해 갈 수 없는 문제란, 빨아들인 이산화탄소를 과연 어디에 둘 것이냐 하는 것이다.

지구는 괜찮아, 우리가 문제지

탄소 흡수 앞에 놓인
도전들

이산화탄소를 어디에 보관할까

이산화탄소는 기체다. 그래서 부피를 많이 차지한다. 꽉꽉 눌러 담으면 부피를 줄일 수는 있다. 하지만, 그만큼 이산화탄소가 새어 나오지 않는 튼튼한 통이 있어야 한다. 만약 통에 틈이 있으면 이산화탄소는 새어 나와 다시 공기 중으로 배출된다. 힘들여 빨아들인 이산화탄소가 다시 온실효과의 원인이 된다. 그나마 이산화탄소는 공기보다 무겁기 때문에 빠른 속도로 세상에 퍼져나가지는 않겠지만, 이산화탄소를 잘 가두지 않으면 공기 중으로 돌아가는 것은 사실이다.

현재의 탄소 흡수 기술에서는 이산화탄소를 일단 흡수하고 나면 압축해서 쇠로 된 거대한 통에 보관한다. 보통 원통형의 길쭉한 통을 많이 사용한다. 눕혀놓은 소시지를 작은 학교 건물 크기 정도로 확대한 모습이라고 상상해보면 비슷하다. 그런 통에 높은 압력으로 이산화탄소를 눌러 담으면 이산화탄소는 액체로 변해 저장된다. 이산화탄소는 찰랑거리는 물 같은 모습으로 바뀌어 거대한 쇠 통에 쌓인다.

그렇지만 이런 식으로 저장하는 데는 너무 많은 비용이 든다. 이산화탄소가 나오는 족족 통에 넣어두려면 어마어마하게 많은 통이 필요하다. 이것은 연료 통이나 화학물질을 담아두는 통과는 다르다. 연료 통이나 화학물질 저장탱크는 그 안에 담긴 것을 곧 소비해서 없앤다. 통이 비게 되어, 그 통에 물질을 다시 채울 수 있다는 의미다. 그렇지만, 이산화탄소를 빨아들여 담아놓은 것은 쓰레기를 수집해놓은 것이다. 언제까지나 계속 쌓일 수밖에 없다.

전 세계에서 배출되는 이산화탄소를 다 없애려면 매년 400억 톤 내지 500억 톤 분량의 이산화탄소를 빨아들여야 하는데, 그걸 다 담아둘 무쇠 통을 매년 끝없이 만드는 것은 무모한 일이다. 흔히 보는 LPG 가스통에 담을 수 있는 기체의 양은 20킬로그램 정도에 불과하다. 400억 톤을 저장하려면 그런 가스통이 2조 개가 필요하다는 계산이 나온다. 그마저도 1년이면 전부 다 찬다. 다시 새해가 되면 가스통 2조 개를 또 만들어야 하며, 그런 일을 매해 반복해야 한다.

쇠로 된 저장 통 자체가 만들기 쉽지 않다는 점은 문제를 더욱 어렵게 만든다. 액체로 만든 이산화탄소를 밀봉해서 저장하는 쇠 통은 그냥 대충 사람 몇 명이 뚝딱하고 만들 수 있는 물건이 아니다. 많은 양의 금속을 가공해서 힘들여 구부리고 용접해야만 한다. 이렇게 많은

지구는 괜찮아, 우리가 문제지

쇠를 구해서 녹여서 통으로 만들고 조립하려면 그 모든 과정에서 기계를 돌려야 하고 열을 이용해야 하므로 연료를 태우게 되고 이산화탄소가 뿜어져 나올 것이다. 그러면 힘들여 이산화탄소를 빨아들여봐야, 그 이산화탄소를 담는 통을 만드는 과정에서 뿜어낸 이산화탄소가 너무 많아 빨아들인 보람이 사라진다.

즉, 저장해두어야 할 이산화탄소에 비해 이산화탄소 저장탱크는 너무 비싸고 귀한 장치다. 이산화탄소를 이런 통에 저장해두는 것은 길바닥에서 주운 쓰레기를 꾹꾹 눌러 담아 집에 있는 강철 금고에 보관하는 것과 비슷하다. 뿐만 아니라 쓰레기를 더 주울 때마다 그것을 집어넣으려고 새 강철 금고를 사는 격이다.

그렇기 때문에 사람들은 빨아들인 이산화탄소를 처분하는 방법에 대해서도 몇 가지 새로운 생각을 해내야 했다. 가장 먼저 등장한 해답은 이산화탄소를 땅에 묻는 방법이다. 땅속에 있는 적당한 빈 공간에 이산화탄소를 쏟고 입구를 막으면 되지 않겠냐고 생각한 것이다. 이런 방법은 전통적인 쓰레기 처리 방법과 흡사하다. 지금도 가정에서 나온 많은 쓰레기 중에는 어디인가로 실려 가 땅에 묻히는 것이 많다. 같은 방식으로 이산화탄소도 없애보자고 생각한 것이다.

그러나 이산화탄소는 그냥 흙으로 덮어두면 그대로 묻혀 있는 물질이 아니다. 그래서야 이산화탄소는 공기 중으로 슬며시 새어 나와 결국 기후변화를 일으킨다. 따라서 땅속 깊이 기체가 잘 빠져나올 수 없을 것 같은 공간에 이산화탄소를 묻어놓을 필요가 있다. 어떤 사람들은 바위 사이의 빈 틈이나 돌 사이에 있는 미세한 구멍 같은 것에 기체 상태의 이산화탄소를 뿜어두고 그 안에 이산화탄소를 가두어놓는 방법을 연구하기도 한다.

어떤 방법이든 대충 이산화탄소를 버리면 끝나는 것이 아니고, 땅속 깊은 곳까지 굴을 뚫거나, 이산화탄소를 잘 집어넣을 수 있는 장비를 이용해야 한다. 이 모든 작업 과정에서 기계를 돌려야 하므로 그만큼 이산화탄소가 뿜어져 나올 것이다. 뿜어져 나온 이산화탄소만큼, 이산화탄소를 빨아들인 보람은 줄어드는 셈이다.

이산화탄소를 빨아들이는 문제는 그렇게 빨아들인 이산화탄소를 어디에 보관할 것이냐 하는 문제와 항상 연결된다. 그래서 두 기술을 묶어서 이산화탄소 흡수 및 저장이라고 부르는 사람들이 많다. 줄여서 탄소 흡수 및 저장carbon capture and storage 이라고도 하고, 영어 약자를 따서 CCS라고 부르는 경우도 있다.

이산화탄소 저장 방법 중에 일단 시도해볼 만한 방법으로 자주 보도되는 것은 굳이 땅을 새로 파는 대신 예전에 생긴 땅속 빈 공간에 이산화탄소를 집어넣는 기술이다. 저절로 땅속에 생긴 빈 공간이 어디에 있을까 싶지만, 이산화탄소 배출과 기후변화에 대해 고민하다 보면, 사람들이 만들어놓은 그런 공간이 꽤 있을 수밖에 없다는 사실을 깨닫는다. 바로 석유나 천연가스를 뽑아내고 남은 공간이다.

석유를 뽑아내고 나면, 원래 석유가 있던 공간은 비게 된다. 긴 세월 사람들은 땅속에서 많은 석유를 뽑아서 연료로 태워왔다. 그러니 땅속의 빈 공간은 세계 곳곳에 많이 있다. 거기에 공기 중에서 빨아들인 이산화탄소를 집어넣고 밀봉해볼 수 있는 것이다. 이런 방법은 원인을 제공한 것이 결과를 부담한다는 느낌이 들기도 한다. 석유를 뽑아서 태워 이산화탄소라는 쓰레기가 생겼는데, 그 쓰레기를 모아서 다시 원래 있던 곳으로 되돌려 보내는 격이다.

한국에는 포항 앞바다에 천연가스와 약간의 기름을 지난 수십 년간 뽑아온 곳이 있다. 동해가스전이라고 부르는 곳인데, 2022년이면 이곳의 영업이 끝이 난다. 그러면, 관을 박아서 가스를 뽑아낸 공간에 다시 이곳저곳에서 흡수한 이산화탄소를 집어넣을 수 있을 것이다. 실제로 동해가스전에 이산화탄소를 저장할 방법에 대한 연구는 이미 시작되었다. 이산화탄소를 흡수해서 통에 보관하는 곳은 한국에도 있으니, 그렇게 통에 담아둔 이산화탄소를 트럭으로 싣고 바닷가까지 와서 다시 배에 싣고 동해가스전까지 옮겨 저장해둔다는 이야기다. 물론 이산화탄소 통을 싣고 돌아다니느라 자동차와 배가 또 이산화탄소를 뿜어내기는 하겠지만 일단 거기까지 노력은 해볼 수 있다. 일단 시도해볼 방법은 있는 셈이다.

하지만 당장 이산화탄소 흡수 장치를 여럿 건설하고 규모를 늘려서 기후변화를 거꾸로 되돌린다는 꿈에는 또 한 가지 걸림돌이 있다. 바라는 만큼 이산화탄소는 잘 흡수되지 않는다.

이산화탄소 흡수가 어려운 이유

교과서에도 자주 소개되는 간단한 실험이지만 의외로 깊은 지혜를 감추고 있는 실험 중 하나가 물에 먹물 방울을 떨어뜨려보는 것이다.

물 담긴 컵에 먹물 한 방울을 떨어뜨리면, 먹물은 점차 물에 퍼져나간다. 충분히 오래 기다리면 먹물이 물에 전부 퍼져서 전체 색깔이 약간 거무스름하게 변한다. 실험은 간단하다. 실험이라고 부르는 것이 우스꽝스러울 정도로 쉽다. 학위를 따기 위해 오늘도 실험에 시달리는 어느 대학원생 앞에서 컵에 먹물 방울을 떨어뜨리는 이런 행위를 실험이라고 부른다면, 터무니없다고 할 것이다. 어쩌면 북받쳐 오르는 복합적인 감정에 울지도 모른다.

그런데 먹물이 섞인 물을 거꾸로 먹물과 물로 되돌리는 작업은 결코 간단하지 않다. 거름종이나 어떤 필터로 물을 걸러내는 방법을 생각해볼 수 있겠지만, 어지간해서는 먹물이 완벽히 걸러지지 않고, 먹물을 거른 필터에서 먹물만 따로 뽑아내는 것도 고민스러운 일이다. 성능이 좋은 거름종이나 필터를 구하는 것 자체도 간단한 일은 아니다. 적당한 거름종이, 필터를 파는 곳이 없다면 이런저런 물질을 이용해서 직접 만들어야 하는데, 그럭저럭 해낼 수 있는 일이 아니다. 먹물 섞인 물을 깨끗하게 걸러내고 먹물을 따로 분리해 뽑아내는 장치를 만드는 작업이라면, 어지간한 대학원생이 학위 논문 과제로 도전해볼 만한 일이다. 어려운 실험이다.

먹물을 물에 섞는 것은 간단하지만, 섞인 거무스름한 물을 다시 물과 먹물로 분리하는 것은 어렵다. 이런 식으로 어떤 현상은 결국 잘 일어나게 될 방향과 잘 안 일어나게 될 방향이 있다. 그리고 어느 쪽이 결국 잘 일어나는 방향인지 계산할 수 있다는 법칙을 열역학 제

지구는 괜찮아, 우리가 문제지

2법칙이라고 한다. 이때 엔트로피라는 수치를 계산해놓는데, 그 숫자가 커질수록 결국 그 일이 잘 일어난다는 의미이다. 그렇기 때문에, 열역학 제2법칙을 엔트로피법칙이라고도 부른다.

열역학 제2법칙은 세상의 근원이 되는 가장 기본적인 법칙 중에 하나다. 여기에 더해서 에너지는 생겨나지도 않고 없어지지도 않고 다만 형태가 바뀔 뿐이라는 법칙을 에너지보존법칙이라고 하고, 열역학 제1법칙이라고도 한다.

열역학 제1법칙과 제2법칙은 화학뿐만 아니라 모든 과학의 기본이다. 좀 과장해서 말하자면, 현대 과학 이론의 대부분은 세상에서 관찰되는 모든 현상을 열역학 제1법칙과 2법칙에 맞도록 풀이하는 과정이다. 그중에서도 열역학 제2법칙은 보면 볼수록 굳건한 법칙이다. 적지 않은 학자들이 열역학 제2법칙의 의미를 고민하며 몇 날 며칠 숙고하기도 하고, 어떤 사람들은 열역학 제2법칙을 통해 시간의 의미나, 우주의 시작에 대한 본질을 고찰할 수 있을 거라고 상상하기도 한다. 따지고 보면 지나간 시간이 속절없이 너무 빨리 흘러가버렸다는 느낌이 드는 것도 열역학 제2법칙 때문일 것이다.

연료를 태워서 공기 중에 이산화탄소를 퍼트리기는 쉽지만, 그렇게 한번 퍼진 이산화탄소를 도로 붙잡아서 모아두기는 어렵다. 이것도 열역학 제2법칙에 따라 이루어지는 일이다. 열역학 제2법칙을 거스를 수는 없다. 무엇인가 복잡하고 정교한 방법을 이용하고, 일부러 수고를 들여야만 어렵게 어렵게 이산화탄소를 도로 빨아들일 수 있다.

흡수 기술의 현재—보령화력발전소

일단 조금이라도 문제에 쉽게 접근해보기 위해, 그냥 아무곳에서 나 공기 중 이산화탄소를 빨아들이는 것이 아니라 이산화탄소가 조금이라도 많은 곳, 그러니까 농도가 높은 곳을 골라서 이산화탄소를 빨아들여보면 어떨까?

이산화탄소가 많은 곳은 당연히 이산화탄소를 많이 뿜어내는 기계가 있는 곳이다. 예컨대 연료를 태우고 나서 생기는 연기를 내보내는 굴뚝에는 이산화탄소가 많다. 굴뚝을 통해서 나온 이산화탄소가 공기 중으로 흩어져서 기후변화를 일으키니까, 굴뚝에서 이산화탄소가 흩어지기 전에 도로 붙잡아서 빨아들일 수 있다면, 나쁘지 않다.

그래서 실제 가동 중인 탄소 흡수 설비의 상당수는 공장 굴뚝과 연결되어 있다. 굴뚝을 통해 뿜어져 나오려는 이산화탄소를 기계장치가 가로채서 통에다 눌러 담는다. 이런 방식을 취하면 그나마 이산화탄소를 빨아들이기가 쉬워진다. 즉 고농도 이산화탄소를 빨아들이는 기술은 좀 더 만들기가 쉽다.

이런 방법으로는 이미 세상에 배출된 이산화탄소를 빨아들여 모든 것을 되돌릴 수는 없다. 공장 굴뚝에서 추가로 나오는 이산화탄소를 제거할 수 있을 뿐이다. 그리고 이산화탄소 흡수 장치가 설치된 굴뚝에서만 이산화탄소를 빨아들일 수 있을 뿐, 다른 굴뚝이 바로 옆에 있대도 영향을 미치지 못한다. 공장 두 곳이 있는데, 남쪽 공장에는 이산화탄소 흡수 장치가 달려 있고, 북쪽 공장에는 이산화탄소 흡수 장치가 안 달려 있다면, 아무리 남쪽 공장 장치가 잘 작동하고 성능이 좋다고 해도 북쪽 공장에서 뿜는 이산화탄소는 조금도 빨아들일 수 없다. 꿈꾸는 것처럼 세상의 이산화탄소를 팍팍 줄이지는 못한다.

그렇다고 해서 이 방법이 별 쓸모가 없는 것은 아니다. 성능이 개선되고 뽑아낸 이산화탄소를 간단하게 저장할 기술만 있다면, 이 정도만으로도 기후변화 문제를 해결하는 데 큰 도움이 된다.

우선 이 방식을 사용하면, 완전히 새로운 설비와 새로운 기술을 도입할 필요 없이 종래에 사용하던 공장에 이산화탄소 흡수 장치를 추가로 다는 것만으로 이산화탄소 배출을 줄일 수 있다. 거대한 풍력발전소를 건설하고 바람이 안 불 때 전기 생산량이 부족해지는 문제를 해결하기 위해 새롭게 일을 벌일 필요 없이, 예전부터 연료를 쌓아두고 꾸준히 운영해온 화력발전소를 그대로 운영하면서 그냥 이산화탄소 흡수 장치만 굴뚝에 달아두면 된다. 만약 이산화탄소 흡수와 저장이 잘만 된다면, 태양광발전소나 풍력발전소의 문제점이 잘 해결되지 않더라도, 화력발전소를 그대로 운영하면서도 기후변화는 줄일 수 있다는 뜻이다.

이산화탄소 배출이 일어날 수밖에 없는 작업을 해야 하지만 별다른 대안이 없는 곳도 굴뚝에 이산화탄소 흡수 장치만 붙여놓으면 기후변화를 줄이는 데 기여할 수 있다. 예를 들어, 시멘트 공장은 이산화탄소가 많이 발생하기로 유명하다. 이산화탄소를 내뿜지 않고 시멘트를 만드는 새로운 신기한 화학반응을 개발해내지 못한다 하더라도, 옛날 시멘트 공장에 이산화탄소 흡수 장치만 달아놓으면 된다. 그러면 공장이 내뿜는 이산화탄소를 회수하여 공장이 기후변화에 미치는 영향을 줄일 수 있다.

지금은 이산화탄소가 발생할 수밖에 없는 공장이지만, 미래에 그 공장에 적용할 만한 이산화탄소 배출 억제 기술을 개발한다고 쳐보자. 그런 기술을 개발했다고 해도, 새로운 기술을 적용하기 위해 공장 전체를 개조하는 데에는 돈도 많이 들고 시간도 오래 걸린다. 그런데 이산화탄소 흡수 장치는 전부터 사용하던 공장의 굴뚝에 설비만 붙이면 된다. 적어도 완전히 새로운 기술이 탄생할 때까지는 굴뚝에서 나오는 고농도 이산화탄소를 흡수하는 장치가 괜찮은 대안이 될 수 있다.

때문에 한국의 대표적인 이산화탄소 흡수 장치도 다름 아닌 화력발전소 굴뚝에 연결되어 있다.

충청남도의 보령화력발전소는 2021년 6월부터 꽤 커다란 규모의 이산화탄소 흡수 장치를 설치해 가동하고 있다. 이 장치는 화력발전소에서 전기를 만들기 위해 태운 연료가 내뿜는 연기에서 이산화탄소를 뽑아내 저장 통에 담는 역할을 한다. 보령의 이산화탄소 흡수 장치는 쇠로 된 관들이 연결된 커다란 철탑 모양인데, 전 세계 다른 시설들과 비교해도 결코 작은 편이 아니다.

보령의 발전소에서 좋은 성과가 나온다면, 그때부터는 이 장치를 전국의 화력발전소에 널리 적용하고, 나아가 전 세계 화력발전소와 이산화탄소를 내뿜는 공장에도 적용할 수 있을 것이다. 이런 식으로 기후변화 문제를 끝낸다는 상상도 잠깐은 해볼 수 있다. 이산화탄소 흡수가 방어가 아니라 공격하는 전법이니만큼, 이런 꿈이 현실화된다면 충청남도 보령이 기후변화와의 싸움에서 반격의 시작을 알린 멋진 전적지 중에 한 곳이 될 것이다.

그러나 일이 그렇게 술술 풀릴 것 같지는 않다. 아무리 좋은 기술이 있다고 하더라도 열역학 제2법칙을 거스를 수는 없기 때문이다.

다시 말해서, 설령 이산화탄소를 마구 뿜는 굴뚝에 고농도 이산화탄소를 뽑아내는 장치를 달았다고 하더라도 그냥 공짜로 저장되지는 않는다. 이산화탄소 흡수 장치가 혼자서 돌아가지는 않는다는 뜻이다. 이산화탄소 흡수 장치도 기계인 만큼, 작동시키려면 그만큼 또 전기나 연료를 써야 한다. 어처구니없게도, 이산화탄소 흡수 장치를 가동하면 그 장치에서 또 이산화탄소가 배출된다. 세상에 쉬운 일이 없다는 게 이런 것이다.

이산화탄소 흡수 장치는 돈을 들여서 운영해야 하는 기계 설비다. 이 장치 자체를 운영하는 데 최대한 힘이 덜 들고, 전기나 연료 소모가 적은 방법을 찾아나가야 한다. 그래야 이산화탄소 흡수 장치가 스스로 뿜어내는 이산화탄소보다 훨씬 더 많은 이산화탄소를 흡수할 수 있다. 그래야만 전체 이산화탄소 배출을 줄어들게 해서 기후변화를 막는 데 도움이 될 것이다.

현재 가장 널리 사용되는 방식은 아민amine 계통의 물질을 이용하는 방식이다. 아민은 온도가 낮을 때 이산화탄소와 잘 달라붙는다. 굴뚝 연기가 이 물질 사이로 흐르게 하면 이산화탄소가 달라붙으며 공기 중으로 나가지 못하게 된다.

이산화탄소와 잘 달라붙는 물질은 여러 가지가 있다. 그런데 잘 달라붙은 것만으로 끝이라면 물질을 계속 생산해서 끊임없이 넣어주어야 한다. 그러한 물질을 만드는 과정에도 기계를 돌려야 하므로 또 이산화탄소가 발생한다. 그렇기 때문에 이산화탄소가 잘 들러붙기만 해 일회용으로밖에 쓸 수 없는 물질을 사용하는 것은 너무 낭비가 심하다. 물질에 이산화탄소가 들러붙으면 이산화탄소만 따로 떼어내어 저장하고, 원상태로 돌려서 계속해서 재활용할 수 있어야 한다.

현재 널리 사용되는 아민 계통의 물질은 온도를 높이면 이산화탄소와 다시 분리된다. 따라서 아민을 사용하는 이산화탄소 흡수 장치에는 온도를 높여주고 낮춰주는 기계가 달려 있다.

이런 기계 역시 작동시키려면 전기나 연료가 필요하다. 고농도 이산화탄소 흡수 장치를 잘 작동시키려면 이런 기계를 더 싼값에 쉽게 작동시킬 수 있도록 설계를 개량해나가야 하고, 더 쉽게 이산화탄소를 붙이고 떼어낼 수 있는 성질을 가진 화학물질도 개발해야 한다.

들판에서 이산화탄소를 바로 잡아챈다면?

조금 더 꿈을 크게 가져보면, 추가로 배출되는 이산화탄소를 빨아들이는 기계 말고, 정말로 공기 중의 이산화탄소를 어디서나 빨아들여 모든 것을 되돌릴 수 있는 기계도 없지는 않다. 공기 중의 0.04퍼센트 정도를 차지하는 낮은 농도의 이산화탄소를 빨아들이는 것은 더 어렵기는 하지만 비슷한 원리를 이용하면 가능은 하다.

이런 장치를 저농도 이산화탄소 흡수 장치라고 이름 붙일 수 있겠다. 다른 말로는 보통 공기에서 바로 이산화탄소를 잡아낸다고 해서, 직접 공기 흡수direct air capture, 직접 공기 포집이라고도 부르며 영문 약자로 DAC라고도 한다.

공장 굴뚝에 연결하는 고농도 이산화탄소 장치가 철탑 모양의 높은 건물이라면, 공기 중 이산화탄소를 흡수하는 장치는 환풍기로 된 벽을 세워놓은 모양이다. 공기가 바람을 따라 그 벽면을 통과하면 기계에 이산화탄소가 잡히도록 설계한 것이다. 당연히 이런 장치는 굴뚝에 연결하는 고농도 이산화탄소 흡수 장치보다 만들기가 어렵고 이산화탄소 흡수는 덜 된다. 이산화탄소를 빨아들이는 기계장치를 연료나 전기를 이용해서 돌려야 한다는 점은 저농도 이산화탄소 흡수 장치도 마찬가지다. 이산화탄소를 빨아들인 보람이 없을 정도로 이 기계 자체에서 이산화탄소가 많이 나온다면 기후변화 대응에 아무런 도움이 안 되기 때문에, 대개 태양광발전소나 풍력발전소 등과 연결해서 이산화탄소를 내뿜지 않고 만든 전기를 이용한다.

한 가지 다행인 것은 이런 저농도 이산화탄소 흡수 장치는 이산화탄소를 흡수하는 그 자체가 목적이기 때문에, 태양광발전소나 풍력발전소의 가장 큰 문제인 전기를 저장하기 어렵다는 점이 별 단점이 안 된다는 것이다.

언제나 전기를 사용해야 하는 병원, 경찰서, 소방서 같은 시설이라면 풍력발전소가 바람이 불 때만 전기를 보내줄 수 있고 바람이 없을 때는 전기가 끊긴다는 점은 큰 문제가 된다. 그런데 저농도 이산화탄소 흡수 장치는 그냥 바람이 불어서 전기가 많이 생기면 부지런히 이산화탄소를 흡수하고, 바람이 없어서 전기가 없으면 일을 좀 쉬면 된다. 바람이 불 때마다 작동하며 조금씩 꾸준히 공기 중의 이산화탄소를 줄일 테니, 가끔 쉬어간다고 해도 크게 아쉬울 것은 없다.

현재 이산화탄소 흡수 장치의 한계는 필요한 설비에 비해 흡수하는 이산화탄소 양이 너무 적다는 점이다.

충남 보령에 2021년부터 작동된 시험용 고농도 이산화탄소 흡수 장치의 경우, 하루에 흡수하는 이산화탄소 양이 평균 대략 190톤이다. 이 정도만 해도 1년이면 6만 9000톤에 가까운 양을 흡수하는 것이니 대단히 훌륭한 성과다. 이 정도 규모의 거대한 이산화탄소 흡수 장치를 오랫동안 안정적으로 운영하는 것만으로도 뛰어난 기술이다. 그러나 기후변화를 늦추기 위해서 매년 전 세계에서 없애야 하는 이산화탄소 양은 400억 톤에서 500억 톤에 이르므로, 보령에 건설한 것과 같은 장치를 60만 개에서 70만 개를 지어야 한다는 뜻이다. 그리고 그렇게 매년 흡수한 어마어마한 양의 이산화탄소를 과연 어디에 어떻게 저장해둘 것이냐 하는 문제는 여전히 남아 있다.

기술 개발 너머의 문제들

여기까지의 모든 문제가 다 해결된다고 해도, 몇 가지 중요한 과제는 남는다. 다시 한번, 나는 이산화탄소 흡수 장치에 들어가는 비용이 결국 가난함과 부유함의 차이를 발생시킬 수 있다는 점을 이야기해보고 싶다.

남쪽에 있는 어떤 나라의 공장에 이산화탄소 흡수 장치를 달았다고 해보자. 이 공장은 장치를 건설하는 데 돈을 많이 들였다. 또한 이산화탄소 흡수 장치 자체가 전기나 연료를 소모하기 때문에 운영 중에도 돈이 더 들어간다. 남쪽 나라 공장은 운영에 돈이 많이 드는 만큼 물건값을 올릴 수밖에 없다. 이 공장이 전기를 만드는 발전소라면 전기료가 오를 테니 그 전기를 사용하는 남쪽 나라 다른 공장의 물건값도 오르고, 그 공장이 철을 만드는 제철소라면 그 철을 사다 쓰는 남쪽 나라 다른 공장의 물건값도 오르게 된다.

그런데 북쪽에 있는 어떤 나라의 공장은 그런 장치를 달지 않았다고 해보자. 북쪽 나라 공장은 그만큼 돈을 절약할 수 있고, 물건값은 싸진다. 그 공장의 제품이 재료로 들어가는 북쪽 나라의 다른 제품도 그만큼 가격이 싸진다. 그러면 자연히 북쪽 나라 제품이 남쪽 나라 제품보다 잘 팔릴 것이다.

그 결과 북쪽 나라 사람들이 돈을 더 잘 벌게 된다. 비교해보면 이상하다. 세계의 모든 사람을 위해 이산화탄소를 줄여주는 일은 남쪽 나라 사람들이 하는데, 돈을 더 잘 버는 쪽은 북쪽 나라 사람들이다.

특히 조심해야 할 사항은 물건을 팔아 돈을 버는 사업은 공공기관에서 세금을 쓰는 사업과는 성격이 완전히 다르다는 점이다. 이 때문에 문제는 훨씬 심각해진다. 무슨 일이 생겨서 1만 원 걷던 세금을 9000원만 걸게 된다면 10퍼센트 차이고, 그냥 1000원만큼 예산을 덜 쓰게 되는 차이다. 그것으로 끝이다. 물건을 파는 사업은 다르다. 남쪽 가게와 북쪽 가게에서 똑같은 과자를 판매하는데, 남쪽 가게는 1만 1000원에 팔고, 북쪽 가게는 1만 원에 판다고 해보자. 사람들은 전부 1000원 더 값이 싼 북쪽 가게에서 물건을 산다. 남쪽 가게의 물건값이 10퍼센트 더 비싸다고 해서, 물건이 10퍼센트 덜 팔리는 것이 아니다. 물건은 하나도 팔리지 않는다. 값은 10퍼센트 차이지만, 수입은 100퍼센트 차이다. 10퍼센트라는 작은 차이 때문에 돈을 한 푼도 벌 수 없게 된다.

이 점을 이해하지 못하면, 기후변화 대응을 위해 어떤 조치를 취하는 것의 영향을 과소평가하게 된다. 작은 차이에 한 산업 분야가 휘청거리는 결과가 생기고, 수많은 사람이 일자리를 잃는 결과가 생긴다. 특히 전기, 수도, 철강, 운송 같은 많은 분야에 영향을 미치는 사업에서 이산화탄소 흡수 장치를 설치하고 운영하느라 가격이 올라가게 되면, 온갖 다른 사업이 다 같이 영향을 받아 흔들린다.

이런 특징으로 인해 이산화탄소 흡수 장치를 이용해 기후변화에 대응하는 방식도 선진국이 개발도상국보다 유리하다. 선진국은 공장을 가동해서 운영하는 산업의 비중이 상대적으로 작고, 그러면서도 기술과 인건비 비중이 높은 제품을 생산하기 때문이다.

만약 선진국들이 힘을 모아서 전 세계 모든 공장에 이산화탄소 흡수 장치를 달아야만 한다는 협정을 한다고 해보자. 이럴 때, 과거에 많이 벌어둔 돈을 세계 각국에 빌려주며 이자로 수입을 올리는 선진

지구는 괜찮아, 우리가 문제지

국은 두려울 것이 없다. 이런 선진국은 그 돈으로 이산화탄소 흡수 장치를 무료로 지어줄 여력이 있다. 나라에서 무료로 기후변화 대응을 위해 이산화탄소를 흡수해주겠다니 공장들이 반대할 이유도 없다. 선진국 공장들은 별 부담 없이 예전 가격에 물건을 팔 수 있다.

그에 반해, 개발도상국은 그런 여유가 없다. 이산화탄소 흡수 장치를 운영하느라 드는 돈은 그대로 공장에서 부담해야 한다. 그러면 물건 가격을 높일 수밖에 없다. 제품의 가격이 조금만 비싸지면, 더 싼 다른 나라 제품이 팔리게 된다. 그런 식으로 선진국 제품은 팔리고 개발도상국 제품이 팔리지 않으면, 결국 개발도상국 공장은 망한다. 어떻게든 망하지 않으려면, 개발도상국 공장은 직원들의 월급을 줄여서 이산화탄소 흡수 장치를 돌릴 돈을 충당해야 한다. 세상의 기후변화 문제를 해결한다는 목적 때문에, 개발도상국 공장 직원들이 월급을 줄이는 희생을 하게 된다.

게다가 선진국에서 주로 만드는 고도의 기술과 많은 연구 개발이 필요한 제품들은 어차피 제품 가격의 대부분이 기술 개발에 쓰인 비용의 결과다. 생산비 1만 원짜리 폐렴 치료약이 있다고 가정해보자. 이 중 9000원이 좋은 약품을 연구하는 데 든 비용이고 제품을 생산하는 데에는 1000원 정도가 든다. 공장에 이산화탄소 흡수 장치를 붙이느라 10퍼센트 비용이 더 들어가도 전체 생산비는 1만 100원으로 1퍼센트밖에 오르지 않는다. 이런 제품은 애초부터 가격으로 경쟁하기보다는 독특한 품질과 기술력으로 경쟁하는 경우가 많아 타격이 덜하기도 하다.

그러나 개발도상국 공장에서 만드는 저렴한 가격대의 제품들은 공장을 운영하는 데 드는 비용이 큰 비중을 차지한다. 이산화탄소 흡수 장치를 붙이느라 올라간 비용은 가격에 더 큰 영향을 미칠 수밖에 없다. 그런 제품들은 대개 값이 다만 한 푼이라도 싼지를 두고 경쟁하는 것들이라, 조금 오른 값 때문에도 큰 타격을 받는다.

이런 문제는 나라 간뿐만 아니라, 한 나라 안에서도 규모가 크고 돈 많은 대기업과 작은 중소기업 사이에서 그대로 일어날 수 있다. 정부에서 파격적인 조치를 실시하기로 결단을 내려서, 모든 공장에 이산화탄소 흡수 장치를 설치하라는 법을 만든다거나, 태양광발전소나 풍력발전소를 전국의 공장마다 건설하라는 명령을 내렸다고 해보자. 큰 공장을 운영하고 돈도 많은 재벌 대기업은 가뿐히 이런 장비를 설치하고 무리 없이 사업을 해나갈 수 있다. 하지만, 돈이 없고 작은 공장을 운영하는 중소기업은 그런 장비를 설치할 만한 돈이 없어 그냥 공장 문을 닫아야 한다.

중소기업이 망하면, 과거에 그 중소기업에서 물건을 사던 사람들도 이제 대기업에서 물건을 사는 수밖에 없다. 그러면 대기업은 망한 중소기업이 벌던 돈을 추가로 벌 수 있다. 대기업의 수입은 늘어난다. 즉, 대기업은 여러 가지 돈이 드는 조치가 시행되는 바람에 오히려 미래에 더 많은 돈 벌 기회를 노릴 수 있게 된다. 하지만 중소기업은 그런 지출을 견딜 여력이 없으면 망하는 수밖에 없다.

또 하나, 이산화탄소 흡수 장치 같은 기후변화 대응 기술은 당장 돈이 안 되는 연구에도 투자할 여력이 있는 선진국, 강대국이 더 잘 개발할 수 있기 마련이다. 지금까지 개발된 장치들의 이력을 보아도 그런 경향이 확인된다. 기술이 없는 개발도상국은 선진국에서 기술을 돈 주고 사 와야 하니 선진국은 그 기술로 더 돈을 번다. 장래에 기후 변화를 막기 위해 전 세계에 이산화탄소 흡수 장치를 설치하라는 식으로 돈을 들여야 하는 조치가 별 고려 없이 강제된다면, 결국 개발도상국들은 자기 나라 국민들에게 줄 월급을 아껴 그 돈으로 선진국, 강대국으로부터 장치를 사 와야 한다.

이산화탄소로
돈을 벌 수는 없을까

이산화탄소 흡수와 저장 시설은 당장 그것을 설치한 사람에게 이익이 되지 않는다. 기후변화에 대응하기 위한 여러 가지 기술이 그런 성격을 갖고 있다. 이산화탄소 흡수와 저장 기술은 더더욱 그렇다.

예를 들어, 태양광발전소와 풍력발전소는 몇 가지 단점이 있어도, 석유와 석탄 같은 연료를 태우지 않고도 전기를 얻을 수 있다는 뚜렷한 장점도 있다. 당장 석유가 없는 곳에서는 큰 장점이다. 만약 석유 같은 연료를 매번 배달해줄 수가 없는 우주 공간에서 전기를 사용해야 한다면 이런 장점이 비할 바 없이 크게 다가올 것이다. 한국 최초의 인공위성인 우리별1호를 비롯해 수많은 우주의 인공위성이 대개 태양전지판을 달고 있는 것은 바로 이 때문이다. 기후변화 대응과 관련된 다른 제품에도 추가적인 장점이 몇 가지 딸린 경우가 많다. 전기차에는 제조가 쉽고 조작이 쉽다는 장점이 있다. 수소차에도 비슷한 장점이 있다.

그런데 이산화탄소 흡수 장치에는 다른 특별한 이득이 당장 눈에 뜨이지 않는다. 추가로 얻을 수 있는 것이 없다. 오직 기후변화를 줄인다는 목적만으로 누구인가 생돈을 들여서 탄소 흡수 장치를 짓고 돈을 들여 가동해야 한다.

그러므로 이산화탄소 흡수 기술에는 꼭 이산화탄소 활용 기술을 같이 연구해야 한다는 이야기가 따라붙는다. 이산화탄소를 그냥 묻어두기만 할 것이 아니라, 이산화탄소로 무엇인가 유용한 일을 해보자는 생각이다. 좋은 해답으로 이어지기만 한다면 이것은 이산화탄소 흡수 기술의 여러 문제를 풀어줄 수 있다. 만약 흡수한 이산화탄소로 유용한 제품을 만들어낼 수 있다면, 사람들은 누가 시켜서 억지로 이산화탄소 흡수 장치를 짓는 것이 아니라, 돈을 벌겠다는 목적으로 스스로 부지런히 이산화탄소 흡수 장치를 짓고 또 지을 것이다.

소규모 이산화탄소 흡수 장치 수십만 개를 지어야 우리가 필요한 만큼 이산화탄소를 빨아들일 수 있다지만, 그런 장치로 장치를 지은 사람이 이득을 볼 수 있는 방법이 나왔다고 해보자. 그러면 세계 각지에서 사람들이 장치를 건설하고 또 건설해서 자발적으로 숫자를 늘려갈 것이다. 머지않아 60만 개의 이산화탄소 흡수 장치를 건설하게 된다는 상상도 못할 것 없다. 정반대의 사례지만, 지난 몇 년 동안 비트코인 같은 암호화폐를 채굴하면 돈이 되기 때문에 사람들은 누가 시키지도 않았는데 비트코인 채굴 장치를 경쟁적으로 만들어 운영했다. 암호화폐가 정확히 무엇인지 이해하지 못하는 사람들조차도 스스로 장치를 만들고자 했다. 지금 현재, 전기를 소모하고 이산화탄소를 내뿜으며 작동하는 비트코인 채굴 장치의 숫자를 헤아려보면 모르긴 해도 전 세계에 수백만 대쯤은 되지 않을까 싶다.

흡수한 이산화탄소 활용 기술을 개발하는 것은 기후변화를 방어하는 것이 아니라 공격한다는 계획에서 중요한 대목이다. 그렇기에 이산화탄소 흡수 기술은 보통 이산화탄소 흡수, 저장과 활용을 함께 엮어서 생각하는 일이 많다. 다 합쳐 이산화탄소 흡수, 저장 및 활용 기술, 줄여서 탄소 흡수, 저장 및 활용carbon capture, storage, and utilization 이라고 부른다. 알파벳 약자를 따서 CCSU라고 쓰기도 하고, 순서를 바꿔서 CCUS라고도 한다.

이미 쓰이고 있는 이산화탄소 활용법

이산화탄소는 예전부터 알려진 물질이기 때문에 이미 밝혀진 용도도 없지는 않다. 가장 간단하게는 탄산음료를 떠올릴 수 있다. 실제로 공장 등에서 흡수한 이산화탄소를 집어넣어 탄산음료를 만드는 것이 가능하다.

그렇지만 전 세계 사람이 이산화탄소를 먹어서 없애기에는 흡수해야 하는 이산화탄소 양은 너무나 많다. 게다가 먹어도 결국 트림 등으로 얼마 후 몸 밖으로 나온다. 결국 그 이산화탄소는 공기 중에 흩어져 기후변화를 일으킨다. 힘들여 빨아들여 저장해놓은 것이 다시 흩어지게 되는 셈이다. 무엇인가 이산화탄소를 활용하되 다시 흩어지지 않게 하는 방법이 필요하다.

현재 산업계에서 이산화탄소를 활용하는 예로는 이산화탄소를 땅속으로 집어넣어 석유가 묻힌 곳에 뿜어주는 용도가 있다. 석유가 묻힌 깊은 곳에 이산화탄소를 적당히 뿜어주면 석유가 좀 더 잘 뽑혀 나온다고 한다. 단순하게 생각하자면 이산화탄소를 불어넣어 석유를 밀어주는 것이다.

북아메리카 지역의 유전에서는 수십 년 전부터 이런 용도로 이산화탄소를 많이 활용해왔다. 그렇다면, 흡수 장치를 가동해서 얻은 이산화탄소를 석유 캐는 사람들에게 판매해 돈을 벌 수 있다. 실제로 이런 목적으로 거래되는 이산화탄소 양은 꽤 된다.

여기에는 작은 문제 한 가지와 큰 문제 한 가지가 있다. 작은 문제는 아직까지 이런 용도로 판매해서 큰돈을 벌기에는 이산화탄소 흡수 장치를 돌려서 얻는 이산화탄소의 가격이 별로 싸지 않다는 점이다. 이래서는 이산화탄소 흡수 장치를 짓는 사업을 세계 곳곳에서 많이 해보라고 부추길 수가 없다. 큰 문제는 결국 석유를 더 잘 뽑아내는 데 이산화탄소가 사용된다는 점이다. 그렇다면 결국 싼값에 더 많은 석유를 사용하게 되고, 그 석유를 태워 없애면서 이산화탄소를 더욱 많이 배출하게 된다.

기후변화를 줄이겠다고 별별 복잡한 장치를 만들어서 힘들여 전기까지 써가며 이산화탄소를 모아왔는데, 그걸 고작 이산화탄소를 더 많이 배출하는 사업에 사용한다면 별 도움이 안 된다.

그렇기 때문에 이산화탄소를 보람차게 활용할 새로운 방법을 개발해야 한다.

이산화탄소로 플라스틱을 만든다?

이산화탄소에 몇 가지 화학반응을 일으켜 흔히 포름산, 개미산이라고도 하는 폼산formic acid으로 바뀌버리거나, 나아가 에틸렌ethylene을 만드는 연구에 매달리는 사람들이 많은 이유는 바로 이 때문이다. 에틸렌은 가장 흔한 플라스틱인 폴리에틸렌의 원료다. 비닐봉지부터 장난감, 전자제품 부품, 부직포에 이르기까지 눈에 뜨이는 플라스틱 조각의 절반은 폴리에틸렌이라고 봐도 좋다. 에틸렌만 많이 있으면 이런 온갖 제품을 간단히 만들어낼 수 있다. 저장한 이산화탄소로 메탄올methanol을 만드는 기술도 있다. 메탄올 역시 몇 가지 화학반응을 거쳐 여러 가지 유용한 물질을 만드는 원료로 활용된다.

만약 이런 일이 값싸게 가능해진다면 이산화탄소 흡수, 저장 및 활용 기술을 완전히 새로운 경지로 끌어올릴 수 있다. 플라스틱은 공기 중을 떠다니는 물질이 아니라 우리가 일상생활에서 사용하는 물질이다. 이산화탄소가 플라스틱으로 변하면 공기 속에서 날아다니며 기후변화를 일으키는 대신에 굳은 상태로 우리 삶에 편리한 물건으로 사용된다. 다 쓰고 난 뒤에 분리수거해서 재활용할 수도 있다.

설령 그냥 땅에 묻어둔다고 해도 다루기 어려운 이산화탄소 기체를 지하 깊숙한 곳에 넣어두는 것에 비하면 훨씬 유리하다. 이런 일이 가능해지면, 적을 물리치기 위해 방어 대신 공격을 하는 정도가 아니라, 적의 본진을 점령하고 그 임금을 포로로 잡아 온 뒤에 적의 땅에 몰려 가서 농사 지으며 어울려 산다고 할 수 있을 정도다.

플라스틱 공업은 지난 100년 동안 대단히 다양하게 발전해서, 만약 에틸렌 같은 플라스틱 원료 물질 한 가지만 이산화탄소를 이용해 값싸게 잘 만들 수 있어도 그것을 활용해서 별별 제품을 다 만들어낼 수 있다. 한국은 플라스틱 공업은 발달한 편이지만 플라스틱의 원료가 되는 석유는 거의 생산되지 않는 나라다. 대부분의 플라스틱 제조 원료는 수입해서 사용한다. 싼값에 이산화탄소를 에틸렌으로 만드는 화학반응이 개발된다면, 공기 속에서 흡수한 이산화탄소를 석유 대신 쓸 수 있다는 이야기가 된다. 플라스틱 공장 입장에서는 허공에서 석유가 나오는 셈이다. 환상적인 이야기다.

사우디아라비아나 이란의 유전 지대에 가면 석유가 나는 넓은 들판에 철컥거리며 움직이는 거대한 시설이 끝없이 늘어선 광경을 볼 수 있는데, 이런 기술이 개발되면, 그 기술을 갖고 있는 나라의 빈 땅에는 마찬가지로 이산화탄소를 흡수하는 장치가 끝없이 들어서게 될 것이다.

아직은 앞다투어 이산화탄소 흡수 장치를 지을 정도로 돈이 될 만한 좋은 화학반응이 개발되어 있지 않다. 생산되는 물질의 양이 너무 적다거나, 다른 비싼 물질을 소모해주어야 한다거나, 혹은 이산화탄소로 유용한 물질을 만드는 과정에서 전기나 열을 사용함으로써 이산화탄소를 더 배출하는 식의 한계점이 보인다.

열역학 제2법칙을 생각해보면, 흩어진 이산화탄소를 유용한 물질로 바꾸는 일이 쉽지 않은 것은 당연하다. 그러니 이산화탄소 흡수와 활용 기술로 기후변화 문제를 깨끗하게 해결한다는 발상은 먼 미래를 염두에 두고 있다고 봐야 한다. 지금으로서는 꾸준히 기술 개발이 이루어지는 가운데, 점차 조금이라도 전체 비용을 줄일 수 있는 기술이 개발되기를 기대해봄 직하다.

관점을 좀 바꿔보면, 이산화탄소를 빨아들여서 유용한 물질로 바꾸는 화학반응 중에는 이미 굉장히 잘 알려져 있고 어마어마한 규모로 많이 이루어지는 것 한 가지가 있기는 하다. 이 화학반응이 지구상에서 일어난 것은 굉장히 오래되었다. 사람이 뿜어내는 이산화탄소가 문제가 된 것보다도 훨씬 더 앞서서 이 화학반응이 이루어졌다. 따져보면 족히 10억 년 전부터 시작되었다.

이 화학반응이란 녹색식물 속에서 일어나는 광합성 반응이다. 녹색식물들과 미생물들은 수억 년 전부터 이산화탄소와 물을 빨아들여서 유용한 물질인 달콤한 당분으로 바꾸는 화학반응을 스스로 일으켜왔다.

나무, 10억 년 역사의
이산화탄소 활용 기술

식물이 일으키는 선순환

김초엽 작가님은 한 저서에서 "지구를 구하는 것은 영웅이 아니라 식물이다"라고 쓴 적이 있다. 과연 녹색식물은 그런 이야기에 어울리는 힘을 가졌다.

기후변화로 세상이 더 더워지고 이산화탄소가 많아지는 미래를 생각해보자. 식물과 광합성을 할 수 있는 녹색 세균들, 즉 남세균들은 그런 상황에서 더 잘 살 수 있다. 기후변화가 진행되면 오히려 식물과 남세균은 더 번성한다. 이런 생물들이 번성할수록 광합성은 더 많이 일어난다. 광합성은 이산화탄소를 빨아들이는 화학반응이다. 그러므로 공기 속의 이산화탄소는 줄어들게 된다. 결국 기후변화는 다시 감소할 수 있다.

그러니까, 이산화탄소가 늘어나면 식물이 늘어난다. 늘어난 식물은 이산화탄소를 반대로 줄여주는 역할을 한다. 그러면 다시 기후변화는 줄어들고 세상은 원래대로 돌아갈 수 있다.

이런 것을 음의 되먹임negative feedback, 곧 줄이는 되먹임이라고 한다. 기후변화와 관련된 문제에서는 흔히 양의 되먹임, 그러니까 더하여 늘리는 되먹임이 많아서 한번 시작된 기후변화의 악영향이 점점 더 심해지는 일이 잦다. 그런데 식물은 반대다. 식물은 기후변화를 붙잡아줄 수 있는 음의 되먹임을 해낸다.

이야기를 꾸며보자면, 식물은 기후변화로 세상이 망가지려고 할 때, 그것을 막아주고 바로잡아주는 수호신 역할을 한다고 말해도 좋다. 단군檀君은 한국인들의 첫 임금이라고 언급되는 전설의 인물인데, 그 호칭에 박달나무를 뜻하는 단檀자가 들어 있다. 이것을 두고 옛 사람들이 나무를 신령으로 숭배했기 때문에 그런 이름을 쓴 것 아니냐는 학설이 있는데, 기후변화 문제에서야말로 나무가 모르는 사이에 세상을 보호하는 수호신 같은 역할을 하고 있다.

식물도 식물이지만 조건이 제대로 맞아떨어졌을 때 남세균이 늘어나는 속도는 어마어마하게 빠르다. 가끔 여름철 강물이나 호수에 미생물이 번성해서 초록색으로 온통 뒤덮이는 녹조현상이 일어나는데, 바로 그 초록색의 주원인이 물에 사는 남세균들이다. 이 세균들은 한번 잘 자라나기 시작하면 단숨에 물을 온통 다 덮어버릴 정도로 빨리 자란다. 불어난 남세균들은 광합성을 하며 공기 중의 이산화탄소를 빨아들인다. 좀 더 파헤쳐보면, 잎이 초록색인 원인인 엽록체 역시 수억 년 전 식물 속에 들어와서 살게 된 세균이 대대로 내려온 것이다.

그러니 지구를 뒤덮은 초록색은 사실 남세균과 그 친척 세균들이다. 보통 세균이라고 하면, 어린이에게 양치질의 중요성을 알려주는 만화에 나오는 충치균처럼 삼지창을 든 까맣고 더러운 것들만 떠오르기 쉽다. 하지만 자연의 아름다움과 추함은 한쪽으로 쉽게 기울어져 있지 않다. 아름다운 푸른 들판의 색깔 역시 세균의 색깔이다.

남세균과 식물이 하는 광합성의 위력은 막강하다. 쉽게 속단할 수 있는 문제는 아니지만, 기후변화 문제를 방치해둔다고 해도 결국 언제인가는 식물과 남세균이 불어나는 음의 되먹임 현상 때문에 기후가 저절로 되돌아갈 가능성도 높다.

그렇다고 속 편하게 기후변화를 잊고 지내서는 안 된다. 이런 한가한 생각에는 시간에 대한 고려가 빠져 있다. 식물이 기후변화 문제를 해결해주는 데, 1만 년이나 10만 년 정도의 시간이 걸린다면 그 긴 세월 동안 많은 사람이 피해를 입는다. 지구의 역사 46억 년에서 10만 년이라는 시간은 잠깐에 불과하지만, 인생을 기준으로 하면 10만 년은 대단히 긴 시간이다.

식물이 그렇게 이로운 역할을 한다면, 사람의 손으로 식물을 심어서 광합성 양을 좀 더 빠르게 늘리는 방법을 생각해봄 직하다. 예로부터 사람들은 나무를 심는 사업을 벌이곤 했다. 조선 후기의 책《순오지》에는 고조선시대의 평양에 임금의 지시로 버드나무를 많이 심는 사업을 진행했기 때문에, 평양의 별명이 버드나무 서울, 즉 유경柳京이 되었다는 전설이 소개되어 있다. 이렇듯 나무를 심는 사업은 꼭 기후 변화와 연관 짓지 않더라도 오랜 세월 사람에게 친숙한 사업이다. 전기차나 수소차 같은 기계보다야 훨씬 친근하다.

천연 CCSU 장치의 놀라운 원리

기후변화 대응의 눈으로 살펴보면, 나무를 심는 것은 마그네슘계 이산화탄소 흡착 물질을 이용한 탄소 흡수 장치를 건설하는 일인 셈이다. 식물은 이산화탄소를 흡수하고 그것을 재료로 당분을 만들어내는데, 이 화학반응의 핵심 역할을 하는 것이 엽록소이고 엽록소에서는 마그네슘이 중요한 역할을 한다. 식물 속에서 일어나는 화학반응에 따라 이렇게 만들어진 당분은 식물을 키우는 재료로 활용되기도 하고, 그 식물을 먹는 동물에게 당분 그대로를 제공하기도 한다. 나무는 이산화탄소를 빨아들여 저장하고 훌륭한 물질을 만드는 CCSU 장치의 역할을 아주 잘해내고 있다.

물론 열역학 제2법칙은 거스를 수가 없기에, 식물이라고 해서 공짜로 광합성을 하는 것은 아니다. 그렇지만 나무에 연료를 넣어주거나 따로 전기를 걸어줄 필요는 없다. 식물은 그냥 하늘에서 쏟아지는 태양 빛의 힘을 이용해서 이산화탄소를 흡수하고 다른 물질로 바꾸는 화학반응을 일으킨다. 말하자면, 나무는 공기 중에 퍼져 있는 이산화탄소를 흡수하는 저농도 이산화탄소 흡수 장치이면서 장치를 가동하는 데 필요한 전기를 만들어주는 태양광발전소가 일체형으로 부착된 형태다. 나무가 그 결과로 만들어내는 당분은 대단히 유용한 물질이다. 사과나무나 배나무에는 아예 사람이 당장에 따 먹을 수 있는 달콤한 과일이 열린다.

이렇게 모든 것이 잘 갖추어진 장치가 이미 나무라는 형태로 자연의 진화에 의해 세상에 나와 있다. 이산화탄소 흡수를 잘하는 기계를 인공적으로 만들어보겠다고 궁리하다가 숲의 나무들을 보면 이렇게 훌륭한 성능을 가진 장치가 어떻게 저절로 쑥쑥 자라날 수가 있는지 신기할 지경이다. 나무에서 일어나는 온갖 화학반응들을 한참 살펴보며 감동하고 또 감동할 때도 있다.

그러므로, 나무와 식물이 잘 자라도록 보호하고 나무와 식물을 더 심는 것은 이산화탄소를 줄여주는 장치를 늘리는 것과 같은 행동이다. 잘 심은 나무들이 숲을 이루면 다른 생물들이 깃들어 번성하면서 점점 더 다양한 생물이 살 수 있다. 무성하게 자란 숲은 흙을 붙들어 산사태를 예방하고 홍수의 피해를 줄이는 등 여러 가지로 도움이 되는 점이 많다.

한 가지 착각하면 안 되는 것이, 숲이 저절로 아무 곳에서나 우거지지는 않는다. 다른 어떤 곳보다도 한반도의 숲에 관한 이야기를 돌아보면, 현대 과학기술을 거부하는 것만으로 저절로 자연이 보호되고 모든 문제가 해결될 거라는 안이한 생각이 깨어지기에 충분하다.

과학기술로 되돌려놓은 한국의 숲

한반도의 숲은 전통 방식으로 사람들이 살 때 파괴되었고 오히려 과학기술의 힘으로 숲을 지키고 키워나가려고 애쓰면서 되살아났다. 과학기술 없이 살면 자연이 회복될 거라는 막연한 생각과 정반대다.

한반도에는 산이 많은데, 요즘에는 그 산마다 나무가 빽빽이 들어서 있다. 그렇지만 20세기 초반까지만 하더라도 한반도의 풍경은 지금과는 많이 달랐다. 지금으로부터 1만 년 이전 신석기시대에 한반도에서 사람들이 농사를 지으며 살기 시작한 후로, 나무는 점차 줄어들었다. 조선 후기 무렵에는 전국에서 사람이 많이 사는 곳 근처의 산들이 나무가 별로 없는 상태로 변해버리고 말았다. 민둥산이 무척 많았다는 이야기다.

이런 상황은 19세기 무렵에 이르러 대단히 심각해졌다. 고종 실록을 보면, 1873년 이유원이라는 사람이 "도끼로 나무를 찍는 것이 심해져서 산에 씻은 듯이 나무가 없어졌다"고 언급한다. 그 말을 들은 고종 임금도 동의하여, "예전에는 서울 도성 안의 산 네 군데에 소나무를 길러 울창했기 때문에 땅이 보이지 않았는데, 지금은 나무가 몇 그루인지 손으로 헤아릴 수 있을 정도로 나무가 줄어들었다"고 한탄했다. 한국을 방문한 다른 나라 사람들의 목격담도 마찬가지다. 1889년 함경북도를 여행한 러시아인 베벨리라는 인물은 "이곳의 숲은 완전히 파괴되었다"고 기록했고, 조선에서 오래 생활한 헐버트도 "한반도의 어느 곳을 가나 벌거숭이 산을 볼 수 있다"고 기록했다.

지구는 괜찮아, 우리가 문제지

조선시대에 한반도에서 나무가 이렇게 줄어든 것은 산업화와 공장 때문도 아니고 현대 과학기술 때문도 아니다. 사람들이 플라스틱을 많이 사용하거나, 아파트를 많이 지었기 때문도 아니다. 사람이 자연과 함께 전통 방식으로 그냥 살아간 결과다. 거기에 몇 차례 나쁜 사건이 겹치면 숲의 나무는 더욱더 줄어든다. 조선시대 이후에도 상황은 개선되지 않았다. 20세기 중반에 발생한 한국전쟁은 산이 불타고 숲이 파괴되는 일을 더욱 부추겼다. 숲이 되살아나기는커녕 파괴는 더욱 극심해졌다.

한국의 숲은 1950년대부터 한국인들이 직접 산에 나무를 하나하나 심고 나무를 조직적으로 보호하기 위해 일하면서 되살아났다. 정부 정책도 좋았지만, 더 명백한 원인은 몇십 년간 많은 농민과 노동자가 나무를 심기 위해 땀 흘려 고생했다는 데 있다. 현신규 박사나 김이만 선생 같은 학자들이 잘 자라나고 쉽게 기를 수 있는 나무를 찾아내고 어떻게 하면 더 잘 기를 수 있는지 밝혀낸 것도 중요한 성과였다. 더 나무를 잘 가꿀 수 있는 기술을 개발하는 와중에, 리기테다 소나무나 은사시나무 같은 잡종 나무를 인공적으로 개발해서 더 튼튼하게 잘 자라나는 품종을 만들어 산에 심기도 했다.

그렇게 한국인의 손으로 직접 만들어낸 숲이 지금 한국의 숲이다.

덕택에 지금 한국은 나무가 부족하지는 않은 나라다. 산림청 발표 자료를 보면, 2018년 기준으로 현재 한국의 숲에서 자라나는 나무들이 빨아들이는 이산화탄소 양은 매년 4560만 톤가량이다. 한국의 자동차들이 돌아다니면서 뿜어내는 이산화탄소를 한국의 나무들이 모두 도로 빨아들인다고 할 수 있는 정도의 양이다. 반대로 이야기해보면, 만약 한국인들이 부지런히 나무를 심고 관리하기 위한 연구를 하지 않았다면, 한국의 자동차들이 뿜어내는 양만큼의 이산화탄소가 공기 중에 더 배출되었을 거라는 뜻이다.

나무를 많이 심고 식물을 잘 자라나게 해서 이산화탄소를 흡수해보자는 발상은 사람의 심금을 울리는 면이 있다. 나무를 많이 심는 것이 좋다는 점은 누구나 쉽게 공감할 수 있다. 나는 나무 심는 일에 보람을 느끼는 것은 원래부터 나무 근처에서 살았던 영장류 동물의 본능에 가깝지 않은가 하는 생각을 해본 적도 있다. 대단히 좋은 용도가 없더라도, 황무지 같던 땅에 사람이 노력을 기울인 끝에 나무가 우거져서 자라나는 모습은 그 풍경만으로도 사람을 즐겁게 해준다. 나무가 번성하는 숲은 여러 동물에게 삶의 공간이 되고, 사람에게도 휴식 공간이 된다.

때문에 나무를 보호하고 더 많이 심는 것은 기후변화에 대응하는 한 가지 괜찮은 방안이다. 나무가 부족한 도시지역에 나무를 더 심는 방법을 생각해볼 수도 있고, 도시의 건물 벽면이나 옥상에 나무와 식물을 더 자라나게 하는 기술을 고려해볼 수도 있다.

조금 더 높은 목표를 세운다면 나무와 식물이 잘 자라지 않는 황무지가 많은 다른 나라에 황무지에서도 자랄 수 있는 식물들을 개발해 심는 사업도 구상해볼 만하다. 사막을 조금씩 초원과 숲으로 바꾸는 도전을 해보자는 이야기다. 만약 모래가 휘몰아치는 몽골과 고비사막 인근에 지금보다 더 많은 식물을 자라나게 할 수 있다면, 그 식물들이 흙을 붙잡아 미세먼지와 황사를 줄여줄 것이다. 한국처럼 황사와 미세먼지에 고통받는 나라로서는 그 자체만으로도 큰 도움이 된다. 따라서 척박한 지역에서 잘 살 수 있는 식물을 심거나 연구를 하는 사업은 이미 꾸준히 시행되고 있다.

나는 이런 일이 여러 나라가 합심해서 도전해볼 만한 과제라고 생각한다. 무엇보다 한국의 사례처럼 수십 년 정도 노력을 기울이고 기술을 개발해 나무가 자라지 않을 것 같은 곳에 숲을 자리 잡게 한 경험이 있다. 이런 성공이 세계 각지에서 거듭된다면 나무를 이용해 기후변화를 줄인다는 계획도 실질적인 도움이 될 수 있을 것이다.

나무를 둘러싼 예상 밖의 이슈들

안타깝게도 나무를 심는 것만으로 당장 기후변화 문제를 다 해결할 수는 없다.

나무를 이용하는 기후변화 대책의 가장 큰 단점은 상당히 넓은 공간이 필요하다는 점이다. 나무가 자라나는 데 상당한 시간이 걸린다는 점도 문제다. 한국의 모든 산에서 자라나는 나무들이 빨아들이는 이산화탄소 양이 매년 5000만 톤이 좀 안 된다고 했는데, 전 세계에서 내뿜는 이산화탄소 양은 그 천 배에 달한다. 한국 같은 나라가 천 개가 더 있어야만 나무로 이산화탄소 문제를 완전히 해결할 수 있다는 뜻이다.

사람들 중에는 기후변화 대책으로 나무를 심는 것은 중요하지 않다고 주장하는 사람도 있다. 나무를 잘라 목재를 판매하는 것으로 돈을 많이 버는 나라일수록 나무 심기와 숲 보호가 별로 중요하지 않다는 주장이 인기를 얻기 쉽기도 하다. 아닌 게 아니라, 선진국 중에서도 나무를 잘라서 판매하는 업종에 종사하는 사람의 숫자가 많은 나라들이 있다.

그러나 숲과 나무를 보호하지 않고 아무렇게나 잘라내서 쓰거나 불타 없어지도록 방치하면 그만큼 이산화탄소를 흡수할 기회를 잃는 것은 부정할 수 없는 사실이다. 숲을 보호하고 넓히는 방법을 개선해나가는 것은 그 자체로 이익이면서 동시에 조금이나마 기후변화를 줄이는 방법이다. 그런 면에서 어느 신기한 기술 못지않게 식물을 기르고 숲을 넓히는 기술에 투자할 가치가 있다.

한국 숲의 천 배라고 하면 어마어마한 규모인 것 같지만, 어차피 남한 땅의 넓이는 전 세계 땅 넓이의 1500분의 1밖에 되지 않는다. 땅이 넓은 나라, 나무를 더 많이 심을 여력이 있는 지역에서 숲을 늘려간다면 상당한 성과를 기대해볼 수 있다. 이산화탄소를 더 많이 빨아들일 수 있는 나무 종류를 골라서 심는다든가, 더 빨리 자라나는 나무를 개발해서 심는 등의 방식으로 과거보다 더욱 이산화탄소를 잘 빨아들이는 숲을 만들어가는 연구가 더해진다면 효과는 더 클 것이다.

한편, 미래에 이산화탄소를 배출하는 문제가 나라 간의 협상이나 다툼의 소지가 되면, 나무 숲처럼 이산화탄소를 흡수하는 지역이 얼마나 있는가 하는 문제는 중요한 경제 문제로 비화될 수 있다. 예를

지구는 괜찮아, 우리가 문제지

들어, 이산화탄소를 더 많이 배출한 나라는 벌금을 내는 제도를 시행하게 되었다고 가정해보자. 이때 어떤 나라가 "우리 나라는 이산화탄소를 많이 배출하지만 숲을 늘리고 있다. 그러니 우리는 이산화탄소를 별로 안 배출한 것이나 다름없다"고 주장할지도 모른다. 과학적으로 그 사실을 잘 증명한다면 고려하지 않을 수 없는 주장이다.

이런 식으로 이산화탄소를 도로 빨아들이는 지역을 탄소 흡수원carbon sink이라고 부른다. 산과 숲이 대표적인 탄소 흡수원인데 그 외에도 다른 몇몇 지역을 탄소 흡수원으로 인정한다. 예를 들어, 농사를 짓는 것 또한 광합성을 하는 식물을 기르는 작업이기 때문에, 이산화탄소를 충분히 잘 흡수하는 방법을 채택해 농사를 짓는다면 일부 농사 짓는 땅을 탄소 흡수원으로 계산해주어야 한다는 주장도 자주 들려온다.

최근에는 바닷가 갯벌 지역이 상당한 양의 이산화탄소를 저장하고 흡수한다고 해서, 갯벌이 넓으면 그만큼 이산화탄소를 빨아들이고 있는 것으로 계산해야 한다는 주장도 나온다. 갯벌이 정말로 많은 이산화탄소를 빨아들일 수 있다면, 한국처럼 갯벌이 많은 나라는 갯벌을 소중하게 잘 활용해야 한다. 동시에, 갯벌이 이산화탄소와 함께 일으키는 화학반응을 세밀하게 분석하고 갯벌 상황을 측정하고 계산하는 등의 연구에 노력을 기울여야 한다. 그래야 갯벌이 정말로 이산화탄소를 흡수한다는 사실을 객관적으로 증명할 수 있고, 그래야 불이익을 당하지 않게 된다.

3부

기후변화

시민 수업

기후변화는 미래에 우리와 우리 이웃이 어떻게 버틸 수 있을 것이냐에 대한 긴박하고 현실적인 문제다. 그동안 기후변화를 막기 위해서는 나부터 작은 실천을 하는 것이 중요하다는 이야기가 많았다. 나는 과연 어떤 실천을 하는 것이 당장 중요한지 알아내기 위해 더 애쓰고, 더 잘 알려주기 위해 노력하는 세상이 되면 좋겠다.

9장

오늘을 위한
기후변화 대응

종말에 가장 가까워 보였던 해,
1670년

《조선왕조실록》에는 1670년과 1671년, 2년간 무시무시한 흉년이 온 나라를 휩쓸었다는 사실이 상세하게 기록되어 있다. 가뭄이 심하고 날씨가 좋지 않은 날이 많았기 때문에 농사가 잘되지 않았는데, 그런 상황이 전국에서 일어나면서 심각한 사건으로 커져버렸다. 전 세계가 하나로 연결된 지금이야 설령 한 나라에서 농사가 잘 안 된다고 하더라도 그 나라가 어느 정도 경제력을 가졌다면, 농사가 잘된 나라에서 농작물을 수입해올 수 있다. 그러나 이 시기에는 해외와의 교류가 활발하지 못했고, 설령 어느 정도 교류하는 나라가 있다고 해도 갑자기 거대한 배에 막대한 양의 곡식을 실어 와 전국민을 먹여 살릴 만한 기술이 없었다. 그러므로 농사를 망치면 굶주리는 수밖에 없었다.

1671년 1월 무렵의 겨울에 그 피해는 최악에 달했다. 조선 조정에서는 급한 대로 굶어서 쓰러지기 직전인 사람들에게 관청에서 죽을 쑤어 나누어주도록 했는데, 수확한 곡식이 없으니 세금도 없어 관청 창고도 텅텅 비는 곳이 많았다. 어떻게든 살아보려고 관청에 나와서 죽을 기다리다 죽는 사람들도 있었다. 기록에 따르면, 굶주린 나머지 얼굴빛이 누렇게 변해버린 사람들이 죽을 먹으러 나와서 멍하니 있다가 그대로 목숨을 잃는 장면을 흔히 볼 수 있었다고 한다. 지역에 따라서는 살아남기 위해서 폭동이 일어났다. 양식이 조금이라도 남은 집에는 굶주린 사람들이 몰려와 그 양식을 약탈하기 위해 싸웠다.

거리에는 굶주림으로 세상을 떠난 사람들의 시신이 이리저리 널브러져 있었다고 한다. 한 집안이 전멸하거나, 한 마을 사람들이 전멸하여 마을 하나가 통째로 사라지는 곳도 있었다. 목숨을 잃은 사람들이 그렇게 많았는데 장례식을 치를 여력이 있는 사람이 없었으므로 시신이 그대로 방치되었다. 관청에서는 시신들을 수레에 실어 한곳으로 운반해서 처리했다. 수레에 시신이 가득 쌓일 정도였는데, 간혹 숨이 가냘프게 붙어 있는 사람들도 있었지만, 시신을 운반하는 가운데 서서히 숨이 끊어졌다고 한다. 경우에 따라서는 시신의 발에 새끼줄을 묶어 시신을 질질 끌어 옮기기도 했으며, 굶주림 때문에 완전히 힘이 빠진 사람들이 발에 줄이 묶인 채 넋 나간 표정으로 앉아 시신이 될 때를 기다리고 있는 처참한 광경이 펼쳐지기도 했다.

경제가 완전히 무너졌으므로, 사람들은 옷을 구하기도 어려웠다. 당시의 옷이란 목화 농사를 지어 솜을 뽑아 손으로 만들어야 하는 것이었는데, 사람들이 당장 못 먹어 기력이 없는 상황이니 목화를 가공할 사람도, 옷을 만들 사람도 없었다. 물자가 부족한 가운데 겨울이 닥치자 사람들은 추위를 버티기 위해 지푸라기 따위를 두르고 겨울을 버티기도 했다고 한다. 굶주림에 몸이 상해 귀신과 같은 몰골이 된 사람들이 지푸라기를 몸에 덕지덕지 두른 해괴한 차림으로 힘없이 비틀거리면서 구걸하고 다니는 모습이 이 시절 거리 풍경이었다.

심지어 무덤을 파헤쳐 시신이 입은 옷을 벗겨 가려는 사람도 많았다고 한다. 그러니 갖가지 해괴한 귀신 이야기가 돌기도 했을 것이다.

80세, 90세가 된 노인들도 이런 일은 평생에 단 한 번도 겪어보지 못한 재난이라고 말하곤 했다. 조선시대에는 흔히 1592년에 일어난 임진왜란 전쟁을 피해가 혹독한 사건으로 꼽았는데, 노인들은 전쟁보다도 이 시기 흉년이 더 심한 피해라고 말하고 다녔다. 현대의 시점에서 돌아보아도, 518년 조선시대 역사에서 이 정도로 많은 사람에게 큰 피해를 입혔던 재난은 드물다. 이 시기를 버티지 못한 사람들의 숫자는 대단히 많았다. 전국적으로 족히 수십만 단위의 사망자가 발생했다. 너무나 거대한 재난이었기에, 모든 것이 말라붙어 세상이 끝장나고, 이것으로 인간은 모두 멸망한다는 절망에 빠진 사람들도 도처에 흔했을 것이다.

이 사건을 경술년과 신해년에 걸친 기근이라고 해서, 요즘에는 경신대기근庚辛大飢饉이라고 부르는 글도 보인다. 또한 꽤 많은 사람이 이 흉년이 기후변화의 결과였다고 추측하기도 한다. 소위 말하는 소빙기little ice age 설인데, 이에 따르면 이 무렵 작은 빙하기가 몇백 년 정도 이어졌고, 그 때문에 전 세계 각지에서 유독 이상한 날씨가 많이 나타나는 바람에 흉년, 홍수, 가뭄 같은 피해가 많이 발생했다고 한다. 한 해의 재난이 기후변화 때문인가, 기후변화가 없어도 우연히 일어날 수 있는 일인가를 따지는 문제는 자료가 풍부한 현대 과학에서도 말하기에 조심스러운 문제다. 조선시대 최악의 대규모 인명피해가 발생한 1670년과 1671년의 재난도 무엇 때문이라고 단정하기는 쉽지 않다.

마크 매슬린의 가설, 콜럼버스의 나비효과

그런데 2019년 영국의 마크 매슬린Mark Maslin 교수 연구 팀은 이 무렵 기후변화를 심각하게 만든 한 가지 원인이 사람의 활동일 수 있다는 연구 결과를 발표했다. 사람들이 이미 과거에 기후변화 문제를 크게 한 번 일으켰고, 그 때문에 1670년 무렵, 몇백 년 동안 전 세계가 막대한 피해를 입었다는 뜻이다.

마크 매슬린 연구 팀이 지적한 기후변화 문제는 지금처럼 연료를 너무 많이 태워 온실기체를 뿜어내는 바람에 지구가 더워진다는 것과는 방향이 반대다. 그때는 온실기체가 지나치게 줄어 지구가 추워지면서 큰 피해가 생겼다는 것이다. 현대의 기후변화 발단이 연료를 태우는 것이라면, 매슬린 연구 팀이 지적한 과거의 기후변화는 훨씬 무서운 일과 연결되어 있다. 바로 유럽인 정복자들이 아메리카 대륙에 나타나 아메리카인들의 나라가 줄줄이 멸망하고 아메리카인들이 대량 사망했던 사건이다.

1492년, 콜럼버스 일행이 유럽에서 출발해 아메리카 대륙에 속하는 섬에 도착한 후, 유럽 국가들 사이에서는 아메리카 대륙 탐험 바람이 불었다. 그중 일부는 아메리카 대륙을 침략하여 원래 그곳에 살던 사람들과 전쟁을 일으켰다. 지금 아메리카 원주민이라고 부르는 당시의 아메리카인들이 그 전쟁에서 목숨을 잃었다. 게다가 유럽 사람들이 갖고 있던 전염병 중에는 아메리카 대륙에는 퍼지지 않은 것들이 몇 있었는데, 그런 생소한 병이 퍼져나가자 더욱더 많은 아메리카인이 목숨을 잃었다.

결국 아메리카인들의 여러 나라가 멸망했다. 중앙아메리카 지역에서 번성했던 아스테카 왕국은 유럽인들의 침략으로 1521년에 멸망했고, 남아메리카 지역 서부를 지배하던 잉카 제국 역시 유럽인들의 침략으로 1533년에 멸망했다. 수많은 도시와 마을이 파괴당해 아메리카인들의 생활 영역 자체가 줄어들었고, 인구도 크게 줄었다.

그 결과, 아메리카인들이 살던 도시, 마을, 농사 짓던 땅에는 잡초가 우거지며 점점 더 많은 식물이 자라났다. 한국식으로 말해보자면, 아메리카 대륙이 쑥대밭이 되었다. 한번 잡초가 우거진 곳은 점차 숲으로 변해갔다. 곧 아메리카인들이 번성하던 시대보다 대륙에 더 많은 나무와 식물이 자라게 되었다. 식물들은 광합성을 통해 이산화탄소를 흡수하고 공기 중 이산화탄소가 줄어들면 온실효과가 약해져서 날씨는 추워진다. 그렇게 기후변화가 발생하고 세계 곳곳에서 예기치 않은 날씨로 재난이 발생했다는 주장이다.

이 연구 결과에 따르면, 유럽 곳곳이 흉년으로 고생한 이유는 바로 유럽인들이 아메리카인들을 망하게 해서 생긴 기후변화다.

매슬린의 연구 결과는 소개된 지 얼마 안 된 새로운 주장이다. 현대에 발생하는 기후변화를 섬세하게 따져보는 연구들과 비교하면 자료가 풍부하게 갖추어진 연구 결과도 아니다. 그렇지만 이와 유사한 연구 결과는 최근 자주 인용되고 있다. 제프리 삭스Jeffrey Sachs의 저서 《지리 기술 제도》에도 이 연구 결과와 같은 주장이 설명되어 있고, 발레리 트루에Valerie Trouet는《나무는 거짓말을 하지 않는다》에서 윌리엄 러디먼William Ruddiman의 글을 소개하면서 아메리카인의 쇠퇴 때문에 이산화탄소가 감소했다는 주장을 언급한다. 이런 이야기는 기후변화에 대한 생생한 경고가 되며, 극적인 요소도 갖추고 있다. 어떤 사람들은 이 이야기를 죄악과 처벌에 대한 이야기로 받아들일지도 모른다. 유럽인들이 아메리카인들을 침략하는 악행을 저질렀고 그에 따라 나무와 숲의 신령들이 기후변화라는 방법으로 유럽에 흉년을 일으켜 그 악행을 처벌했다고 설명한다면, 이야기가 되어 보이기는 한다.

17세기 대기근의 교훈

그렇다면 도대체 조선의 극심한 흉년은 무슨 상관이 있는가? 그래서 나는 이 시기, 조선에서 일어난 재난을 살펴볼 때 더 분명한 교훈을 줄 수 있는 다른 몇 가지 특징을 좀 더 자세히 따져보려고 한다.

지구는 괜찮아, 우리가 문제지

첫 번째 교훈은 기후변화 문제의 기본, 그대로다. 기후변화 문제는 전 세계가 같이 해결해야 하고, 피해를 입는 사람은 세계 각지에서 엉뚱하게 나타난다는 사실이다. 매슬린 교수의 연구가 옳다면, 1492년에 있었던 콜럼버스의 항해가 178년 후인, 1670년 조선에 거대한 굶주림을 몰고 와 수십만 명을 사망하게 한 셈이다. 또한 두 문제가 연결되어 있다면, 기후변화 문제는 오랜 기간에 걸쳐 발생하는 일로 한동안 별문제가 없다가도 갑작스럽고 커다란 문제를 일으키며 어느 지역에 거대한 피해를 끼칠 수 있다.

두 번째 교훈은 기후변화 문제가 사회의 약자들을 특히 괴롭히며 이에 대한 대책을 마련해두어야만 사회가 그 문제를 해결해나갈 수 있다는 점이다.

1670년 대흉년이 발생했을 때, 조선의 임금은 현종이었다. 그렇게 엄청난 일이 발생했지만 현종 임금이 딱히 큰 굶주림에 시달린 것은 아니다. 당장 한 해 농사가 잘되지 않으니 먹을 것이 없는 사람들, 영양이 부족하면 허약해지기 쉬운 어린이들이 가장 먼저 목숨을 잃었다. 그리고 입을 옷이 없어서 당장 농사 지은 것을 팔아 옷감을 마련해야 추위를 버틸 수 있었던 사람들이 연달아 겨울 동안 목숨을 잃었다. 나라의 대표인 임금님은 잘 살았다.

반면에 굶는 사람들을 구조하기 위한 당시 조선 조정의 조치도 눈에 뜨인다. 굶주림으로 인한 희생이 늘어나자, 조선에서는 구호 물자를 관청에서 최대한 공급하여 가능한 한 피해를 줄이기 위해 애썼다. 굶주린 사람에게 관청에서 죽을 쑤어 주는 사업이 진행되었다고 했는데, 이 말은 흉년에 대비해서 어느 정도는 준비하고 있었다는 뜻이다. 조선 조정에는 굶주림 문제를 잘 해결한 지역 관리들의 공을 인정해주는 체계도 자리 잡혀 있었다. 그런 체계 속에서는 그나마 부유하고 힘 있는 관리들이 흉년의 피해를 입은 사람들을 최대한 구하기 위해 애쓰게 된다.

그러나 흉흉한 세상에서 악한 사람은 언제나 나타나기 마련인지라, 실록 기록을 보면 벼슬아치들 중에는 좋은 평가를 받기 위해 굶는 사람들이 있는데도 그 사실을 숨기고 서류를 조작하여 잘 살고 있다고 보고하고, 사람들이 굶는데 그냥 아무 일도 하지 않은 사람들도 있었다.

내일의 종말이 아닌
오늘의 반지하 침수

기후변화 적응 기술에 주목해야 하는 이유

1670년 조선의 흉년과 같이 날씨 때문에 재난이 벌어졌을 때, 어떻게 대비해야 하는가 하는 문제는 꼭 짚고 넘어가야 할 문제다.

나는 이렇게 재난에 대비해야 한다는 점이 기후변화에 대한 여러 가지 다른 주제에 비해 아직 덜 알려져 있다고 생각한다. 그만큼 이 주제에 훨씬 더 많은 관심이 필요하다고도 생각한다. 기후변화는 이미 일어나고 있고, 앞으로 더 심각해질 가능성도 충분하다. 그렇다면, 거기에 대비하고 대처하고 적응해나가는 방법을 찾아야 한다. 이런 방법을 기후변화 적응climate change adaptation 이라고 한다.

이미 공기 중에는 과거보다 한참 많은 이산화탄소가 풀려 나와 온실효과를 강하게 일으키고 있다. 그 영향은 앞으로도 꾸준히 이어질 것이다. 80억 명의 인류 전체가 모든 것을 전기화하고 수소 경제를 당장 현실화해서 이산화탄소가 발생하는 연료를 전혀 태우지 않는 삶을 살기로 결심하고 바로 내일부터 이산화탄소 추가 배출이 0이 된다고 해도, 이미 발생한 기후변화의 흐름이 갑자기 멈추지는 않는다. 심지어 전 세계의 모든 인류가 당장 지구를 떠난다고 해도, 사람이 없는 텅 빈 지구에서도 당분간은 기후변화의 영향이 나타날 것이다. 현실은 그보다도 훨씬 더 좋지 않다. 기후변화를 줄이는 활동의 효과가 생각보다 천천히 일어날 거라는 예상을 받아들이면, 더 심해진 기후변화는 어쩔 수 없이 찾아올 미래다.

가능성이 높은 미래가 있고, 그로 인해 사람들의 희생이 늘어날 것이 예측된다면, 대책을 세워서 사람의 목숨을 구하고 피해를 줄일 생각을 해야 한다. 이는 기후변화를 눈앞에 닥친 현실로 받아들인다면 반드시 같이 고민해야 하는 문제다.

기후변화를 아직도 현실이 아니라 공상적이고 사상적이며 감상적인 문제로 여기는 경향은 꽤 강하다. 이런 경향은 심지어 기후변화를 심각한 문제로 여기는 사람들 사이에도 퍼져 있다. 기후변화를 공상적인 이야기로 느끼게 되면, 신화나 전설 속의 교훈같이 기후변화 문제를 받아들이게 된다. 사람들이 연료를 너무 많이 태우며 흥청망청 살기 때문에 자연이 징벌로 홍수를 일으킨다는 것이 기후변화에 대한 느낌의 전부라면, 이것은 기후변화의 희생자들을 실제 사람이 아니라 교훈적인 신화의 등장인물처럼만 생각하는 것이다.

기후변화 때문에 홍수가 일어날 가능성은 정말로 증가한다. 여러 차례 다양한 방법으로 예측된 사실이고 대단히 널리 퍼져 상식처럼 취급되는 정보다. 지금도 지구 한쪽에서는 사람들이 홍수 때문에 목숨을 잃을 위기를 겪는다. 기후변화는 계속되고 있으므로 그런 사람들이 더 늘어나는 방향으로 세상이 변하고 있다는 것도 우리는 안다.

그렇게 뻔히 아는데, 홍수가 일어나서 사람이 물에 휩쓸려가는 상황에서 그냥 "그것 봐라 내가 뭐라고 했냐"라고 하면 끝인가? 기후변화의 시대에 "저게 바로 자연이 내리는 처벌이다"라고 말하면서 슬픈 표정을 짓는 것이 정부가 취해야 할 태도인가? 가뭄이 들어 굶주리는 사람에게 "그것은 기후변화의 처벌이니 벌을 달게 받아라"라고 할 것인가? 1670년 조선시대 조정도 그런 태도를 갖고 있지는 않았다.

기후변화의 영향이 분명히 예상되는 만큼, 우리는 그에 대해 적응하고 대비하는 데 노력을 기울여야 한다. 둑이라도 쌓아서 홍수를 막을 방법을 찾아내고, 저수지라도 만들어서 가뭄에 견딜 방법을 찾아내야 한다. 그래서 피해자를 줄일 수 있도록 대비해야 한다.

이런 노력은 기후변화를 되돌리지는 못한다. 전기차나 수소차, 태양광발전소나 풍력발전소 같은 새로운 사업을 벌이며 투자를 많이 받는 회사들과 연결되지도 못하기 때문에 자주 언급되지도 못한다. 때문에 덜 인기 있는 주제다. 그러나 기후변화 적응 기술은 당장 기후변화 때문에 피해를 입을 사람들의 목숨을 구할 수 있다.

우리 앞에 놓인 시급한 문제들

2021년 초 한국기상청이 발표한 〈한반도 기후변화 전망보고서 2020〉이라는 자료를 보면, 이산화탄소 배출을 충분히 줄이는 희망적인 상황을 가정한다고 하더라도 가까운 미래에 상위 5퍼센트 극한강수일의 숫자는 0.1일 정도 늘어날 거라고 한다. 즉 비가 갑자기 쏟아지는 날씨가 많아진다는 의미다. 현재의 극한강수일은 6.6일 정도이므로, 큰 홍수 피해가 일어날 위험성이 평균 2퍼센트 정도 더 증가한다는 뜻이다. 평균 2퍼센트라고 하면 작아 보일지도 모른다. 하지만이것은 한국인들이 겪을 홍수 피해가 더 심하면 심해졌지 줄어들 가능성을 기대해서는 안 된다는 이야기이기도 하다.

기후변화를 이렇게 현실에서 당장 실제로 발생하는 일로 놓고 보면, 시급한 문제는 훨씬 더 많이 눈에 뜨인다. 홍수가 더 심해진다는 문제만 봐도, 댐이 버틸 수 있는가, 둑이 버틸 수 있는가 하는 문제를다시 점검해야 하고, 물이 넘쳐서 사람들에게 피해를 입힐 수 있는 곳에는 새로 둑을 만들거나 물이 빠질 길을 만들 계획을 고려해야 한다.

비가 많이 오면 산사태가 일어날 수 있는 곳을 미리 찾아다니며 물이 빠질 길을 만들어두거나, 벽을 쌓아 흙이 무너지는 것을 막거나, 나무를 심는 등의 적당한 대책을 세워야 한다. 이런 대책을 위해서는 산사태의 위험은 어느 정도인지, 어떤 정도의 대책이면 산사태를 잘 막을 수 있는지, 최대한 잘 측정하고 알아내고 예상할 기술을 확보해야 한다.

지구는 괜찮아, 우리가 문제지

많은 비로 물이 몰려들 경우 사람들이 사는 곳 중에 물에 잠길 만한 곳이 없는지 알아보고 그렇게 되지 않도록 대책도 세워야 한다. 1990년대에는 서울 지역에도 비가 많이 오면 도로를 흐르는 물이 집에 쏟아져 들어오는 곳이 허다했고, 지금도 전국의 도시 각처에는 비가 많이 올 경우 물에 잠기는 곳이 많다. 도시의 높낮이가 어떻게 되며, 물길이 어떻게 나 있는지를 따져서 어느 지역이 물에 잠길 위험이 있는지 미리 상세하게 계산해두어야 한다. 사람 사는 곳이 물에 잠기지 않도록 새로 물이 빠지는 물길을 내야 하고, 그게 어렵다면 펌프로 물을 퍼내는 장치를 가동한다거나, 하다못해 비가 많이 올 때를 감지해서 주민들에게 대피하라고 연락할 방법이라도 만들어놓아야 한다. 이것은 이미 겪었던 재난이며, 기후변화에 따라 더 악화될 것으로 예상되는 미래다.

그냥 물이 차오르는 것 말고도 기후변화에 영향을 받는 시설은 다양하다. 예를 들어, 철로 된 물건은 날씨가 더워지면 크기가 조금 늘어나는 경향이 있다. 열팽창이라는 현상인데, 기후변화로 더운 날씨가 오래 계속되면 철로 된 물건이 생각 외로 많이 늘어나 모양이 뒤틀릴 수가 있다. 시설에 따라서는 이런 조금의 뒤틀림으로도 위험해진다. 예를 들어, 전선을 연결해놓은 변압기, 전봇대, 송전탑이 뒤틀린다면 전기회로가 망가질 가능성이 있다. 그러면 정전이나 화재가 일어날 것이다. 마찬가지 현상으로 철도가 뒤틀려서 기차가 다니지 못하게 될 가능성이라든가, 철로 만든 구조물이 약해질 가능성도 고민해볼 필요가 있다.

겨울에 갑자기 눈이 많이 오는 바람에 교통사고가 늘어난다든가, 쌓인 눈의 무게를 견디지 못해 지붕이 무너지거나 전선이 끊어지는 것 같은 사고도 날씨 때문에 생기는 재해다. 기후변화 문제가 심각해진다면 이런 사고 역시 더 심각해질 것으로 누구나 예상할 수 있다.

내일의 종말이 아닌 오늘의 반지하 침수를 걱정할 때 달라지는 것들

기후변화 적응 기술이라는 지금의 현실 문제에 초점을 맞추면, 애초에 기후변화 문제에 대한 정부나 공공기관의 역할도 그 방향이 뿌리부터 달라질 수 있다.

지금까지 기후변화라고 하면, 대체로 미래를 내다보는 공공기관이 개인과 사기업을 이끌고 통제하는 일을 중시하는 경우가 많았다. 정부에서 엄격한 단속반을 만들어 기후변화에 나쁜 영향을 미치는 물건을 사용하지 못하도록 금지하거나, 공장에 어떤 시설을 설치하라는 규정을 만들고 엄한 처벌 조치를 통해 그것을 따르도록 시키거나, 혹은 기후변화와 관련 있는 어떤 일에 세금을 매겨 돈을 걷는 등의 일이 정부의 일이라고 여기는 경향이 강했다. 그러면 정부가 기후변화에 대응하기 위해 국민을 통제하는 권한이 강해지게 된다. 이런 경향은 세계 어느 나라든 마찬가지다. 어느 정도 어쩔 수 없는 일이기도 하다.

지구는 괜찮아, 우리가 문제지

그러나 기후변화 적응 기술에 무게를 실으면 정부가 국민들에게 무엇을 시키는 것만큼이나 국민을 구하기 위해 정부가 나서야 한다는 점이 중요해진다.

당연한 이야기이지만 정부는 국민의 생명을 구하는 의무를 다해야 한다. 매년 여름 비가 많이 오면, 흙탕물이 역류해서 집 안으로 쏟아지는 반지하 집들이 있는데, 앞으로 기후변화 때문에 비가 더 많이 올 거라고 모든 사람이 예상하고 있으며, 심지어 정부기관 스스로도 같은 예측을 발표하는데, 정부에서 아무 조치를 취하지 않아도 되는가? 폭우는 전 세계에서 동시에 일어나는 기후변화 현상일 뿐이고 자연의 처벌 같은 것이므로, 뻔히 내년에 또 흙탕물이 집 안에 들이닥칠 것을 알면서도 그냥 참고 살고 아쉬우면 돈 벌어서 이사하라고 할 것인가?

기후변화를 종말론처럼 받아들이거나, 그저 자연의 복수라는 흐릿한 느낌만 갖고 있다면, 이런 일들은 잘 보이지 않는다. 넘실거리는 물에 온 세상이 잠겨 인류가 멸망하는 장면 같은 것만 기후변화라고 생각할 때에는, 날씨로 인한 재난도 그냥 겁주려는 무서운 이야기처럼 느껴질 뿐이다. 그러나 기후변화를 닥친 현실로 따져본다면, 재난이 심각해진다는 예상은 해결해야 할 과제가 된다. 낭떠러지로 굴러가는 버스에 사람들이 타고 있다면, "이게 다 나쁜 사람들이 여기에 비탈길을 만들어두어서 그렇다"고 소리치기만 할 것이 아니라, 버스를 운전하는 사람이 방향을 바꾸어 사람을 구하기 위해 나서야 한다.

정부와 공공기관은 이미 예상되는 재난에 희생될 사람들을 구해내는 일에 더 깊은 책임감을 갖고 나서야 한다. 심지어 이런 일은 운이 좋아 기후변화의 피해가 생각보다 크게 나타나지 않아도 노력할 가치가 있다. 세상이 발전하면서, 점점 사람의 생명과 국민의 안전을 중요하게 여기는 경향은 강해진다. 17세기 조선 조정에서는 흉년이 되면 가난하게 태어난 사람은 굶어 죽는 것이 팔자라고 여기는 생각이 컸겠지만, 21세기의 국가에서는 가뭄과 홍수가 예상되면 한 사람의 목숨이라도 더 구해야 한다는 생각으로 일하는 것이 마땅하다.

지구는 괜찮아, 우리가 문제지

알고 보면 다
기후 문제

　기후변화 때문에 생기는 피해를 줄이기 위해 해야 할 일은 광범위하다. 기후변화가 미치는 영향이 그만큼 크기 때문이다. 홍수나 폭설로 피해가 발생할 위험이 있을 때 사람들에게 최대한 빨리 대피하라고 알리는 문제, 기후변화로 재난이 발생했을 경우에 대피한 사람들을 어디에서 어떻게 지내게 해야 하는지에 관한 문제도 결국은 기후변화와 관련해 정부가 해야 할 일에 포함된다.

　기후변화로 인한 날씨의 영향을 좀 더 잘 예상하고, 일기예보를 정확하게 하기 위한 투자도 넓게 보면 기후변화 적응 기술의 범위에 포함된다. 홍수나 가뭄 때문에 생기는 피해를 줄이려면, 언제 얼마나 비가 내릴지 더 확실하게 예상해야 한다. 우주에서 구름 모양을 관찰하는 인공위성을 발사하거나, 더 성능이 뛰어난 슈퍼컴퓨터를 도입해서 더 정확하게 미래의 날씨를 계산하는 작업에 투자할 필요가 있다.

그 이상으로 중요한 것이 있다면, 기상정보를 찾기 위한 인공위성이나 슈퍼컴퓨터를 운영하고 활용할 인력, 기후변화에 대응하는 기술들을 연구할 인력을 꾸준히 교육해 길러나가고, 그런 인력이 활발하게 연구할 수 있도록 지원해주는 일이다. 언뜻 들으면 막연하게 들릴지 모르지만, 일하기 좋은 곳에 일기예보하는 사람들의 사무실을 마련해주고, 날씨 연구를 하는 사람들의 월급을 올려주는 일이 결국 언제인가는 기후변화에 목숨을 잃을 위험에 처한 사람들의 생명을 구한다.

기후변화의 생태학-파란고리문어의 경고

기후변화가 생태계에 영향을 미치면 작은 원인이 갑작스럽게 폭발하듯이 큰 충격으로 이어지는 경우가 생길 수 있다. 작은 불꽃이 낙엽 하나에 옮겨 붙었는데, 불붙은 낙엽이 날아다니다가 비가 너무 내리지 않아 바싹 말라붙은 짚단 더미에 떨어져 거대한 화재가 발생하는 것처럼 말이다.

제임스 본드 영화 시리즈 중 한 편인 〈007 옥터퍼시〉에는 파란고리문어라고 하는 무시무시한 독 문어가 나온다. 복어 독과 비슷한 성분을 몸에 품고 있는 문어다. 복어 내장을 먹지만 않으면 복어 독에 사람이 중독되는 일은 없지만 파란고리문어는 사람을 공격해서 독을

지구는 괜찮아, 우리가 문제지

주입할 수 있다. 그래서 파란고리문어를 사람이 있는 곳에 던져놓으면 그 사람에게 달라붙어 곧 생명을 위태롭게 한다. 과연 제임스 본드 영화 악당이 좋아할 만한 생물이다.

이렇게 이야기하면 파란고리문어는 대단히 희귀한 이국적인 동물인 것만 같다. 영화에서도 기이한 동물처럼 등장한다. 그런데 사실 파란고리문어는 한국에서도 종종 발견된다. 과거에는 열대의 따뜻한 바다에서만 사는 동물로 추정했기 때문에 한국에 파란고리문어가 살 줄은 몰랐다. 그러다 2012년 남해안 지역에서 처음 파란고리문어가 등장한 이후, 잊을 만하면 한 번씩 파란고리문어가 또 나타났다는 소식이 보고되곤 한다. 2021년 9월 20일에도 제주 한림읍 금능해변에서 파란고리문어가 잡혔고, 2021년 8월에는 울산 동구 방어진 인근에서도 발견되었다.

어떤 동물이 갑자기 어느 지역에 나타나는 데는 한 가지 이유만 있는 것은 아니다. 그러나 파란고리문어처럼 열대 지역에 잘 사는 동물이 한반도에 나타난 데에는 역시 기후변화로 날씨가 따뜻해지고 있다는 이유를 무시하기 어렵다. 기후변화가 지구 정복을 노리는 제임스 본드 영화 속 악당처럼, 무시무시한 독문어를 한국의 바다에 풀어놓은 셈이다. 조금 더 진지하게 생각해보면, 기후변화가 심해질수록 정부는 이런 동물들의 변화와 동물들이 사람들에게 끼칠 영향에 대해서도 예상하고, 분석하고, 대비해야만 한다.

곤충이 대발생하는 현상도 날씨의 작은 영향이 폭발적인 결과로 이어지는 사례다. 한반도의 곤충들은 겨울의 추운 날씨를 견디지 못하고 대부분 죽는다. 그렇기에 곤충은 많은 알을 낳는다. 겨울 동안 다수가 죽더라도 운이 좋아 살아남은 한두 마리가 삶을 이어나가기를 기대하는 것이다.

만약 어느 해는 겨울 날씨가 좀 따뜻해서 평균 닷새 정도 지속되던 강추위가 나흘만 지속되었다고 해보자. 그러면 추운 날씨가 닷새 이상 지속되어야 죽는 곤충들이 죽지 않을 것이다. 100만 개의 곤충 알 중에 99만 개가 죽고 운이 좋은 1만 마리만 살아남았었는데, 단지 추운 날이 하루 줄어들었다는 것만으로 전부가 모두 살아남게 된다. 이와 비슷한 일이 사람이 느끼지 못하는 작은 차이 때문에 발생할 수도 있다. 사람이 지나다니지도 않는 산골짜기 어느 한구석 돌 틈의 온도가 평소보다 약간 높았다는 정도의 차이 때문에, 마침 거기에 어느 곤충 무리가 낳은 알들이 막대한 규모로 깨어날 수 있다.

그러면 다음 해 봄, 평소에는 잘 보이지도 않던 이상한 곤충이 하늘을 까맣게 덮을 정도로 떼 지어 나타나 온 동네를 돌아다니며 재난을 일으키게 된다. 그나마 그냥 숫자가 많은 정도라면 다행이지만, 나뭇잎을 갉아 먹으며 숲을 망가뜨리거나 농작물을 공격해 농사를 망칠 수도 있다. 2020년에 서울 북한산을 비롯한 전국 각지에 매미나방이 대량으로 나타났는데, 어떤 곳은 아예 산 하나를 통째로 매미나방이 갉아 먹어버렸다고 할 만한 피해를 입기도 했다. 매미나방 애벌레는 독을 갖고 있어서 사람에 닿으면 직접 피해를 끼치기도 한다.

뿐만 아니라, 한국의 소나무 숲을 파괴하는 치명적인 원인으로 악명 높은 소나무재선충 같은 벌레도 날씨가 따뜻해지면 더 심하게 퍼져나간다. 당연한 이야기이지만, 말라리아나 일본뇌염 같은 전염병을 퍼뜨리는 모기 역시 날씨가 따뜻해지면 숫자가 더 불고, 더 자주, 더 오래 사람들 사이를 돌아다닌다.

정부가 이런 문제를 기후변화의 실상으로 받아들인다면, 그저 "자연의 역습"이라고 슬퍼하며 사람들을 꾸짖는 것으로 역할이 끝나지 않는다. 피해를 조금이라도 줄이고자 노력해야 한다. 1670년처럼, 그냥 하늘의 뜻이다, 어쩔 수 없다는 식으로 넘어갈 문제가 아니다.

지금도 한국에서는 1년에 300명, 400명 수준으로 말라리아 환자가 많이 생긴다. 기후변화로 말라리아를 옮기는 모기들이 더 오래 살고 더 활발히 활동하면 한반도에 말라리아에 걸려 아파하는 사람들도 늘어날 수 있다. 한국에서 말라리아 환자들이 고통받을 때, 과거에 이산화탄소를 많이 뿜어내며 먼저 선진국이 된 나라들이 자기들이 원인을 제공했다며 보상해줄 리는 없다. 문제를 겪는 나라의 정부 스스로가, 어떤 벌레와 어떤 곤충이 창궐하게 될지, 낯선 곤충이 갑자기 많이 생겼을 때 무슨 문제가 있지는 않을지, 재빨리 파악하고 대처할 기술을 개발하고 그 일을 할 인력을 키우는 수밖에 없다.

기후변화의 병리학-10만 년 전 바이러스의 부활

조금 더 멀리 보면, 기후변화는 지금껏 우리가 접하지 못한 새로운 전염병을 늘어나게 할 가능성도 갖고 있다. 지금까지의 21세기 역사에 가장 큰 영향을 미친 코로나19 바이러스에 대해 연구한 사람들은 이 바이러스가 박쥐를 통해 옮겨졌을 가능성을 꽤 중요하게 평가한다. 날씨가 바뀌면 박쥐 같은 동물들이 사는 지역이 바뀐다. 그러면 원래는 사람들이 사는 곳에 나타나지 않던 종류의 박쥐가 사람들 사이에 나타날 가능성이 생긴다. 만약 그 박쥐가 사람에게 퍼진 적이 없던 새로운 바이러스를 품고 있다면, 새로운 전염병이 사람들의 세상에 풀려 나올 기회를 얻게 된다.

언론 기사들 중에는 날씨가 따뜻해지면 추운 지역에 오랜 시간 얼어붙어 있던 세균이나 바이러스가 되살아나서 활동할지도 모른다고 경고하는 내용도 종종 보인다. 2021년 6월에 시베리아에서 2만 4000년 동안 얼어붙어 있던 담륜충이라는 벌레를 해동시켜 되살아나게 했다는 연구 결과가 보도된 적이 있다. 담륜충에 비해 세균이나 바이러스의 구조는 훨씬 더 간단하므로 그보다 더 오랜 시간 얼음 속에 갇혀 있었더라도 지구가 따뜻해지면서 얼음이 녹으면 깨어날 수도 있지 않을까? 2016년에 시베리아 지역에서는 얼어붙은 땅속에 같이 얼어 있던 탄저균이 75년 만에 되살아나 탄저병을 일으켰다. 순록들은 떼죽음을 당했고, 사람도 몇이나 목숨을 잃었다.

만약, 정말로 10만 년, 20만 년 전에 얼어붙은 세균이나 바이러스가 기후변화로 얼음이 녹아 깨어난다면, 사람들은 인류가 살던 시대 이전의 생물을 만나게 될 수도 있다. 공룡이 도시를 습격하는 일이 벌어지지는 않겠지만, 공룡보다 더 위험할지도 모른다.

이러한 문제는 사람에게 특히 더 위험하다. 사람이 아닌 동물이나 식물의 세계에서는 갑작스러운 자연환경의 변화로 대량으로 목숨을 잃는 일이 자주 일어난다. 곤충의 경우에는 수많은 애벌레가 몰살당하는 일이 놀랍지 않을 정도로 잦고, 다른 동물들도 갑작스럽게 이상한 병이 몰아닥쳐서 10퍼센트, 20퍼센트쯤 수가 줄어드는 경우가 적지 않다. 예를 들어, 남극에 얼어붙어 있던 바이러스가 깨어나 전염병을 일으켰다가 사라질 때까지 어떤 물고기가 5퍼센트쯤 죽었다고 해도 동물들의 세계에서는 그냥 그러려니 한다. 개복치 같은 물고기는 알을 3억 개나 낳지만, 그 많은 알 대부분이 죽고 고작 열 마리 이하가 어른 물고기로 살아남는다. 사람이 아닌 동물들은 이런 정도의 충격은 대수롭지 않게 툭툭 털고 넘어갈 수도 있다.

그러나 이런 영향이 사람에게 닥치면 문제는 달라진다. 전 세계 인구의 5퍼센트가 희생당하는 재난이 발생한다면 그 수는 4억 명이다. 지금까지 역사상 어느 잔혹한 전쟁에서도 4억 명이 사망한 경우는 없다. 그런 문제를 그저 징벌이라고 지켜볼 수는 없다. 누구든 나서서 문제를 막아내기 위해 애써야 한다. 여러 전염병들이 현대에 어떤 영향을 끼쳤는지 되돌아본다면, 이런 문제의 무게는 분명해진다.

기후변화의 건축학-좋은 건물의 새로운 기준

〈한반도 기후변화 전망보고서 2020〉을 보면, 세계 사람들이 이산화탄소 배출을 줄이기 위해 정말 열심히 노력해도 21세기 중반이 되면 더운 날이 어쩔 수 없이 30.3일 더 늘어난다고 한다. 대략 기후변화 때문에 여름이 한 달 정도 더 길어진다고 볼 수도 있겠다. 실제로 일이 바라는 대로 잘되지만은 않는다는 점을 고려하면 더운 날씨는 그보다 더 길어질 가능성이 높다.

그렇다면 여름철 더위를 견딜 방법을 마련해야 한다. 반대로 겨울철 추위에 대비할 필요도 있다. 겨울은 더 짧아진다는 것이 평균적인 예상이지만, 전체적으로 겨울 추위가 짧아져도 날씨가 출렁이는 가운데 유례 없이 혹독하게 추운 날이 짧게 하루, 이틀 나타날 가능성을 무시할 수는 없다. 또한 한반도에서 전체적으로 겨울이 짧아져서 평균적으로는 따뜻해진다고 해도, 특정 지역에서는 과거보다 더 추워지는 현상이 발생할 가능성도 배제할 수 없다. 만일 서울이나 부산 같은 인구 밀집 지역에서 이런 현상이 나타난다면, 설령 한반도 땅 전체는 추위가 약해진다고 해도 결국 많은 사람이 추위에 고통받게 되는 셈이다.

그렇다면 더위를 더 잘 버티고, 추위를 더 잘 버틸 수 있도록 집을 잘 짓는 것도 기후변화 문제의 중요한 대책이 될 수 있다.

우선 눈에 뜨이는 것은 대개 날씨가 더워지면 냉방장치를 많이 가동하고, 날씨가 추워지면 난방을 많이 한다는 사실이다. 난방은 연료를 태워서 불을 지피는 것이므로 당연히 이산화탄소가 발생한다. 그리고 냉방장치를 작동시키려면 전기가 필요한데 전기를 만들기 위해서 화력발전소를 가동한다면 그것도 이산화탄소를 발생시킨다.

따라서 양의 되먹임, 그러니까 더하여 늘리는 되먹임이 발생한다.

지구는 괜찮아, 우리가 문제지

기후변화가 심해져 더워지면 사람들이 냉방장치를 더 많이 작동시키고, 그 전기를 얻기 위해 화력발전소를 돌리느라 연료를 태워 이산화탄소가 많이 생겨나서 기후변화가 더 심해지는 것이다. 그러면 또 사람들은 더 많은 냉방장치를 작동시켜서 상황이 더 악화된다.

이런 악순환을 끊어내려면, 전기를 많이 쓰지 않아도 여름에 더 시원한 집, 불을 많이 지피지 않아도 겨울에 더 따뜻한 집을 개발해야 한다. 현재 우리가 사는 집을 그런 목적에 맞게 개조하거나, 새로 건물을 지을 때 냉방과 난방에 드는 연료와 전기를 최대한 줄여주는 기술이 필요하다. 더 효율적인 건물을 짓는 것은 매우 중요한 기후변화 적응 기술이다.

다시 말해서, 기후변화에 잘 버티는 건물을 짓는 기술은 기후변화를 줄이는 기술이기도 하다. 2019년 국제에너지기구 발표 자료에 따르면, 사람이 살고 생활하고 일하는 건물이 여러 가지 이유로 직접, 간접적으로 뿜어내는 이산화탄소의 양은 전체 이산화탄소 배출량의 27퍼센트 정도에 달한다. 이 정도면 자동차, 배, 비행기가 움직이면서 뿜는 이산화탄소의 양을 합친 것보다 결코 적지 않다.

그중에 꽤 큰 비중을 차지하는 것이 바로 냉방과 난방이다. 여름에 맞바람이 잘 불어서 시원하고, 겨울에 바람이 들지 않아 따뜻한 집을 만든다고 해보자. 많은 사람이 그런 집에서 산다면, 그 효과는 다들 전기차나 수소차를 타고 다니는 것 못지않게 크다. 화려하고 멋진 기술이 아니기 때문에 관심을 덜 받지만, 건물에 기후변화 적응 기술을 적용하는 것은 무척 중요한 문제다.

건물 안팎으로 열이 잘 통하지 않게 만드는 원칙은 잘 알려져 있다. 바람 새는 곳이 없어야 하고, 벽으로 내외부의 열이 잘 교류하지 않아야 한다. 바람 새는 곳이 없으려면, 틈 없이 닫히는 튼튼하고 좋은 문을 설치해야 하고, 창문 역시 꽉 닫히는 이중창, 삼중창을 설치해야 한다. 벽으로 열이 잘 통하지 않게 하려면 벽돌이나 나무판으로 벽을 쌓고 말 것이 아니라 단열재를 벽에 붙여두어야 한다. 현재 단열재에는 폴리스티렌이나 폴리우레탄 같은 플라스틱 계통의 재료가 많이 쓰이는데, 좋은 단열재를 효과적인 위치에 충분히 많이 쓰면 여름에 더 시원하고 겨울에 더 따뜻한 집을 만들 수 있다.

더 적극적으로 건물에서 소모하는 전기와 연료를 줄이려고 노력하는 사람들도 있다. 예를 들어, 어떤 건물에서는 겨울에 환기를 시킬 때 추운 공기가 그대로 들어오는 것을 막기 위해 열교환기를 설치하기도 한다. 이런 장치는 잘만 설치되면, 추운 날씨에도 집이 열기를 잃지 않는 데 기여할 수 있다. 여름철에 햇빛을 막아줄 그늘을 만드는 구조물을 설치하는 건물도 보인다.

아예 외부에서 전기나 연료를 끌어와 냉방과 난방을 하지 않는다 하더라도 집이 저절로 시원해지고 따뜻해지게 만들겠다는 야심으로 짓는 건물도 있다. 이런 집을 일컫는 패시브 하우스passive house라는 용어도 요즘 자주 눈에 뜨인다. 이 말은 적극적active으로 힘을 들여 냉난방을 하지 않고, 소극적passive으로 그냥 가만히 놔두기만 해도 살 만한 집이라는 뜻이다. 이런 집이 되려면 추운 날씨에 철저히 집에서 빠져나가는 열기를 막고, 바깥에서 들어오는 햇빛의 온기를 최대한 누릴 수 있는 구조로 꾸며야 한다. 여름철에는 반대 효과를 얻도록 신경을 써야 한다. 집이 스스로 전기를 만들어 사용할 수 있도록, 태양광발전 설비나 태양의 열기를 이용하는 설비를 추가로 설치해놓기도 한다.

패시브 하우스까지는 아니라고 해도, 겨울철에 햇빛을 잘 받으면서도 여름철에 열기는 피할 수 있는 방향으로 집을 짓는 것은 기후변화를 생각하면 더 중요한 문제다. 주변에 들어선 건물들의 위치나 산이나 강의 모양에 따라 어떤 방향으로 집을 배치하면 여름에 바람을 더 잘 받을 수 있고 겨울에 바람을 덜 받는지를 계산해볼 필요도 생길 것이다. 과거에는 풍수지리에 따라 남향으로 집을 지으면 좋은 기운을 받을 수 있다고 생각했다. 하지만, 기후변화의 시대에는 겨울철에 연료를 덜 태워도 따뜻하고, 그래서 이산화탄소를 덜 뿜어 기후변화를 줄일 수 있도록 햇빛이 잘 들어오는 방향을 따져봐야 할 것이다.

여기에 더해서 기후변화로 인해 비가 더 많이 오거나, 가뭄이 들 때가 있을 거라는 점을 생각하면, 그런 변화에도 더 잘 견디는 기능을 건물이 갖추는 편이 좋다.

예를 들어, 폭우가 쏟아져도 물이 잘 빠질 수 있도록 건물을 짓는다든가, 눈이 많이 와도 부드럽게 흘러내리고 고드름이 맺혔다 추락하는 것을 예방하는 지붕을 설치하는 방법을 고려해볼 수 있을 것이다. 요즘에는 빗물 활용이라고 해서, 빗물을 그냥 흘려보내는 것이 아니라, 받아서 활용하는 장치를 달아서 그 물을 청소, 세차, 식물에게 물 주는 용도 등으로 쓰는 곳도 눈에 뜨인다. 도로나 사람들이 걸어 다니는 거리를 포장할 때 물이 잘 빠지는 투수성 재료를 필요한 곳에 적절히 설치해서 홍수 피해를 최대한 줄이자는 주장도 들려온다.

건물이 기후변화 대응에 중요하다는 점을 받아들이면, 도시의 모든 풍경이 달라 보인다. 요즘 관청이나 공공기관 건물을 새로 크게 지으면서 강한 인상을 남기기 위해 독특한 모양으로 건설할 때가 있다. 건물의 멋만 생각한다면, 조금은 괴상한 모양의 건물도 크게 나쁠 것은 없다. 그런 건물을 통해, 그 관청이나 공공기관이 보여주고 싶은 가치를 길을 지나다니는 사람들에게 선명하게 전할 수 있다면, 그 자체로 의미가 있다고 생각한다.

그런데 기후변화를 고려하여, 최대한 전기와 연료가 덜 드는 건물을 짓는다면 설계에도 제약이 생길 수밖에 없다. 좋은 단열재를 충분히 설치하고 열기를 뺏기지 않는 창문을 설치하려면 건물 모양을 아무렇게나 만들 수는 없다. 건물의 방향도 햇빛과 바람에 영향을 받는다. 지붕의 모양과 재질도 눈과 비에 잘 견디게끔 만들려면 어떤 모양이 가장 낫다는 결론이 나올 수 있다. 조금 더 깊이 들어가보면, 건물을 지을 때 최대한 기계를 덜 사용하고, 이산화탄소를 덜 뿜는 재료를 쓰는 것도 기후변화를 줄이는 데 중요하다. 공사 과정에서 나오는 이산화탄소 양도 상당히 많기 때문이다. 그렇다면, 적은 연료를 사용해서 쉽게 지을 수 있는 모양으로 건물을 짓는 편이 기후변화 대응에 유리하다.

이 모든 것을 다 같이 고려하면, 어쩔 수 없이 건물의 모양은 한정된다. 그런 결과로 탄생된 건물은 어쩌면 외부에 노출된 부분이 적고 공사가 쉬운 네모 반듯한 모양일지도 모르겠다. 심지어 신도시를 건설할 때 도로의 방향을 정하는 것도 그냥 동서남북에 맞추는 것이 아니라 햇빛이나 바람을 고려하는 것이 더 좋을 것이다. 신도시에 도로를 내면 도로 방향에 따라 줄을 맞추어 건물을 짓게 되므로, 바람이 필요할 때 잘 불어오는 방향, 햇빛을 잘 이용할 수 있는 방향으로 도로를 내는 것이 중요하다.

관청 건물의 모습이 단조로워지면, 특색이 없어 별로라고 생각할 수도 있다. 자신이 상징하고 싶어 하는 바를 건물로 표현하지 못한다는 생각에 아쉬워하는 정치인이나 행정가가 있을 수도 있다.

그러나 나는 그렇게 기후변화에 끼치는 영향을 따져서 이산화탄소를 덜 내뿜는 설계와 방법으로 짓는 건물이야말로, 요즘 공공기관이 보여주어야 할 정신을 아주 잘 나타낸다고 생각한다. 개인의 건축 사업에 이런저런 규제를 가하는 것은 어렵지만, 정부와 공공기관이 먼저 나서서 이산화탄소를 줄이는 건물을 짓기 위해 노력하는 것은 훨씬 쉽다.

새로 건설된 관청 건물이 왜 저런 모양이 되었냐고 지나가는 사람들이 수군거릴 때, "저것이 시장의 정치 사상을 상징한다"거나 "저것이 도지사가 좋아하는 동물 모양이다"라고 이야기하기보다, "저런 모양으로 건물을 지어야 이산화탄소 배출이 적어진다"고 말하게 된다면, 그 건물의 모습은 그것만으로 새로운 가치를 만들어낸 것이다.

낮은 곳을 위한
전략

기후변화 적응 기술의 관점에서 살펴보면, 개발도상국과 사회의 약자가 기후변화의 피해를 더 많이 받을 것이라는 사실은 점점 더 선명하게 보인다.

부유한 사람들이야 날씨가 더워지면 냉방을 좀 더 가동하면 되고 날씨가 추워져도 지하 주차장에서 미리 덥혀놓은 자동차에 쏙 들어가서 그대로 차를 타고 직장이 있는 멀끔한 건물로 이동하면 된다. 그렇지만 냉난방장치도 열악하고 전기 요금을 낼 여력도 없는 사람들은 꼼짝없이 변덕스러운 날씨를 견뎌야 한다. 체력은 더 약해지고 질병의 위협은 더 커진다. 만약 야외 공사 현장에서 일하는 것이 내 직업이라면 더위와 추위는 크게 다가올 수밖에 없다. 튼튼한 새 건물에서 사는 사람들은 폭우가 내려도 창밖 풍경을 보면서 차나 한잔 마시

지구는 괜찮아, 우리가 문제지

면 되지만, 저지대의 낡은 건물 1층에 사는 사람은 언제 물이 역류해 집 안으로 덮쳐 올까 싶어 겁에 질릴 것이다.

기후변화는 불평등하게 온다

기후변화 적응 기술이 충분히 갖추어지지 않으면, 식량 문제는 특히 심각해진다. 심한 홍수나 심한 가뭄으로 흉년이 들어 농사를 망치는 지역이 많아진다면, 그만큼 식량 가격이 오른다. 한 달에 천만 원씩 수입을 올리는 사람은 10킬로그램에 5만 원 하던 쌀이 10만 원이 된다고 해도 그냥 투덜거리면서 사 먹으면 그만이다. 그렇지만 수입이 적은 사람 입장에서는 당장 오른 5만 원을 구하지 못해서 쌀을 못 사 굶어야 할 수도 있다.

국제적으로 바라보면 이런 문제는 더 심각해진다. 아시아에 큰 흉년이 들어서 전 세계에 쌀이 부족해졌다고 해보자. 한국 사람들과 일본 사람들은 비싼 값에 중국과 베트남에서 생산되는 쌀을 사 갈 것이다. 그만한 여력이 없는 개발도상국 주민들은 쌀이 없어 굶주리게 된다.

상상 속의 사건만은 아니다. 한국에서도 1889년과 1890년에 바로 이런 일이 문제가 된 적이 있다. 흔히 "방곡령 사건"이라고 부르는 사건인데, 일본 사람들이 높은 가격에 쌀을 사 가려고 하는 바람에 함경도 지역에서 그만큼 값을 지불하지 못하는 사람들이 먹을 쌀이 부족해진 사건이다. 때문에 함경도에서는 "방곡령"이라는 명령을 내려 쌀

수출을 막는 조치를 시행했다. 쌀이 일단 함경도 바깥으로 빠져나가지 못하면 결국 함경도의 가난한 사람도 쌀을 사 먹을 수 있을 거라고 본 것이다. 그러나 일본은 이 사건으로 일본 업자들이 손해를 보았다며 조선 정부에 배상을 요구했고, 결국 조선에서는 배상금을 물어주기로 했다. 만약 미래에 기후변화가 심해진다면, 전 세계에서 방곡령 사건과 비슷한 문제가 점점 더 많이 생길 수 있다.

이런 문제를 막으려면, 우선은 기후변화에도 흉년을 피할 수 있는 방법을 개발하기 위해 노력해야 한다. 논밭이 물에 잠기는 것을 막을 방법을 찾고, 가뭄 때 논밭에 물을 쉽게 댈 방법을 찾아야 한다. 홍수에도 더 잘 버티는 품종을 개발하거나, 가뭄을 잘 견디는 품종을 만들어내는 것도 도움이 될 것이다. 나는 농사 짓는 방법을 개선하거나 더 좋은 비료를 개발해서 농작물이 홍수나 가뭄에 더 잘 버티게 만드는 연구를 본 적도 있다.

정책적인 결단도 중요하다. 기후변화로 삶이 위협을 당하는 약자들을 보호하기 위해 좀 더 많은 예산을 써야 할 이유는 점점 많아지고 있다. 이런 식으로 생각하면, 기후변화 대응에 있어서 처음 생각하던 것과는 정반대 조치를 취해야 한다는 결론에 도달할지도 모른다. 기후변화로 더운 날이 너무 많아지고, 그 때문에 어린이나 노인들이 생명의 위협을 받게 될 것이 명백히 예측된다면, 어쩌면 정부가 그 사람들을 위해 냉방장치를 돈을 들여 만들어주고 무료로 쓰게 해주어야 옳을 것이다.

기후변화 대응 정책이라고 하면, 냉방장치를 못 쓰도록 해야 할 것만 같지만, 사회의 약자들을 위해 공짜로 냉방장치를 쓰게 해주어야 하는 때가 온다. 너무 더워서 괴로워하는 취약계층의 어린이에게 "네가 기후변화를 일으킨 것은 아니지만, 돈이 없는 게 죄인 것을 어쩌겠니?"라고 말할 수는 없다.

비슷하게, 국제적인 기후 난민 문제가 심각해질 것이라고 걱정하는 사람들도 많다. 기후변화 때문에 삶이 어려워진 나라의 사람들이 대규모로 이웃 나라로 몰려갈 수 있다. 흉년이나 홍수가 더 심각해지면 더 자주 더 많은 난민이 생기고 여러 나라에 걸친 문제가 될 것이다.

2010년대 후반, 시리아 인근의 중동 지역에서 가장 심각한 문제로 지적되었던 IS의 전쟁을 간접적인 기후 난민 문제로 보아야 한다는 시각은 이제 자주 언급된다.

만약 농사가 잘되고 경제가 발전하고 있다면, 사람들의 삶에 여유가 있을 것이다. 풍요 속에서는 설령 정치적인 갈등이 발생해도 사람들이 목숨을 걸고 싸우기보다는 토론하고 타협해서 문제를 해결하기를 원한다. 그러나 가뭄으로 흉년이 들고 당장 굶주릴 판이면, 작은 문제도 생명이 달린 문제가 된다. 서로 의견이 다른 사람들 간의 대립은 심각해지고, 폭동이나 소요가 발생할 확률은 높아진다. 이렇게 생각하면 2010년대 중반에 날씨가 좋지 않아 중동에 큰 흉년이 들면서 터져 나온 싸움이 이리저리 번지는 과정에서 결국 IS 전쟁이 되었고, 많은 난민을 발생시켰다는 주장은 일리가 있다.

한국 역시 기후변화가 초래할지도 모르는 정치적 혼란에서 멀리 떨어져 있는 편은 아니다. 북한의 난민 문제를 항상 고민하고 준비해야 하기 때문이다.

1990년대 북한 사람들의 삶을 바꾸고, 북한의 정책을 가장 크게 바꾼 시점을 지적해보라면, 많은 사람이 북한에서는 "고난의 행군"이라고 불렸던 몇 년간의 시기를 떠올린다. 이 시기, 북한은 농사가 잘되지 않아 식량이 부족했고, 많은 사람이 굶주림에 시달렸다. 어떤 통계가 정확한지 가늠하기는 어렵지만, 이 시기 굶주림으로 목숨을 잃은 사람을 십만 명 단위로 헤아려야 한다는 데는 대부분이 동의한다. 그리고 "고난의 행군" 시기 북한에 흉년이 든 여러 이유 중에는 당시 북한에 큰 피해를 끼친 홍수도 무시할 수 없다.

그렇다면 기후변화로 인한 피해가 심각해진다면, 미래의 어느 날 북한에 "제2의 고난의 행군"이 닥쳐올지도 모른다. 북한에서 기후변화로 인한 난민이 생기지 않도록 하려면 어떻게 해야 좋을지, 혹은 만약 흉년이 들어 대량 난민이 발생한다면 어떻게 대처해야 하는지 미리 준비를 해나가야 한다. 〈한반도 기후변화 전망보고서 2020〉에서는 이대로 가면, 21세기 내에 홍수를 일으킬 수 있는 극한강수일이 30퍼센트 더 늘어난다고 예상한다. 그렇다면, 그만큼 더 심각하게 기후 난민이 생기는 미래를 준비해야 할 것이다. 더 멀리 보면, 결국 한국과 함께 성장해온 아시아 지역에 기후 난민이 발생할 때, 한국은 어떤 역할을 할 수 있는지 의논해볼 필요도 있다.

　　　　　　　　　　　　　지구는 괜찮아, 우리가 문제지

단순한 기준의 오류와 위험성

기후변화가 개발도상국에 미치는 영향에 관심을 갖게 되면, 선진국 신문 기사에 등장하는, 이산화탄소를 더 많이 배출하면 나쁘고, 줄이면 착하다는 식의 판단이 너무나 단순하고 왜곡되어 있다는 사실이 쉽게 보인다. 이런 단순한 기준은 기후변화로 가장 많은 피해를 입을 개발도상국에 불리한 평가 방식이다.

아프리카 중앙의 큰 나라인 나이지리아를 예로 들어보자. 나이지리아는 인구가 2억 명이 넘는 큰 나라다. 그러나 아직까지는 전기를 사용할 수 있는 집이 절반밖에 되지 않을 정도로 경제개발이 더디다. 그러므로, 나이지리아는 앞으로 경제 성장을 통해 더 발전하고 더 많은 사람이 전기를 사용하게 되어야 할 것이다. 그런데 나이지리아가 경제개발에 성공해서 다른 선진국들처럼 100퍼센트에 가까운 사람들이 전기를 사용하게 되면, 나이지리아의 전기 사용량이 크게 늘어난다. 1억 명에 가까운 사람들이 전기를 더 사용한다면, 나이지리아의 발전소에서 뿜어내는 이산화탄소 양도 늘어날 수밖에 없다.

그렇다고 다들 예전보다 검소하게 살아야 하니, 나이지리아 사람들에게 전기를 쓰지 말라고 할 수는 없다. 나이지리아 사람들이 이제 겨우 손빨래를 하지 않고 세탁기를 돌리면서 전기를 더 쓰게 되었는데, 몇 대에 걸쳐 부유하게 살아온 선진국 사람들이 "이산화탄소 배출을 늘렸으니 나쁘다. 왜 예전보다 더 많이 소비하며 방탕하게 사느냐"라고 지적할 수 있는가? 나이지리아 사람들이 혹독한 중앙아프리카의 더위를 피하기 위해 하나둘 에어컨을 돌리기 시작한다고, "너희들은 원래 살던 대로 계속 더위를 참고 살아야지, 에어컨을 쓰면서 이산화탄소를 배출해서는 안 된다"라고 한다면 그 사람을 그저 기후변화를 걱정하는 착한 사람이라고 부를 수 있을까?

세계의 도시들 중에 한 사람당 배출하는 이산화탄소 양의 통계를 낸 자료를 보면, 파리나 암스테르담의 이산화탄소 배출량은 적은데, 중국의 몇몇 도시나 싱가포르 같은 동남아시아 도시가 이산화탄소 배출량이 많다는 결과가 보일 때가 있다. 그런 나라 사람들이 악한 것처럼 지적하는 것은 옳지 않다. 처한 상황을 보지 않고 숫자만 보면, 파리 사람들은 사려 깊고 선하게 사는데, 이들 도시 사람들은 분별없이 이산화탄소도 더 많이 배출하는 것만 같다.

중국 내륙 도시의 사람들이 서유럽 도시 사람들보다 덜 아껴 쓰며 방탕하게 살기 때문에 이산화탄소를 많이 배출하는 것일까? 그렇게 단순하게 기후변화 문제를 비교하면 정작 그 도시가 처한 기후 자체를 무시하게 된다. 어떤 도시는 원래 너무 덥고, 너무 춥다. 그런 곳에 사는 사람들은 전기와 연료를 많이 쓰면서 살 수밖에 없다. 온화한 기후에서 사는 파리 시민이, 무더운 동남아시아 도시 사람들에게 너희는 원래 그런 땅에서 태어났으니 아무리 더워도 냉방장치를 끄고 이산화탄소 배출을 하지 말아야 마땅하다고 강요할 수 있는가? 중앙아시아 내륙의 추운 겨울을 버텨야 하는 사람들에게 캘리포니아의 해변에 사는 사람이 기후변화에 같이 대응해야 하니 난방을 끄라고 강요하는 것은 이상하다.

간혹 몇몇 나라 언론의 기사들을 보다 보면, 선진국과 개발도상국이 어떤 신분의 차이처럼 나뉘어 있으며, 개발도상국은 영원히 가난하게 살 것이라는 사고방식이 무심코 스며 있는 글을 접하곤 한다. 그러나 세계가 함께 해결해야 하는 기후변화 문제를 따질 때에는, 세상이 계속해서 변화해 결국 개발도상국들의 생활 수준도 선진국만큼 향상되기를 바라는 방향이 옳을 것이다.

이 사실은 기후변화 문제를 풀기 위해 세계가 힘을 합칠 때 언제나 함께 고려해야만 한다. 선진국보다 훨씬 많은 사람들이 사는 개발도상국에서도 다들 자동차를 타고, 전기를 사용하고, 냉방과 난방을 안전하고 쾌적하게 할 만큼 잘사는 미래와 그러면서도 이산화탄소 배출은 줄어든 미래를 동시에 이루는 것이 우리의 목표가 되어야 한다.

이런 고려를 곁들이면 기후변화를 줄이겠다는 목표는 더욱 달성하기 어려워진다. 그렇다고 같은 행성에서 같이 사는 사람인데, 포기할 수는 없는 문제다.

10장

우리는 무엇을 해야 할까

플라스틱 논쟁에서
빠져 있는 이야기

　나는 최진영 선생님이라는 분과 함께 과학 행사에 자주 참여했다. 최진영 선생님은 한때 영화 잡지사에서 근무한 적이 있어서 영화에 대한 이야기를 많이 아신다. 예를 들어서 더스틴 호프먼, 앤 밴크로프트, 캐서린 로스가 나오는 〈졸업〉이라는 1967년도 영화가 있는데, 이 영화의 대사 하나를 그분이 정확히 기억하셔서 놀란 적도 있었다.

　이 영화에는 더스틴 호프먼이 연기하는 주인공이 대학을 졸업하고 어떻게 살아야 할지 방황하는 내용이 나온다. 주인공이 이런저런 고민을 하고 있을 무렵, 한 아저씨가 주인공에게 갑자기 이렇게 이야기한다.

　"한마디만One word. 플라스틱Plastics."

　바로 이 장면이었다.

이 영화가 나온 1960년대 무렵에는 한창 플라스틱 제품들이 쏟아져 나오면서 관련 산업들이 큰 주목을 받았다. 이 장면은 전망이 좋은 업계에서 일하라는 기성 세대의 뻔한 충고가 노골적으로 드러나는 순간으로 잘 알려져 있다. 〈졸업〉이라고 하면, 아무래도 영화에 나오는 노래들이나 마지막에 여자 주인공의 결혼식에 뛰어드는 남자 주인공의 모습이 더 유명하기는 하다. 하지만 "플라스틱"이라는 아저씨의 대사도 종종 언급된다.

이 장면이 유명해진 이유라면, 아무래도 "플라스틱"이라는 대사가 가진 어감이 아닐까 한다. 플라스틱은 기계적이며 인공적이고 가짜 같고 순수하지 않은 느낌을 준다. 20세기가 오기 전에는 다른 재료로 만든 물건들이 플라스틱으로 대체되었기 때문이다.

플라스틱은 과거의 재료를 대체하는 더 값싸고 더 좋지만 생소한 재료였다. 기술의 개발로 등장한 것이기에 진짜는 아닌 재료라는 느낌도 얹어졌다. 그러다 플라스틱이 온갖 곳에 널리 쓰이면서, 자연과 대립되는 인공의 문명을 상징하는 재료로 자리 잡게 되었다. 요즘에는 플라스틱이라고 하면 뭔가 그 자체로 악하고, 더 자연적인 느낌을 주는 다른 재료를 선하게 느끼는 사람들도 꽤 있다. 아닌 게 아니라, 영화 속에서 "플라스틱"이라고 하는 아저씨의 한마디 대사는 꿈, 이상, 열정을 생각하는 젊은이의 모습과 대조되어, 그저 속물적이고 돈만 알고 재미없는 것처럼 보인다.

그러나 적어도 이산화탄소 배출과 기후변화에 대해 생각하면 플라스틱을 그저 나쁜 재료로만 생각할 일은 아니다. 재료에는 선과 악이 없다. 플라스틱을 남용해서야 안 되겠지만, 플라스틱을 적재적소에 사용하는 것은 기후변화 대응에 중요한 문제다.

플라스틱과 기후변화

먼저 플라스틱은 그 출발부터가 기후변화와 반대되는 면이 있다. 현재 국내에서 생산되는 대부분의 플라스틱 원재료는 나프타naphtha 라고 하는 석유의 일종이다. 나프타는 휘발유와 비슷한 점이 많은 석유의 일부분을 말한다. 만약 플라스틱 공업과 같이 나프타를 이용할 방법이 많지 않았다면, 우리는 나프타를 그냥 휘발유처럼 태워 없애는 연료로 썼을지도 모른다. 그렇다면 더 많은 연료를 태우게 되어 그만큼 이산화탄소가 공기 중으로 많이 배출되었을 것이다. 그런 사정을 같이 생각하면, 주변의 모든 플라스틱으로 된 물건들을 볼 때마다 그 플라스틱 덩어리만큼의 이산화탄소가 굳어져 있다고 상상해볼 수도 있겠다.

개발된 초창기에는 플라스틱이 기후변화를 줄이는 방향으로 기여하는 점이 많았다. 플라스틱은 딱딱하면서도 여러 가지 다양한 모양으로 만들기 좋고 그러면서도 가벼워 여러 용도로 사용하기 간편하다. 그렇기 때문에 플라스틱 재료는 나무로 만들던 물건을 대체하기에 적합하다. 주변을 돌아보면 의자, 탁자 같은 가구에서, 식기, 조리기구, 청소용구까지 플라스틱이 아니었다면 나무로 만들어야 할 것들이 무척 많다. 나무 대신 플라스틱으로 물건을 만들면 그만큼 숲에서 나무를 잘라내지 않아도 된다.

가죽 역시 플라스틱으로 대체되면서 극적인 효과가 나타났다. 흔히 한국에서는 레자라고도 부르는 재질을 비롯해서 다양한 인조가죽 재질을 PVC라고 하는 플라스틱을 가공해서 만든다. 이런 인조가죽 재질들은 장판에서부터 가방, 소파 등 다양한 제품을 만드는 데 널리 활용되고 있다. 스포츠에 사용하는 여러 가지 공이나 수영복 주머니 같은 것도 이런 플라스틱 계열 재질을 활용해서 만드는 것들이 많다.

만약 플라스틱 없이 가죽을 계속 써야 한다면 그만큼 많은 소나 말 등의 동물을 키우고 그 동물을 잡아서 거기에서 가죽을 구해야 한다. 훨씬 더 많은 시간과 자원이 소요되고, 동물을 키우고 가죽을 가공하는 과정에서 그만큼 더 많은 이산화탄소가 발생한다. 초창기에 플라스틱 재질이 많은 인기를 끈 상품 중에서는 당구공도 유명하다. 플라스틱 당구공이 나오기 전에는 코끼리 이빨인 상아로 당구공을 만들곤 했다. 플라스틱이라는 기술 없이 자연 그대로의 재료를 쓰면서 살았다면, 당구공을 만드느라 여러 나라에서 코끼리는 모두 사냥당하여 전멸했을지도 모른다.

지금도 여전히 플라스틱을 이용해서 이산화탄소 배출을 더 줄여나갈 수 있는 때가 많다. 플라스틱 재료의 최대 장점은 자유자재로 여러 가지 모양으로 잘 가공할 수 있다는 점이다. 그 말은 플라스틱 재료로 물건을 만들기 위해서는 여러 가지 기계를 많이 쓸 필요가 없다는 뜻이다. 기계를 많이 쓸 필요가 없다면, 그만큼 기계를 작동시키기 위한 연료를 절약할 수가 있다.

플라스틱 그릇을 만드는 과정과 유리나 도자기 그릇을 만드는 과정을 비교해보면 이런 상황이 뚜렷하게 드러난다. 유리나 도자기는 가공하기 위해서 대단히 높은 온도의 열을 가해야 한다. 유리가 녹고 도자기를 구울 수 있을 정도의 온도를 얻는 것은 어렵다. 그만한 온도를 얻기 위해서는 연료를 태워야 하고 그만큼 이산화탄소가 발생한다. 그리고 뜨거운 상태에서 모양을 잡고 다시 식히기 위해서는 또 여러 가지 기계 장치를 번거롭게 사용해야 한다. 유리나 도자기가 아니라 금속으로 무엇인가를 만든다면 더욱 어렵다. 쇠가 녹을 정도로 높이 온도를 높여야 하고, 또한 그 온도를 견딜 수 있는 틀에 쇳물을 부어 제품을 만들어야 한다. 그 모든 번거로운 과정에서 기계를 사용하고, 온도를 조절할 때마다 연료를 태우므로, 이산화탄소는 펑펑 뿜어져 나온다.

그러나 플라스틱 물병이라면 플라스틱 재료를 그냥 틀에다 넣고 한 번 쿡 찍어주면 끝이다. 비할 바 없이 적은 노력으로 가공이 끝난다. 장난감 만들듯이 간단하게 어떤 물건이나 만들 수 있다. 사실 장난감을 만들 때 플라스틱을 많이 쓰는 까닭도 제작이 아주 쉽기 때문이다. 그러면서도 필요하다면 간단한 방법으로 더 튼튼하고 강하게 개선할 수도 있고, 색깔을 넣거나, 투명하게 만들 수도 있다. 심지어 불에 잘 타지 않는 재질로 바꾸는 것도 어렵지 않다. 그러니, 제품 제조에서 생기는 이산화탄소의 양은 플라스틱으로 만든 제품이 훨씬 적다.

플라스틱 재료는 가벼우면서도 더 튼튼하다. 보관과 유통도 훨씬 간편하다. 유리병에 물을 담아 판다고 생각해보자. 만드는 과정에서 이미 이산화탄소를 많이 뿜어냈지만, 유리병은 무겁기 때문에 트럭이나 배에 실어 옮길 때에도 이산화탄소를 많이 뿜어내게 된다. 그에 비해 플라스틱으로 만든 병은 가볍기 때문에 같은 양의 연료로도 더 많이 더 멀리 옮길 수 있다. 더군다나 플라스틱병은 잘 깨지지 않기 때문에 훨씬 더 수월하게 이동이 가능하다. 그만큼 이산화탄소 배출은 더 줄어든다. 100개의 제품을 옮기는 과정에서 플라스틱병은 하나도 깨지지 않았지만, 유리병은 두 개가 깨졌다면, 두 개의 유리병을 다시 만드는 과정에서 그만큼 이산화탄소를 더 많이 내뿜게 된다.

아쉽게도 플라스틱이 모든 면에서 무조건 좋다고 할 수 있는 재료는 아니다. 플라스틱은 오래가는 질긴 재료이므로 다 쓴 것을 아무렇게나 버려두면 상하지 않고 그대로 남는다. 제멋대로 버린 플라스틱이 바다로 흘러들면 동물을 다치게 할 수도 있다는 것은 요즘 자주 언급되는 사실이다. 최근에 미세 플라스틱 문제에 대한 우려가 높아지고 있기도 하다.

그래도 플라스틱의 장점은 적지 않다. 이미 언급한 장점 이외에도, 플라스틱 재료를 잘만 사용하면 자동차, 비행기 등을 더 적은 연료, 더 적은 전기로 더 오래 움직이도록 할 수 있다는 장점도 살펴볼 가치가 있다. 플라스틱을 쓴 덕택에 같은 거리를 움직이는 데 연료를 덜 태웠다면, 역시 그만큼 이산화탄소를 덜 뿜게 된다. 심지어 플라스틱은 재활용도 가능하다. 아직까지 플라스틱 재활용은 모든 것이 그대로 재활용된다고 할 수준에 이르지는 못했지만, 재활용이 어려운 다른 재료들에 비하면 플라스틱의 상황은 나쁘지 않다. 게다가 플라스틱 재활용 기술이 꾸준히 발전하고 있기에 효율이 높아질 희망도 보인다.

플라스틱은 인공적인 20세기의 기술이니 뭔가 자연에 반대되는 것 같고 기후변화에도 악영향을 끼칠 것 같지만, 재료에는 선악이 없다. 플라스틱은 가죽과 상아를 내어놓아야 하는 동물들 대신에 쓸 수 있는 물건이거니와, 나일론과 폴리에스테르 같은 옷감도 일종의 플라스틱이라는 점을 생각하면 플라스틱의 값이 싼 덕분에 수많은 가난한 나라 사람이 헐벗지 않을 수 있게 되었다. 그러므로 플라스틱 제품을 아껴서 오래 쓰고, 잘 분리수거한다면 이산화탄소 배출을 줄이는 데에는 도움이 되는 측면이 있다.

올바른 플라스틱 사용법

기후변화에서 플라스틱이 가진 진짜 문제를 지적하라면 나는 너무나 값이 싸기 때문에 사람들이 아끼지 않고 쉽게 버린다는 문제가 가장 심각하다고 생각한다.

플라스틱을 이용해 만든 제품은 가치가 낮고 가짜라는 생각이 퍼져 있기 때문에 많은 사람이 별로 아까워하지 않는다. "그거 플라스틱이야"라고 누가 말한다면, 별 가치 없는 물건을 말하는 느낌이 강하다. 그래서 플라스틱은 충분히 활용되지 못하고, 함부로 버려지는 경우가 많다. 플라스틱으로 제품을 만들어 파는 회사 중에서도 그냥 대충 좀 쓰다 버릴 것을 예상하고 제품을 만드는 곳도 있다.

플라스틱 제품이 오래 사용되지 못한다면, 이산화탄소 배출을 줄이는 이점이 빛을 잃는다. 이에 더하여, 가치 없는 물건이라고 여기며 재활용을 포기하고 아무렇게나 플라스틱 쓰레기를 버리면 플라스틱의 가치는 더욱 줄어든다.

잘만 사용하면, 플라스틱으로 이산화탄소를 줄이는 효과는 의외로 상당히 크다.

예를 들어, 상점에서 물건을 담아주는 비닐봉지를 생각해보자. 이런 봉지를 한 번 쓰고 버리면 잘 썩지 않으니 문제라는 생각은 누구나 할 수 있다. 그러나 비닐봉지 대신에 종이봉투를 사용한다면, 그 종이를 만들기 위해서 종이의 원료가 되는 나무를 숲에서 잘라내야 한다. 〈애틀랜틱〉의 2014년 10월 17일 보도에 따르면, 비닐봉지를 사용해서 장을 보면 1년간 배출하는 이산화탄소는 7.52킬로그램가량이지만, 종이봉투를 사용하면 훨씬 많은 44.74킬로그램가량의 이산화탄소를 배출한다고 한다. 비닐봉지보다 종이봉투가 자연적인 것 같아도 이산화탄소를 뿜어내는 양은 오히려 여섯 배 가까이 많다는 이야기다.

만약 여러 번 재사용할 수 있는 면으로 만든 장바구니를 비닐봉지 대신에 활용한다고 해보자. 이런 제품을 아껴서 잘 활용하면 분명히 비닐봉지보다는 유리하다. 그렇지만, 비닐봉지는 워낙 만드는 데 이산화탄소 배출이 적기 때문에, 면으로 만든 가방을 하나 만들 정도면 비닐봉지를 131개 만들 수 있다. 이 계산은 영국환경청의 2011년 발표인데, 뒤집어 생각해보면, 면 가방을 131번 정도는 꾸준히 장바구니로 활용해야만 비닐봉지를 한 번 사용하고 버리는 것보다 환경에 이로울 수 있다는 뜻이다. 그러니 만약 비닐봉지를 모아두었다가 이런저런 용도로 여러 번 사용하는 사람이 있다면, 그 사람이 기후변화를 줄이는 데는 더 기여하고 있을지 모른다. 아닌 게 아니라 비닐봉지는 잘 젖지도 않고 종이봉투에 비하면 잘 훼손되지도 않기 때문에 여러 차례 다시 사용하기에도 좋다.

이러한 결과는 어떤 제품을 사용하거나 어떤 활동을 하는 데 얼마나 이산화탄소가 뿜어져 나오는지 하나하나 따져서 계산해보지 않으면 알 수 없다. 대충 생각하기에는 기후변화 대응에 도움이 될 것 같은 행동도, 이렇게 계산된 결과를 놓고 보면 별 도움이 안 되는 경우가 허다하다.

여러 가지 광고를 할 수 있는 여력이 충분한 선진국 정부는 자기 나라의 산업을 보호하기 위해 이런 사람들의 느낌을 교묘하게 활용한다. 플라스틱을 사용하지 않는다면, 그만큼 가벼운 재질로 물건을 만들기 위해 나무나 종이를 사용해야 할 때가 많다. 그만큼 당연히 목재를 많이 사용하게 된다. 그러면 숲에서 나무를 잘라서 수출하는 나라들이 이익을 볼 것이다.

과거에는 화학 기술이 발달한 유럽권 국가들이 플라스틱을 잘 만들었다면, 요즘은 아시아 공업 국가들이 그 기술을 따라잡아 한국, 일본, 중국 같은 나라들이 플라스틱을 잘 만든다. 나무숲이 많은 목재 선진국, 임업 선진국들은 나무와 종이를 팔아서 이런 아시아 국가가 아니라 자기들이 돈을 벌길 바랄 것이다. 그러니 나무를 잘라 장사하는 나라의 정부는 아무래도 플라스틱이 나쁘다는 느낌을 주는 소식 쪽에 호감을 갖기 쉽고, 그런 소식을 널리 퍼뜨리고 싶어 할 수밖에 없다.

기후 대응 계산기
—탄소 발자국

　어떤 일이 정말로 이산화탄소 배출을 줄이고 기후변화를 막을 수 있는지 계산하는 작업은 복잡하다. 여기에 기후변화를 막고 싶은 사람들의 생각을 자기에게 유리한 쪽으로 이용하려는 선진국과 강대국 정부의 노력까지 겹치면 모든 것은 점점 헷갈려 보이기 쉽다.

　예를 들어, 어떤 커피 가게에서 기후변화를 줄이기 위해 일회용 플라스틱 컵 뚜껑 대신에 다른 재질의 뚜껑을 나눠주기 시작했다고 해보자. 그 회사에서 종이나 알루미늄으로 된 뚜껑을 대신 준다면, 나무를 잘라서 만든 종이 뚜껑이 정말로 이산화탄소 배출을 줄이는지는 계산한 결과를 보아야 알 수 있다. 알루미늄 뚜껑을 만드는 과정에서 알루미늄을 녹이기 위해 높은 열과 많은 전기가 필요한데 거기에 들어가는 연료 때문에 생기는 이산화탄소가 얼마나 많은가 하는 것도 계산한 결과를 보아야 알 수 있는 일이다. 그냥 대충 느낌으로는 어떤 것이 더 기후변화를 줄일 수 있는지 알기가 어렵다.

어쩌면, 커피 가게라면 그런 재질 차이가 별로 중요한 문제가 아닐지도 모른다. 한국에서 커피콩은 해외에서 수입해 오는 제품이다. 배에 커피콩을 싣고 오는 과정에서 배의 엔진이 연료를 태우며 이산화탄소를 뿜어낸다. 만약 커피를 한국에서 가까운 베트남 같은 동남아시아 국가에서 사 오면 그만큼 배 운행거리가 짧으니 이산화탄소를 덜 배출할 것이고, 먼 콜롬비아나 에티오피아에서 커피콩을 사 오면 거리가 먼 만큼 이산화탄소를 더 배출할 것이다. 그 차이가 크다면, 커피를 마시는 행위에서 기후변화를 줄이기 위해 가장 중요한 것은 커피의 원산지가 한국에 얼마나 가까운 곳에 있느냐인지도 모른다.

원산지의 영향은 과연 어느 정도일까? 정확한 것은 계산해봐야 알 수 있다. 그래서 탄생한 것이 탄소 발자국carbon footprint 이다.

탄소 발자국을 계산하면 다르게 보이는 것들

탄소 발자국은 어떤 물건이 탄생해 소비되는 동안 얼마나 많은 발자국을 남겨놓았는지 헤아려 숫자로 표시한 것이다. 모든 물건에 발이 달린 것은 아니니 실제 발자국은 아니고, 공기 중에 이산화탄소를 얼마나 뿌려놓았는가 하는 그 보이지 않는 흔적을 발자국이라고 상상한 것이다. 사람이 움직일 때마다 이산화탄소를 내뿜고 땀을 흘린다는 점을 생각해보면, 어떤 물건이 탄생하고 사용되는 동안 이산화탄소를 숨결이나 땀처럼 공기 중에 뿌려놓은 자국을 말한다고 봐도 좋겠다. 그렇게 생각하면 탄소 발자국보다는 탄소 땀자국 같은 말이 좀 더 와닿을지도 모르겠다. 혹은 탄소 숨자국이라든가.

한국에서 탄소 발자국이라는 말은 환경부에서 관리하는 공인된 제도에서도 사용한다. 환경부 자료를 보면, 탄소 발자국이란 단지 제품을 만들면서 공기 중으로 뿜어져 나오는 이산화탄소의 양뿐만 아니라, 제품을 운반하고 사용하고 폐기하는 모든 과정에서 뿜는 이산화탄소 양을 다 고려하는 것이라고 되어 있다. 전생애주기 분석을 한다는 이야기다. 만약 똑같은 양의 전기와 연료를 사용해서 방망이를 만들었다고 해도, 하나는 무겁고 하나는 가볍다면, 무거운 방망이를 트럭으로 운반하는 데 더 연료가 많이 들어서 무거운 방망이의 탄소 발자국 숫자가 더 크게 나온다.

한국 환경부의 탄소 발자국 제도에서는 이산화탄소뿐만 아니라, 다른 온실기체가 발생하는 것도 최대한 고려하도록 되어 있다. 그리고 다른 온실기체의 양을 그에 맞먹는 이산화탄소의 양으로 바꾸어 따지도록 한다. 어떤 제품을 만드는 과정에서 이산화탄소는 발생하지 않았지만 이산화탄소의 열 배만큼 온실효과를 일으키는 기체가 1그램 발생하면, 그것을 이산화탄소 10그램이 발생한 것으로 계산한다는 이야기다. 그래서 탄소 발자국은 여러 가지 온실기체가 발생해도 항상 이산화탄소가 얼마나 발생한 것과 같은지 보기 쉽게 바꾸어 표시하게 되어 있다.

일상 속 탄소 발자국

품목	탄소 발자국(g)	출처
A사 생수 500ml	91	A
B사 생수 500ml	119	A
맥주 500ml 캔	195	A
소주 360ml 병	423	A
맥주 500ml 병	432	A
B사 갈색설탕 1kg	515	A
A사 갈색설탕 1kg	526	A
A사 흑설탕 1kg	569	A
휴대전화용 16GB DRAM 메모리	675	A
1TB 이동식 SSD 저장장치	11,859	A
고속전철 서울-강릉 구간 편도	15,982	A
비행기 인천-LA 탑승	1,092,210	A
종이컵 1개	11	B
지하철 25km 이용 (서울 9호선 김포공항-선정릉 거리)	38	B
대형과자 160g 1봉	250	B
두루마리 화장지 1개	283	B
오렌지주스 250ml 1병	360	B
버스 25km 이용	690	B
A4 용지 250매	720	B
승용차 나 홀로 운전으로 25km 이용	5,250	B
사과 1kg	430	C
감자 1kg	460	C
양파 1kg	500	C
바나나 1kg	860	C
콩 1kg	980	C
밀 1kg	1,570	C
옥수수 1kg	1,700	C

지구는 괜찮아, 우리가 문제지

토마토 1kg	2,090	C
우유 1kg	3,150	C
쌀 1kg	4,450	C
달걀 1kg	4,670	C
닭고기 등 조류 고기 1kg	9,870	C
돼지고기 1kg	12,310	C
양식 생선 1kg	13,630	C
치즈 1kg	23,880	C
커피 1kg	28,530	C
소고기 1kg	99,480	C

A: 한국환경산업기술원 저탄소제품·환경성적표지 인증제품 현황(2021.10.05)

B: 문화체육관광부 대한민국 정책브리핑 자료(2009.04.21)

C: Poore, Joseph, and Thomas Nemecek. "Reducing food's environmental impacts through producers and consumers." *Science* 360, no. 6392(2018): 987~992, 391~401

*서로 다른 출처의 탄소 발자국을 숫자만 비교하는 것은 오류의 소지가 있으므로 유의해야 함

탄소 발자국 자료를 보면 "CO2eq"라는 괴이한 단위가 보이는데, 심각하게 그 뜻을 생각할 필요는 없다. 그냥 뿜어낸 이산화탄소의 양이 몇 그램, 몇 킬로그램이나 되는지 표시했겠거니 하고 생각하면 충분하다. CO2eq라는 말은 이산화탄소와 동등한equivalent 양이라는 뜻이다. 종이컵 하나의 탄소 발자국이 11그램CO2eq라면, 종이컵 하나를 만들고 사용하고 버리는 데 평균 11그램의 이산화탄소를 내뿜는 것과 동등한 만큼의 온실기체가 뿜어져 나오는 것으로 추정한다는 뜻이다.

탄소 발자국 자료를 구해서 따져보면 의외의 사실을 깨닫게 될 때가 굉장히 많다.

예를 들어서, 어떤 회사의 부장이 자연을 사랑하는 마음에 일회용 종이컵을 사용하지 않기로 결심했다고 생각해보자. 그는 종이컵을 사용하지 않으면서 그만큼 나무를 지키고 숲을 보호하며 동시에 이산화탄소 배출을 줄여서 기후변화를 줄이는 데 기여했다고 생각하니 뿌듯하다. 그에 비해 그 회사의 대리는 매일 자동판매기에서 일회용 종이컵 커피를 한 잔씩 뽑아 마신다. 여기까지만 보면, 부장이 대리보다 기후변화 대응에 더 기여하는 사람 같아 보인다.

그런데 부장은 자연을 사랑하는 만큼 산업사회의 팍팍함을 잊고 싱그러운 자연 그대로의 모습을 즐기고 싶어 태평양의 한 섬으로 여름휴가를 다녀온다. 부장은 자연 속에서 자신의 마음이 치유되었으며, 자연을 사랑하는 마음이 더욱 고양되었다고 느낀다. 대리는 달리 휴가를 가지 않았고 매일 여전히 종이컵 커피 한 잔씩을 마셨다.

일회용 종이컵의 탄소 발자국은 11그램 정도다. 종이컵을 하나 쓰지 않을 때마다, 지구에 뿜어져 나오는 이산화탄소 11그램을 줄일 수 있다는 이야기다. 그런데 부장이 태평양의 열대 섬으로 여행을 갔다 온 행동의 탄소 발자국 자료를 살펴보면 적게 잡아도 1000킬로그램에 달한다. 매일 종이컵을 써서 부장이 한 번 여행을 갔다 온 만큼 이산화탄소 배출을 하려면, 240년 이상 하루도 빠지지 않고 종이컵을 써 없애야 한다. 지구 전체의 기후변화를 놓고 보면, 부장이 대리보다 훨씬 더 많은 온실기체를 배출한 셈이다.

이 이야기의 교훈은 일회용 종이컵을 마음껏 써도 된다는 것도 아니고, 태평양의 열대 지역으로 여행을 가지 말라는 것도 아니다. 일회

지구는 괜찮아, 우리가 문제지

용 종이컵을 쓰지 않으려고 노력하는 사람을 비웃으라는 이야기는 더더욱 아니다. 일회용 종이컵을 쓰지 않으려고 노력하는 사람은 대개 그만큼 다른 노력을 같이 기울일 가능성이 높다. 또한 그런 노력이 기후변화에 대한 관심을 불러일으키는 효과가 있다는 점에서는 좋은 영향을 미친다.

이 이야기의 교훈은 기후변화 대응에 있어서 어떤 행동이 얼마나 중요하고 얼마나 효과적인지 알아보는 것은 쉽지 않고, 그러므로 계속 계산하면서 따져봐야 한다는 것이다. 제대로 결과가 나오기 전까지 쉽게 무슨 제품을 사야 기후변화를 막을 수 있다거나, 누가 기후변화의 주범이라는 식으로 함부로 몰아갈 일이 아니다. 따져보면 예상과 다른 사례는 굉장히 많다. 종이컵 대신 스테인리스 컵을 사용하는 사람들보다, 이산화탄소 배출을 덜 하는 재질의 옷을 좋아하는 사람이 훨씬 더 많은 기여를 할 수도 있다는 식의 결과를 얼마든지 찾을 수 있다.

반도체와 치즈, 무엇이 더 이산화탄소를 많이 발생시킬까

산업이나 경제를 따질 때에도 이런 계산을 해볼 필요가 있다. 하나의 예로 반도체와 치즈를 비교해보자.

전자제품을 만드는 거대한 공장은 그냥 생각해도 전기와 연료를 많이 소모할 것 같다. 뭔가 인공적이고 자연에 반대되는 느낌이다. 그에 비해 소가 뛰어노는 초원의 농장은 싱그럽고 자연스러운 느낌이다. 한국의 저탄소제품·환경성적표지 인증제품 자료를 보면, 한국의 전자 회사가 휴대전화용 16GB 용량의 DRAM 기억장치 하나를 만들면서 뿜어내는 이산화탄소 양은 675그램이다. 그에 비해, 옥스퍼드 대학교 조지프 푸어Joseph Poore 연구 팀이 조사해 2018년 발표한 자료에 따르면, 1킬로그램의 치즈를 만들 때 뿜어져 나오는 이산화탄소의 양은 2만 3880그램이나 된다. 두 숫자를 놓고 비교해보면 자연스러운 치즈 한 덩어리를 만드는 데, 인공적인 기술의 극치인 반도체 하나를 만들 때보다 기후변화에 미치는 영향이 35배나 크다.

언뜻 이해하기 어려운 이런 결과가 나오는 이유는 생각보다 넓은 땅에서 소를 키우고 유제품 가공에 필요한 물과 사료를 얻는 데 연료와 전기가 많이 소모되기 때문이다. 반면에 반도체를 만드는 공장은 한 곳에 모든 설비를 집중해서 단숨에 엄청나게 많은 양의 제품을 생산하므로 제품 하나하나를 만드는 데는 적은 전기와 연료면 충분하다. 게다가 유제품을 만들기 위해 운반해야 하는 재료와 상품의 무게가 꽤 나가는 데 비해, 작은 반도체는 가볍기 때문에 아주 적은 연료로도 쉽게 멀리까지 운반할 수 있다. 이 자료만 놓고 생각하면, 치즈를 만들며 사는 사람들보다, 반도체를 만들며 사는 사람들이 기후변화에 덜 영향을 끼치고 있고, 결국 자연을 지키고 있는 사람처럼 보일지도 모를 일이다.

그렇다고 치즈가 반도체보다 35배나 기후변화에 끼치는 영향이 크다고 무작정 속단해서는 안 된다. 탄소 발자국을 정확하게 계산하는

지구는 괜찮아, 우리가 문제지

것은 어려우며, 어떤 전제와 가정을 바탕으로 계산했는지에 따라 숫자는 달라지기 쉽기 때문이다. 예를 들어 같은 치즈라고 하더라도, 전라북도 임실에서 생산된 치즈와 벨기에나 네덜란드에서 생산된 치즈는 이산화탄소 배출량이 다를 수밖에 없다. 서울에서 치즈를 사 먹는 사람 입장에서 계산해보면, 임실에서 생산된 치즈는 그것을 싣고 오는 트럭에서 뿜어져 나오는 이산화탄소 양이 얼마 되지 않지만, 벨기에나 네덜란드에서 생산된 치즈를 배나 비행기에 실어서 한국까지 싣고 오려면 그 먼 거리를 이동하는 데 그만큼 많은 연료를 소모해 많은 이산화탄소를 배출하게 되기 때문이다. 같은 치즈라고 하더라도 어떤 치즈를 기준으로 계산하는지에 따라 탄소 발자국은 달라진다.

이 외에도 탄소 발자국 숫자가 달라질 수 있는 원인은 여러 가지가 있다. 때문에, 저탄소제품·환경성적표지 인증을 받은 반도체 탄소 발자국과 별도의 연구 팀이 계산한 치즈의 탄소 발자국을 비교하는 것은 위험하다. 서로 다른 기준으로 계산한 탄소 발자국을 고려 없이 그냥 비교해서는 안 된다. 심지어 같은 기준에 따라 계산한 탄소 발자국이라고 하더라도, 어떤 방식으로 계산했는지, 누가 계산했는지, 믿을 만한지를 따져볼 필요가 있다.

어림짐작을 넘어 더 정확한 정보로

탄소 발자국은 꽤 큰 시빗거리가 될 수도 있다. 탄소 발자국이 많은 물건일수록 소비자들에게 기후변화를 일으키는 물건 취급을 받아 이미지가 나빠지는 것은 물론이고, 탄소 발자국에 따라 벌금처럼 세금을 더 내게 하는 제도도 자주 언급되므로 탄소 발자국은 돈 문제와 직결된다.

발달된 기술과 많은 인력을 가진 선진국과 부유한 업체일수록 자기들이 생산하는 물건의 탄소 발자국이 적게 나오는 계산 방법이 더 옳다고 주장하고 싶어 한다. 당장에 돈을 얼마나 더 내야 하느냐 하는 문제가 걸려 있기에, 많은 돈을 들여서 유명한 학자들을 총동원하여 자기 제품의 탄소 발자국이 적게 나오는 계산 방법이 가장 합리적이라면서 별별 이론을 모두 사용해 설명할 것이다. 권위 있는 학자들을 동원할 수 없는 소규모 회사, 약소국들이 거기에다 대고 뭐라고 반론을 제기하기란 쉽지 않다. 이러면 누구 말이 맞는지 객관적으로 판단하기도 어려워진다.

때문에 나는 우리가 정부와 공공기관에 최대한 객관적인 방식으로 알기 쉽게 탄소 발자국 정보를 계산해서 알려달라고 요구할 필요가 있다고 생각한다.

어떤 활동이 어느 정도의 영향을 끼치는지, 실제로 모든 영향을 다양하게 고려한 결과를 분명하게 따진 계산 결과와 내용을 정부 당국이 쉽게 이해할 수 있고 사람들이 쉽게 찾아볼 수 있는 방식으로 꾸준히 제시해주기 위해 노력해야 한다. 그래야 그 계산 결과를 보면서, 사람들이 어떤 행동을 할 때 기후변화를 줄일 수 있는지, 토론하고 합의할 수 있다. 그런 흐름 속에서, 기후변화 대응을 위해 국가 정책이 어떻게 크게 바뀌어야 하는지 사람들이 동의하여 따를 수 있고, 나아가 다른 나라와 효과적으로 협상할 수 있다.

대체로 세계의 누구나 쉽게 수긍할 만한 사실은 넓은 단독주택보다는 아파트나 빌라 같은 공동주택이 탄소 발자국이 적고, 연비가 떨어지는 자가용 자동차보다는 버스, 지하철 같은 대중교통을 이용하는 것이 탄소 발자국이 적다는 것 정도다. 그리고 당연한 일이지만 동등한 조건의 물건들이라면 하나의 물건을 오래 사용하는 쪽이 부수거나 버리고 새로 사 여러 개 사용하는 것보다 탄소 발자국이 적다.

합의할 수 있는 사실이 잘 밝혀져 있으면, 정부나 공공기관 입장에서는 사람들의 삶을 정말로 탄소 발자국이 적어지는 방향으로 이끄는 정책을 추진할 수 있게 된다. 그렇게 탄소 발자국 감축을 목표로 정책을 만들어낸다면, 온실기체 배출을 줄여서 기후변화에 대응하는 데 도움이 되는 다양한 방법을 개발해볼 수 있다.

예를 들어, 사람들이 대중교통을 더 많이 이용하도록 대중교통을 더 편리하게 개선하는 사업을 생각해보자. 버스 노선도를 보기 쉽게 고치고 버스를 더 편안하게 이용할 수 있도록 노선을 잘 관리하면, 사람들은 그만큼 대중교통을 많이 이용하게 될 것이다. 그러면 교통체증이 개선되고, 교통비도 절약된다. 자가용 차량이 줄어들면서 기후변화를 줄이는 효과도 커진다. 이렇게 간접적이지만 기후변화에 미치는 영향을 꽤 큰 폭으로 바꿀 수 있는 정책은 적지 않다.

정부 당국이 어떤 정책을 추진할 때에는 그 정책이 정치에 얼마나 도움이 되는가, 담당 공무원이 속한 부서의 힘을 키우는 데 어떤 장점이 있는가, 어느 정도의 예산이 필요한가, 이 정책으로 이익을 볼 수 있는 주민들이 많은가 등등 다양한 조건을 따지기 마련이다. 이제는 어떤 정책을 만들거나 정치적 결단을 내릴 때 그 결정의 탄소 발자국을 같이 계산할 필요가 있는 시대다. 기후변화 문제를 중요하게 여기고, 그에 따라 탄소 발자국을 정확히 계산할 수 있는 기술이 확보될수록 그 중요성은 높아갈 것이다.

민주주의 사회,
기후 시민의 일

이미 기후변화 문제가 심각한데, 되는 대로 막 살면 문제가 더 심각해질 것이고, 그러니 뭔가 함부로 하면 안 된다는 정도는 이제 많은 사람이 이해하고 있다. 그러나 정확히 기후변화 문제가 어떤 것이고, 앞으로 무슨 일이 벌어질 것이고, 그래서 어떻게 해야 하는지는 답하기가 더 어려운 질문이다. 그런 어려운 질문에 누구에게나 적용 가능한 모범답안 하나를 만들기란 더더욱 어렵다. 그렇다면 문제를 더 잘 이해하고, 더 곰곰이 생각하는 가운데 다들 나름의 해답에 차츰 다가가는 정도가 옳지 않겠나 싶다.

나는 기후변화 문제를 따질 때 꼭 같이 생각해야 하지만, 자칫 잊고 넘어갈 수 있는 사항을 요약해보자면 다음 세 가지라고 생각한다.

1) 기후변화 문제는 혼자서 해결할 수 없어서 여러 나라가 같이 해결해야 한다.

2) 강대국과 선진국은 기후변화 문제를 자기 나라의 이익이 되도록 활용하려고 한다.

3) 기후변화는 약자들부터 피해를 입히는데, 기후변화를 막는 조치 역시도 자칫 잘못하면 약자들에게 불리할 수 있다.

이 세 가지를 놓고 따져보면, 기후변화에 대응하기 위해서 혼자서 할 수 있는 일에 한계가 있다는 점은 명백하다.

심지어 기후변화는 한 나라 사람들이 온 힘을 다해 애쓴다고 해도 해결할 수 없다. 옛날 중국 진나라의 시황제 같은 인물은 지금 중국 땅의 만리장성 남쪽 지역 일부를 차지한 다음에 자신이 "천하를 통일했다"고 주장했다. 지금 시황제가 나타나 엄청나게 무서운 처벌을 내리겠다고 협박하며 자신이 지배하는 땅의 모든 공장과 자동차 운행을 중단시킨다고 해도 지구의 기후변화 문제는 해결되지 않는다. 지구에는 80억 인구가 살고 있는데, 시황제의 영토였던 지역에 사는 인구는 그중 작은 부분에 불과하기 때문이다. 천하를 지배하는 시황제가 혼자서 날뛰더라도 나머지 지역에서 같이 움직이지 않으면 기후변화 문제는 해결되지 않는다.

이렇게 생각하면 개인이 할 수 있는 일은 너무 적은 것처럼 보일 수도 있다. 일회용품을 덜 사용하고, 자전거를 타고 다니는 일은 도덕적으로는 존경할 만한 일이다. 하지만 기후변화에 실제로 미치는 영향

지구는 괜찮아, 우리가 문제지

은 거기서 그친다면 충분하지 않다. 내가 몇 년을 자전거를 타고 다니며 줄여놓은 이산화탄소가, 지구 반대편에 사는 전혀 알지도 못하는 누군가가 연료를 많이 잡아먹는 큰 차를 구입해서 며칠 출퇴근을 하는 바람에 단숨에 도로 늘어나는 일은 비일비재하다.

기후변화를 줄이기 위해 애쓰는 내 노력이 실제로 득이 되려면, 내 노력이 주변에 영향을 끼치고 그래서 더 많은 사람이 노력에 동참하도록 해야 한다. 나아가 그러한 관심과 이해가 중요한 과제로 자리 잡아, 정부의 관심사가 되어야 한다. 그렇게 해서, 한 나라의 정부가 적극적으로 외교 분야에서 활약하며 세계가 같이 기후변화를 막을 수 있도록 함께 움직이게 되는 편이 좋다.

한국 같은 민주주의 국가는 그런 면에서 유리한 조건을 갖고 있다. 한국 정치인들은 국민의 관심사에 반응해서 움직이고, 국민들이 주목하는 문제를 내어놓고 따지며 자신의 활동을 자랑하기를 좋아한다. 그렇다면, 정치인의 논쟁과 토론, 정당 간의 다툼에서 기후변화에 관한 주제가 중요한 문제로 부각되어 자주 언급되어야 할 것이다.

대통령 선거나 국회의원 총선거 같은 전국 규모의 큰 선거에서 기후변화를 두고 정당 간의 다툼이 일어나는 것이 옳다. 어떤 대통령 후보가 자신은 기후변화에 대응하기 위해 이러저러한 정책을 추진할 거라고 주장하면, 경쟁 대통령 후보는 그 정책은 생각보다 효과가 없고 다른 정책이 더 좋다고 주장하며 맞서야 한다. 사람들은 누구 말이 맞는지 같이 따져보고 같이 생각해봐야 한다. 대중매체에서는 이런 노력을 화제로 삼아 보여주면서, 사람들에게 알리고 중요한 문제로 보도해야 할 것이다.

어떤 정치인이 기후변화 정책에서 인도나 베트남과 같은 입장을 취하는 것이 실제로 기후변화 피해를 줄일 수 있는 길이라고 주장하면, 다른 정치인은 인도와 같은 입장이 아니라 미국과 같은 입장을 취하는 것이 더 좋다고 반대하는 식의 토론이 활발히 벌어져야 한다. 탄소 발자국을 계산하는 기준을 두고 정당 간에 논쟁이 벌어지고, 홍수나 가뭄에 대비할 가장 좋은 방법을 놓고 다투는 지방선거 장면을 나는 상상해본다.

그러면 언론인들은 누가 그 분야에 대해 옳은 생각을 갖고 있는지 취재하고 조사하며 밝혀나가야 한다. 각급 연구소들과 정당들은 기후변화 문제를 풀기 위한 더 많은 과제들에 대해 조사하고 연구하고 투자하게 된다. 국민들은 그 과정에서 기후변화 문제를 더욱 중요한 문제로 여기면서 더 넓은 영역에서 기후변화를 줄이기 위해 노력하게 된다. 그렇게 한 나라가 기후변화를 막을 수 있는 효과적인 방향으로 움직이고자 하면, 국제사회에서 그 나라의 외교 활동이 다른 나라에도 영향을 미치게 된다. 결국 세계를 함께 움직이는 데에도 힘을 보탤 수 있게 된다.

기후변화에 대응할 수 있다는 기술들이 상업화되고 있으며, 주요 강대국들이 이에 대한 투자를 늘리고 있기 때문에, 기후변화 문제는 벌써 경제 문제로 자리 잡은 상태다. 그만큼, 기후변화에 대해 정부, 정치가 진지하게 받아들이는 일은 더 시급해졌다.

기후변화 때문에 유럽에서 너무 더운 날씨가 찾아왔다거나, 북아메리카에 큰 산불이 일어났다는 소식이 들린다고 생각해보자. 10년 전만 같았어도, 이런 이야기가 나오면 산불로 잿더미가 된 숲에서 새와 사슴이 살 곳을 잃는 것을 걱정하는 동물 애호인들의 안타까워하는 마음 같은 것이 기삿거리가 되었다. 2020년대에 산불 소식이 들리면, 사람들은 유럽과 미국 당국자들이 기후변화 관련 제도를 강화할 것이고 그러면 전기차가 더 많이 팔릴 것이라는 생각을 하며, 배터리 만드는 회사의 주가가 오르는 문제에 관심을 갖는다.

이런 시대에 공동체의 기후변화 대응은 과거와는 다르게 기술에 대한 깊은 이해와 함께 다양한 문제를 동시에 따질 수밖에 없게 되었다. 기후변화에 대한 국제회의를 하기 위해 어느 담당자가 출장을 떠난다면, 예전처럼 무슨 공원에서 쓰레기 줍는 봉사활동하듯이 "미래를 위해 서로 힘을 합치자"는 덕담이나 듣기 좋은 이야기를 많이 나누고 오는 정도로 일을 하면 안 되는 세상이다. 어떤 계산을 얼마나 믿을 수 있는지, 기후변화를 막기 위해 조치를 취하자면서 제시한 기술이 과연 얼마나 효과가 있는지, 가늠하고 따지고 비판해야 하는 세상이다. 그러면서 그런 기술이 그 담당자가 대표하는 나라의 경제에 과연 도움이 되는지, 그런 조치가 자기 나라 산업에는 얼마나 유리한지, 불리한지, 그런 주장을 하는 상대방 나라에는 어떤 영향을 미치기에 저런 주장을 하는지 같이 살펴볼 수 있어야 한다. 그런 분석을 통해 자기 나라와 입장이 비슷한 다른 나라를 포섭하여 재빨리 한 편이 될 작전을 세워야 할 때도 있을 것이다.

그러려면, 서로 다른 분야에서 일하는 사람들끼리 서로 뜻을 합쳐 활발히 의견을 나누며 함께 움직일 수 있어야 하고, 여러 분야를 아우르는 경험을 갖춘 사람들을 대표로 세울 수 있어야 한다. 특히 정부와 당국자들은 다양한 분야의 목소리를 듣고 이해하고자 애써야 한다.

이런 문제는 여러 사람의 복잡한 처지와 다양한 기술이 얽혀 있기에 그냥 이해하기가 쉽지 않다. 기후변화에 대응하거나 적응하기 위한 방법을 개발해나갈 때에는 새로운 기술이 필요할 것이고 신선한 발상이 필요한 경우가 많다. 그만큼 정부 당국이 그것을 그냥 쉽게 이해하는 것은 어려워진다. 새로운 기술이니 그것을 알려주는 교과서가 나와 있는 것도 아니고, 신선한 발상이라면 해외에도 선례가 없다. "일본이나 유럽 같은 선진국에서도 비슷한 걸 하느냐?"고 물어보며 확인하기도 어렵다는 뜻이다. 아닌 게 아니라, 연구 개발 업계에서는, 세계 최초로 새로운 기술을 개발하면, "해외에 그런 기술을 인정해준 선례가 없지 않느냐"라는 말을 들으며 오히려 정부에서 그 공적을 인정받기 힘들게 된다는 우스갯소리 비슷한 이야기가 꽤 유명하다.

기후변화 대응이라는 새로운 분야에서 등장하는 새로운 기술일수록 개발하고 시험하기 위한 법이나 제도가 갖추어져 있지 않은 경우도 많을 것이다. 그런 상황에서 여러 사람이 좀 더 자유롭게 새로운 생각을 시험하고 활용할 수 있도록 정부가 도움을 줄 방법을 찾고, 방해되는 것을 줄일 방법을 찾아야 할 필요도 있다. 새롭게 출현하는 시도를 두고, 정부가 알고 싶어 하지도 않는 분야에서 무슨 생소한 새로운 사업을 벌이려고 하느냐고 제약하려는 입장만 취한다면 기후변화 문제를 풀기 위한 좋은 생각들은 점점 덜 출현하게 될 것이다.

나는 그래서 정부 당국이 기후변화 문제에 대해 "우리는 정부의 높은 사람들이니 우리가 잘 알아들을 수 있게 너희들이 최선을 다해서 한번 설명해봐라"는 입장만 취할 것이 아니라, 더 적극적으로 이해하기 위해 먼저 노력하겠다는 태도로 조금만 더 변하면 좋겠다. 거기에 더해서, 정부가 기후변화 문제에 영향을 받는 사회 여러 주체의 입장, 관련이 있는 여러 기술들의 복잡하게 얽힌 상황에 대해, 먼저 나서서 비용과 인력을 들여서 수집하고 분석하고 이해하고자 노력하길 바란다.

그만큼 기후변화는 당장 닥친 우리의 현실이 되었기 때문이다.

요즘 기후변화를 막기 위한 노력이란, 무슨 고상한 취향을 드러내기 위한 선행 같은 것이 아니다. 기후변화는 미래에 우리와 우리 이웃이 어떻게 버틸 수 있을 것이냐에 대한 더 긴박하고 현실적인 문제다. 기후변화에 대해 고민한답시고 사람의 손길에서 벗어난 자연의 섭리 같은 평온하고 흐릿한 관념에 빠져 있던 세상은 이미 갔고, 이제는 사람을 살리기 위한 치밀한 계산이 필요할 수밖에 없는 세상이 찾아왔다.

그동안 기후변화를 막기 위해서는 나부터 작은 실천을 하는 것이 중요하다는 이야기가 많았다. 나는 과연 어떤 실천을 하는 것이 당장 중요한지 알아내기 위해 더 애쓰고, 더 잘 알려주기 위해 노력하는 세상이 되면 좋겠다. 기후변화로 인한 재난을 생각할 때, 귀여운 북극곰들이 당황하는 모습만을 떠올리기보다는, 급작스러운 집중호우에 배수가 역류하는 도시의 반지하 방에 사는 사람들을 어떻게 보호할 수 있을 것인지 먼저 따져보아야 한다는 뜻이라고 말해볼 수도 있겠다.

참고문헌

1부. 기후변화 기초 수업

1장. 지구는 왜 뜨거워질까-기후변화의 원인

문화체육관광부. "내가 배출한 탄소 발자국 계산해보니." 대한민국 정책브리핑 (2009): 2009-4-21.

빌 게이츠, 김민주(번역), 이엽(번역). 《빌 게이츠, 기후 재앙을 피하는 법》 김영사 (2021).

Berman, Elena SF, Matthew Fladeland, Jimmy Liem, Richard Kolyer, and Manish Gupta. "Greenhouse gas analyzer for measurements of carbon dioxide, methane, and water vapor aboard an unmanned aerial vehicle." *Sensors and Actuators B: Chemical* 169 (2012): 128~135.

Broad, William J. "Rewriting the History of the H-Bomb: Nobel laureate Hans Bethe says technical errors by Edward Teller, not political opposition by Robert Oppenheimer, hindered work on the superbomb." *Science* 218, no.4574 (1982): 769~772.

Butler, James H., and Stephen A. Montzka. "The NOAA annual greenhouse gas index (AGGI)." *NOAA Earth System Research Laboratory* 58 (2016).

Franta, Benjamin. "Early oil industry knowledge of CO_2 and global warming." *Nature Climate Change* 8, no.12 (2018): 1024~1025.

Gammon, R. H., E. T. Sundquist, and P. J. Fraser. "History of carbon dioxide in the atmosphere." *Atmospheric carbon dioxide and the global carbon cycle* (1985): 25~62.

Gates, Bill. "Climate change and the 75% problem." *Gatesnotes* October 17 (2018).

Greaves, Jane S., Anita MS Richards, William Bains, Paul B. Rimmer, Hideo Sagawa, David L. Clements, Sara Seager et al. "Phosphine gas in the cloud decks of Venus." *Nature Astronomy* 5, no.7 (2021): 655~664.

Jaeger, J. C. "The surface temperature of the moon." *Australian Journal of Physics* 6, no.1 (1953): 10~21.

Nie, Chenwei, Jingjuan Liao, Guozhuang Shen, and Wentao Duan. "Simulation of the land surface temperature from moon-based Earth observations." *Advances in Space Research* 63, no.2 (2019): 826~839.

2장. 기후변화의 역사가 우리에게 말해주는 것

앤드루 H. 놀, 이한음(번역). 《지구의 짧은 역사》 다산사이언스 (2021).

An, Seung Lak. "Notes on the status and conservation of Callipogon relictus Semenov in Korea." *MUNHWAJAE Korean Journal of Cultural Heritage Studies* 43, no.1 (2010): 260~279.

Barnosky, Anthony D., Nicholas Matzke, Susumu Tomiya, Guinevere OU Wogan, Brian Swartz, Tiago B. Quental, Charles Marshall et al. "Has the Earth's sixth mass extinction already arrived?" *Nature* 471, no.7336 (2011): 51~57.

Bennett, Keith D. "Milankovitch cycles and their effects on species in ecological and evolutionary time." *Paleobiology* 16, no.1 (1990): 11~21.

Hoffmann, Paul F., and Daniel P. Schrag. "Snowball earth." *Scientific American* 282, no. 1 (2000): 68~75.

McElwain, Jennifer C., and Surangi W. Punyasena. "Mass extinction events and the plant fossil record." *Trends in ecology & evolution* 22, no.10 (2007): 548~557.

Whiteside, Jessica H., and Kliti Grice. "Biomarker records associated with mass extinction events." *Annual Review of Earth and Planetary Sciences* 44 (2016): 581~612.

3장. 기후변화를 못 믿는 사람들을 믿게 하기

Anderson, Thomas R., Ed Hawkins, and Philip D. Jones. "CO2, the greenhouse effect and global warming: from the pioneering work of Arrhenius and Callendar to today's Earth

System Models." *Endeavour* 40, no.3 (2016): 178~187.

Callendar, Guy Stewart. "The artificial production of carbon dioxide and its influence on temperature." *Quarterly Journal of the Royal Meteorological Society* 64, no.275 (1938): 223~240.

Demets, Rene. "Darwin's Contribution to the Development of the Panspermia Theory." *Astrobiology* 12, no.10 (2012): 946~950.

Heimann, Martin. "Charles David Keeling 1928~2005." *Nature* 437, no.7057 (2005): 331.

Hulme, Mike. "Claiming and adjudicating on Mt Kilimanjaro's shrinking glaciers: guy callendar, Al Gore and extended peer communities." *Science as Culture* 19, no.3 (2010): 303~326.

Jackson, Roland. "Eunice Foote, John Tyndall and a question of priority." *Notes and Records* 74, no.1 (2019): 105~118.

Kawaguchi, Yuko. "Panspermia hypothesis: history of a hypothesis and a review of the past, present, and future planned missions to test this hypothesis." *Astrobiology* (2019): 419~428.

Marx, Werner, Robin Haunschild, Bernie French, and Lutz Bornmann. "Slow reception and under-citedness in climate change research: A case study of Charles David Keeling, discoverer of the risk of global warming." *Scientometrics* 112, no. 2 (2017): 1079~1092.

Ortiz, Joseph D., and Roland Jackson. "Understanding Eunice Foote's 1856 experiments: heat absorption by atmospheric gases." *Notes and Records* (2020).

Rodhe, Henning, Robert Charlson, and Elisabeth Crawford. "Svante Arrhenius and the greenhouse effect." *Ambio* (1997): 2~5.

Sorenson, Raymond P. "Eunice Foote's pioneering research on CO_2 and climate warming." *Search and Discovery* (2011).

Uppenbrink, Julia. "Arrhenius and global warming." *Science* 272, no.5265 (1996): 1122.

Wake, Bronwyn. "Climate research Foote note." *Nature Climate Change* 10, no.10 (2020): 888.

4장. 열 가지 장면으로 보는 기후변화의 국제학

Allan, Richard P., Ed Hawkins, Nicolas Bellouin, and Bill Collins. "IPCC, 2021: Summary for Policymakers." (2021).

Asadnabizadeh, Majid. "US President Joe Biden's Administration: A New US Climate Change Agenda (US CCA)." *Journal of Politics and Law* 14 (2021): 124.

Black, Richard. "Climate talks a tricky business." *BBC News* November 18 (2006).

Bodansky, Daniel. "The history of the global climate change regime." *International relations and global climate change* 23, no.23 (2001): 505.

Freestone, David. "The road from Rio: international environmental law after the Earth Summit." *Journal of Environmental Law* 6 (1994): 193.

Gupta, Joyeeta. "A history of international climate change policy." *Wiley Interdisciplinary Reviews: Climate Change* 1, no.5 (2010): 636~653.

Tollefson, Jeff. "Can Joe Biden make good on his revolutionary climate agenda?" *Nature* 588, no.7837 (2020): 206~208.

2부. 기후변화 미래 수업
5장. 모든 전기를 이산화탄소 발생 없이 만들 수 있다면

김정수. "다음달부터 경유차 연료에 바이오 디젤 3.5% 섞는다." 〈한겨레〉 (2021): 2021-06-22.

남상호. "석 달 만에 또…풍력발전기 잇따른 원인불명 화재." 〈뉴스데스크〉, MBC (2021): 2021-02-23.

이종현. "태안 안면도에 300mw 규모 태양광 발전단지 건설." 〈굿모닝충청〉 (2021): 2021-05-10.

조영범, 위정호, 김정인. "조력에너지 기술 현황 및 경제성 분석." 〈에너지공학〉 19, no.2 (2010): 103~115.

최준호. "포항지진 원흉 지목된 지열발전, 잘 쓰면 청정·무한 에너지." 〈중앙일보〉 (2019): 2019-04-11.

Bakken, Tor Haakon, Håkon Sundt, Audun Ruud, and Atle Harby. "Development of small versus large hydropower in Norway-comparison of environmental impacts." *Energy Procedia* 20 (2012): 185~199.

Graabak, Ingeborg, Stefan Jaehnert, Magnus Korpås, and Birger Mo. "Norway as a battery for the future european power system-impacts on the hydropower system." *Energies* 10, no.12 (2017): 2054.

Hamududu, Byman, and Aanund Killingtveit. "Assessing climate change impacts on global hydropower." *Energies* 5, no.2 (2012): 305~322.

World Bank, The. ""Electricity production from hydroelectric sources (% of total)." IEA Statistics © OECD/IEA 2014 (iea.org/stats/index.asp), subject to iea.org/t&c/termsandconditions.

6장. 많은 것을 전기로 움직일 수 있다면

김기동, 박덕신, 박준우, 이경선, 이현찬, 하종만, 정수남, 주우성. "청정에너지 철도차량 개발에 대한 타당성연구." 〈한국가스학회 학술대회논문집〉 (2008): 158~163.

남문현. "대한제국 근대화 정책의 상징 전차. 전등사업 (I)." 〈전기의 세계〉 64, no.4 (2015): 39~46.

박성래. "한국과학기술의 맥 (39)-보존돼야 할 기술문화재 물레방아." *The Science & Technology* 22, no. 6 (1989): 51~53.

박성래. "물시계 발명한 조선시대 과학의 상징-장영실." *The Science & Technology* 5 (2003): 98~100.

이길영. "한국철도의 과거, 현재와 미래." 〈철도저널〉 2, no.2 (1999): 3~14.

이수형, 강윤석, 곽재호, 황현철, 한순우, 오용국. "친환경 노면전차 시스템인 무가선 트램과 매립형궤도의 개발 현황." 〈대한토목학회지〉 60, no.6 (2012): 57~61.

Alizon, Fabrice, Steven B. Shooter, and Timothy W. Simpson. "Henry Ford and the Model T: lessons for product platforming and mass customization." International Design Engineering Technical Conferences and Computers and Information in Engineering Conference vol. 43291 (2008): 59~66.

Jones, Harry. "The recent large reduction in space launch cost." 48th International Conference on Environmental Systems, 2018.

Scrosati, Bruno. "History of lithium batteries." *Journal of solid state electrochemistry* 15, no.7 (2011): 1623~1630.

Uitz, Marlena, Michael Sternad, Corina Taeubert, Thomas Traußnig, Volker Hennige, and Martin Wilkening. "Ageing of Commercial 18650 Batteries Used in Tesla Model S Electric Vehicles." ECS Meeting Abstracts, no.2, IOP Publishing, 2016: 1207.

7장. 수소를 연료로 사용할 수 있다면

이수빈. "'초코파이 57억 개 분량'…세계서 가장 많은 짐이 움직였다." 〈한국경제〉 (2020):
2020-05-10.

이준기. "한반도 상공서 24시간 미세먼지·적조 관측 '천리안 2B호' 공개." 〈디지털타
임스〉 (2019): 2019-12-5.

Cader, Justyna, Renata Koneczna, and Piotr Olczak. "The Impact of Economic, Energy, and
Environmental Factors on the Development of the Hydrogen Economy." *Energies* 14,
no.16 (2021): 4811.

Howarth, Robert W., and Mark Z. Jacobson. "How green is blue hydrogen?" *Energy Science
& Engineering* 9, no.10 (2021): 1676~1687.

Pudukudy, Manoj, Zahira Yaakob, Masita Mohammad, Binitha Narayanan, and
Kamaruzzaman Sopian. "Renewable hydrogen economy in Asia-Opportunities and
challenges: An overview." *Renewable and Sustainable Energy Reviews* 30 (2014): 743~757.

UAM Team Korea. "한국형 도심항공교통(K-UAM) 운용개념서 1.0." UAM Team Korea,
국토교통부 미래드론담당관 (2021): 2021-09.

8장. 이산화탄소를 없앨 수 있다면

김지환, 최정현. "유가스전 생산설비를 활용한 한국의 CCS 저장비용 예비추정 연구."
〈한국자원공학회지〉 54, no.5 (2017): 541~548.

배성수. "[에너지, 풍경을 품다 ⑥ 한국중부발전 보령발전본부 가는 길] 충남 보령,
'느림의 미학'을 품다." 〈전기저널〉 (2020): 44~47.

이재용. "[유영성 한국전력 전력연구원 에너지환경연구소장] '전력산업의 신에너지·
환경기술 글로벌 TOP 연구소 목표': 미세먼지 및 온실가스 저감기술 분야 주도적
역할 수행 전력산업 개도국 아닌 선도국… First Mover 위해 최선." *Electric Power* 14,
no.3 (2020): 98~101.

이재용. "한전 전력연구원, 10MW급 습식 CO_2 포집설비 상용운전 착수." 〈EPJ〉 (2021):
2021-07-01.

임은진. "2050년까지 30억 그루의 나무 심어 탄소 3400만 톤 줄인다." 산림청 (2021):
2021-01-20.

정영수, 정재흠, 한종훈. "기기적 증기 재압축 시스템을 적용한 연소 후 이산화탄소

포집공정 개선 연구." 〈한국가스학회지〉 20, no.1 (2016): 1~6.

Fasihi, Mahdi, Olga Efimova, and Christian Breyer. "Techno-economic assessment of CO_2 direct air capture plants." *Journal of cleaner production* 224 (2019): 957~980.

Sanz-Perez, Eloy S., Christopher R. Murdock, Stephanie A. Didas, and Christopher W. Jones. "Direct capture of CO_2 from ambient air." *Chemical reviews* 116, no.19 (2016): 11840~11876.

3부. 기후변화 시민 수업
9장. 오늘을 위한 기후변화 대응

강주리. "'청산가리 10배 맹독' 파란선문어, 울산 앞바다서 발견…"만지면 안돼"." 〈서울신문〉: 2021-08-26.

국립기상과학원. "한반도 기후변화 전망보고서 2020." 국립기상과학원 (2020).

김대선, 김은숙, 임종환, 이양원. "위성영상과 자기조직화 분류기법을 이용한 산림생태계교란 탐지: 우박 피해지와 매미나방 피해지의 사례연구." 〈대한원격탐사학회지〉 36, no.5 (2020): 835~846.

김동진, 유한상, 이항. "17세기 후반 우역의 주기적 유행이 기근·전염병·호환에 미친 영향." 〈의사학〉 23, no.1 (2014): 1~56.

김문기. "17세기 중국과 조선의 기근과 국제적 곡물유통." 〈역사와 경계〉 85 (2012): 323~367.

김종선, 류민우. "북한의 자연재해 대응을 위한 기상예보 및 관련 기술에 대한 분석." 〈북한연구학회보〉 13, no.2 (2009): 97~122.

발레리 트루에, 조은영(번역). 《나무는 거짓말을 하지 않는다》 부키 (2021).

안세진. "'청산가리 10배 독성' 파란고리문어, 제주도서 발견." 〈쿠키뉴스〉: 2021-09-21.

오창은. "'고난의 행군'시기 북한 문학평론 연구: 수령형상 창조·붉은기 사상·강성대국건설을 중심으로." 〈한국근대문학연구〉 15 (2007): 25~51.

제프리 삭스, 이종인(번역). 《지리 기술 제도》 21세기북스 (2021).

Daoudy, Marwa. *The origins of the Syrian conflict: Climate change and human security* Cambridge University Press, (2020).

Feist, Wolfgang, Jurgen Schnieders, Viktor Dorer, and Anne Haas. "Re-inventing air heating:

Convenient and comfortable within the frame of the Passive House concept." *Energy and buildings* 37, no.11 (2005): 1186~1203.

Kaklauskas, Arturas, Jevgenija Rute, Edmundas Kazimieras Zavadskas, Alfonsas Daniunas, Valdas Pruskus, Juozas Bivainis, Renaldas Gudauskas, and Vytautas Plakys. "Passive House model for quantitative and qualitative analyses and its intelligent system." *Energy and buildings* 50 (2012): 7~18.

Koch, Alexander, Chris Brierley, Mark M. Maslin, and Simon L. Lewis. "Earth system impacts of the European arrival and Great Dying in the Americas after 1492." *Quaternary Science Reviews* 207 (2019): 13~36.

Selby, Jan, Omar S. Dahi, Christiane Frohlich, and Mike Hulme. "Climate change and the Syrian civil war revisited." *Political Geography* 60 (2017): 232~244.

Shmakova, Lyubov, Stas Malavin, Nataliia Iakovenko, Tatiana Vishnivetskaya, Daniel Shain, Michael Plewka, and Elizaveta Rivkina. "A living bdelloid rotifer from 24,000-year-old Arctic permafrost." *Current Biology* 31, no.11 (2021): R712~R713.

10장. 우리는 무엇을 해야 할까

Dormer, Aaron, Donal P. Finn, Patrick Ward, and John Cullen. "Carbon footprint analysis in plastics manufacturing." *Journal of Cleaner Production* 51 (2013): 133~141.

Environment Agency. "Life cycle assessment of supermarket carrierbags: a review of the bags available in 2006." Environment Agency, SC030148, UK: 2021-07-25.

Hertwich, Edgar G., and Glen P. Peters. "Carbon footprint of nations: a global, trade-linked analysis." *Environmental science & technology* 43, no.16 (2009): 6414~6420.

Madrigal, Alexis C. "A Simple Way Out of the Plastic-vs.-Paper-Bag Dilemma." *The Atlantic*: 2014-10-17.

Pandey, Divya, Madhoolika Agrawal, and Jai Shanker Pandey. "Carbon footprint: current methods of estimation." *Environmental monitoring and assessment* 178, no.1 (2011): 135~160.

Zheng, Jiajia, and Sangwon Suh. "Strategies to reduce the global carbon footprint of plastics." *Nature Climate Change* 9, no.5 (2019): 374~378.

지구는 괜찮아, 우리가 문제지

초판 1쇄 발행 2022년 2월 18일
초판 11쇄 발행 2024년 10월 18일

지은이 곽재식
발행인 김형보
편집 최윤경, 강태영, 임재희, 홍민기, 강민영, 송현주, 박지연
마케팅 이연실, 이다영, 송신아 **디자인** 송은비 **경영지원** 최윤영, 유현

발행처 어크로스출판그룹(주)
출판신고 2018년 12월 20일 제 2018-000339호
주소 서울시 마포구 동교로 109-6
전화 070-5038-3533(편집) 070-8724-5877(영업) **팩스** 02-6085-7676
이메일 across@acrossbook.com **홈페이지** www.acrossbook.com

ISBN 979-11-6774-034-2 03400

만든 사람들
편집 이경란 **교정** 하선정 **표지디자인** 올리브유 **본문디자인** 송은비 **조판** 박은진